策略性人力資源管理（第二版）

Strategic Human Resource Management

張火燦◎著

第二版序

　　本書第一版著重於策略性人力資源管理理論的探討，以及實務運作模式的建立，為使理論和模式能與實務作緊密的結合，本版在人力資源管理各功能的每一章之後，增加實務個案的研討，以利策略性人力資源管理的瞭解與應用。

　　個案的撰寫以國內較具競爭性的企業為主，包括：製造業與服務業，這些公司在經營上均有良好的績效。每章的個案均有大個案和小個案。大個案的內容，首先說明公司的背景，其次分析公司的經營策略，然後再說明人力資源管理的功能，如何配合經營策略的運作狀況；小個案的撰寫，以人力資源管理較常遭遇到的問題為重點。

　　個案的說明除可瞭解企業界在實務上的一些作法外，亦可作為教學討論之用，以擴展學生的思考空間，增強學習的效果。

　　個案的撰寫能順利的完成，得感謝孫德修、蘇國楨、蔡文豐、陳甦彰、周少凱、陳聰浪、蔡子安等同學資料的搜集與整理。

張火燦

1998 年 2 月

許序

　　憶及四十年前初習當時所謂「工業組織與管理」時，人們論及經營要素，習慣上每以英文開首的M字母者之若干項目稱之，如資金(money)、機器(machinery)、材料(materials)、人(man)等。在排列順序上，人力總是落於其他有形資源之後，其原因無他，在彼時的觀念下，「萬事非錢莫辦」、「有錢能使鬼推磨」、「機器萬能」、「巧婦難為無米之炊」等，只要具備有形條件，人力是不虞匱乏的，「招之即來，揮之即去」，而且是不重要的，生產效率是靠優良的機器和原材料所決定的。

　　在一九九一年理查‧克勞福(Richard Crawford)所著的一部膾炙人口的書：《人財時代》(*In the Era of Human Capital*)中，論及世界經濟演化史，亦稱道：農業社會之主要資源為土地，工業社會為機器與原料，但智識社會則為人才或書中所稱之「人財」。在該著作中並引用艾布森(Roger Ibbotson)與布林森(Gary Brinson)合著《投資市場》一書中之資料，統計一九八四年人財佔世界財富的百分比，以及十九世紀以來，數個工業先進國家的人財水準的變化。以大不列顛而言，在一八四六年，人財價值只佔其財富的一半，但到一九八四年，人財的價值佔自

由世界財富的百分之八十。基本上，新機器、新材料和新行業這些物財，都是靠人財所創造的。所以進入知識經濟時代，社會的主要投資是提昇人類的技藝和才能。

上述事實上和觀念上的改變，導致企業對於「人」的管理，由作業或事務層次，提昇到行政層次，再提昇到策略層次。在後一層次上，近年人們討論企業或其他性質機構的核心競爭力，幾乎都離不開優秀而擁有不斷學習與創新的人力資源，在在突顯了企業人力資源管理的重要性，絕非只是計算工資和獎金，或是只涉及陞遷調補這類行政事務而已。

再者，隨著今日企業國際化或全球化經營的趨勢，傳統上被視為常數的國家或文化環境，也轉化為一組變數：有關人力資源管理不僅要因所處地區或國家而調整，更要考慮所招募和培育的人才能夠適應不同的文化和社會經濟環境，有關人力資源管理在政策與實務上的做法，更要兼顧其間的整合需要和個別的差異彈性空間。

人力資源管理這種策略性和國際化發展，不僅代表世界上的潮流，也反映在我國企業的實際趨勢上。換個角度說，今日大家都有共識，我國企業今後的生存與發展，在極大程度內，主要取決於能否善用人才於其策略優勢與國際化發展上，然而不幸的是，在甚多實例上，我國企業所欠缺的，正是這種能力。因此，人力資源管理對於我國企業競爭力的提昇，具有極大關鍵地位。

個人有幸在各種場合得認識張火燦教授，深知張教授為國內少數專精於人力資源管理之學者之一，有機會拜讀其論著，領教於其高見，至為欽佩。頃承張教授示以其近著《策略性人力資源管理》付梓原稿，拜讀之餘，深感其觀念新穎，體系完整，深入

淺出，理論與實務兼具。此一巨著之問世，不僅代表張教授返國十年來教學與研究之一心血結晶，尤其重要者，對於我國企業界與有志於人力資源管理之學子，本書不啻提供一最有價值之啓發與參考來源。個人願以先睹爲快之讀者身份，除對張教授此一貢獻表示由衷欽佩外，並樂於向廣大讀者推介。

許士軍

九九六年三月

於高雄銀行

胡序

　　春節前透過工研院一位老同事看到了這本書，作者很客氣說希望能就高科技事業經營觀點給些意見。閱讀之時，倒想起了一些片斷往事。

　　一九七○年個人自美返台有幸實際參與國內高科技產業之推動與發展，無論是在交大任教、在工研院電子所發展資訊電子新興工業、在工研院任副院長推動技術研發，均深深感到智慧財產與工業技術的產生、實施、傳播、保護與更新，其中關鍵就是很容易流動的人。

　　一九七九年台灣專業電子產品的產值不過三億美金，而一九九五年資訊工業產值已達到一六○億美金之多。又半導體業近幾年的發展，呈現大幅成長與高獲利經營績效，受到了國際上的矚目。這些發展過程之中，儘管很多人對工研院各單位之研究內容及其成效有許多意見，但沒有人能否認在資訊電子工業成功因素中，工研院能有計劃地釋出（spin-off）已組織過的有實戰經驗的大量人力資源，是相當重要的貢獻。許多當年的夥伴們，都能隨著組織的發展而成長成熟，創業成功領導今日之高科技產業，個人更是與有榮焉。

一九八八年離開工研院，開始專業從事高科技創業投資工作，不僅投資與輔導，也有些個案須實際參與管理負責經營，各公司長期發展的重大課題常常就在於人力資源策略與規劃上面。一點不錯，人材是高科技事業的根本資產，講求量質俱勝，才能不斷地學習進步。尤其是當有了初步的成功後，就得積極進行國際化來迎接高度競爭，這國際化的意義在於要有效地組織與利用國際資源來充實高附加價值的產品，因而強化組織整體的競爭力。

《策略性人力資源管理》這本書不僅是本教科書，個人深信也是企業經營管理者值得參考的好書。過去三十多年來，個人經歷求學、執教、研發、經營企業多種角色，無論工程或是管理方面，唸的都是外國人士著作的書，但近年來國內人士的書不僅多了起來，不但可讀易讀而且權威性高，真是令人高興。

胡定華

一九九六年三月於
新竹科學園區
旺宏電子股份有限公司

姚序

　　人力資源管理(human resource management，簡稱HRM)
這一新名詞的誕生及其在過去十年間廣為世界各先進國家所普遍
使用，相當程度地反映了人事工作的內涵與功能的重大變革，也
充分顯示人事工作在企業經營的整體過程中，責任的加重與角色
的變遷。很遺憾地，國內企業業主及政府決策者對人力資源管理
工作的重要性有深切體認者，寥寥可數，絕大多數高階人士的觀
念仍然停留在傳統的人事管理，甚至更早期的人事行政階段上，
雖然他們也時常口口聲聲地喊著：「人是我們最大的資產」，或者
偶而大聲疾呼人才培養的重要性。

　　究竟「人事管理」與「人力資源管理」二者之間的基本差異是什
麼？學者專家對此意見並不一致，也尚無定論，但依個人淺見，
似乎難以脫離以下一些範疇：㈠前者是作業取向，強調人事管理
本身功能的發揮；後者則是策略取向，強調人力資源管理在企業
整體經營中所應有的配合。㈡前者側重規章管理，依人事管理有
關規定照章行事；後者則側重變革管理與人性管理，依企業利益
與員工需求作彈性處理。㈢前者屬於反應式的管理模式，著重目
前問題的解決或交辦事項的執行；後者則屬於預警式的管理模式

，著重防患問題未然，並協助企業健全體質，以確保長期經營目標之達成。

　　從「人事管理」到「人力資源管理」不但給予人事工作一個新的定位，也徹底改變了人事工作的內涵。使人事部門不只是企業中一個行政支援的幕僚單位，更成為掌握組織中最重要資產──人力資源的規劃、發展與運用的策略性單位。這一角色的變換從一九八○年代初期到現在，已愈來愈趨明顯，而其效益也在不斷擴大中，影響所及，許多大、中型企業已經逐漸地把他們的人事部門更名為人力資源部，其在整體組織中的層次，也相對地作了若干調整。對於人事工作者而言，這是一項喜訊，但也帶來了前所未有的挑戰。

　　前面已經說過，當今人力資源管理工作的最主要任務是在配合企業的經營策略，協助企業創造良好的工作環境並健全體質，使其保持競爭優勢，確保公司營運目標的達成。因此，它必須是顧客導向，對於所服務的主要顧客──公司的管理階層及員工的需求應該有深入的了解，才能提供適時而有效的支援與協助來滿足他們的要求。這項工作的專業難度與挑戰性較一般傳統的人事管理工作提高了很多，絕不是普通從事人事行政工作者所能勝任，因此人事工作者本身專業知識與能力的提昇，將屬絕對必要。再者，公司各階層主管面臨市場競爭的日趨激烈、客戶要求的不斷提高、以及員工價值觀的蛻變，在人員管理方面所遭遇的困難日益增多，他們也必須對人力資源管理的本質及其在企業整體運作過程中所能提供的支援有相當程度的了解，才能充分利用其人力資源部門的專業服務，協助其達成公司所交付之任務。事實上，在一個管理績效良好的企業，每一位領導幹部都必須是他（她）

自己所負責部門的人力資源經理。因為做為一個領導者，他(她)的主要任務之一是要經由良好的人力規劃、雇用、激勵與培訓等方法來激發其員工潛能，提高其工作績效，才能完成部門的既定目標。一言以蔽之，所有領導幹部都必須了解人力資源管理的眞諦與內涵，方能發揮管理成效，促進企業成長。

就個人管見所及，國內人力資源管理的觀念與實施成效目前尚在萌芽階段，學者專家就這一領域所作較為完整且系統化的著作與研究並不多見。而坊間書店所銷售的多為外文或中譯本，難以滿足愈來愈多人事工作者及企業管理階層對這一方面新知的需求，令人遺憾。張火燦教授以其多年鑽研人力資源管理之深厚教學基礎，及十年來親身參與許多大、中、小型企業人力資源管理專案及人力培訓等實務經驗，撰寫完成這本超過二十萬字以上之《策略性人力資源管理》鉅著，就台灣人資界而言，不啻是一項創舉，意義非凡。個人利用公餘閒暇，花了半個多月時間拜讀完這本大作，就書中所學到的許多理論與觀念來印證一下個人這許多年實際參與人力資源管理工作的經驗，覺得十分吻合，而且更增強了未來推展這項工作的專業理念與信心，受益匪淺。

從事人力資源工作的人，在許多組織中往往被認為是比較孤獨的人，他們也常常被批評為「不食人間煙火」或者「為人事而人事」。究其原因，主要是人力資源工作者的專業知識不足，不了解這項工作的定位在那裡。張教授在這本書中相當清楚地說明了人力資源管理在企業經營的整個體系中所應扮演的角色，以及如何去落實這項工作，他在每一章節中所列出的實務思考問題，尤其值得注意。深盼業界的人資工作者與管理階層朋友，能從這本書中獲得新的啓示與觀點，來帶動人力資源工作與企業整體經營

的密切配合，協助提昇我們產業的競爭力，使人力資源管理真正
達到其策略性的功能，這是我們所深切期盼的。

一九九六年三月

於台灣卜內門(ICI)化學工業股份有限公司

自序

在講求專業的時代，人力資源管理必須不斷的向下紮根，並與其他相關領域相整合，使其發展邁向精緻化，才能展現專業的品質。在企業經營競爭日趨激烈的環境下，人力資源管理應有策略性的思考，使之能與企業經營合爲一體，才能發揮整合的效能，協助企業獲得競爭的優勢。

回國十年來，本著對人力資源管理專業發展的理念與研究的執著，針對人力資源管理領域的重要主題，以理論和實務並重的方式，從事一系列有系統的探討。在此過程中，除廣泛的搜集國內外資料外，並與學術界和企業界的學者專家經常的切磋，再三的修正，始告完成。

本書各主題的撰寫，主要建立在三個主軸上：㈠理論的探討：希望瞭解各主題的根源與脈絡，藉以掌握實質的意義與精髓，期能對實務工作有所啓發和導引；㈡說明經營策略與人力資源管理各項功能的關係與含意：希望透過兩者的密切配合，利於經營策略的推展，達成企業的策略性目標；㈢建立人力資源管理各項功能的模式：將各項功能的過程及其內容，以簡明和系統的方式，繪圖呈現，藉以對各項功能有整體的概念與瞭解，俾能作爲實務工作推動的參考架構。

全書共計十二章，第一章說明人力資源管理的意義、角色與演進；第二章至第五章探討經營策略的基本概念，人力資源管理

的內外在環境，組織的內部勞動市場，以及員工的生涯流動，作為策略性人力資源管理思考的基礎；第六章至第十一章，分別探討人力資源管理的六項功能：人力資源規劃、任用、績效評估、薪酬、人力資源發展和勞資關係；第十二章探討國際化人力資源管理。此外，每章的開頭均列有內容綱目及思考問題，協助讀者從閱讀中尋求解決企業實務的問題。

人力資源管理屬於應用科學，運用的學科領域甚廣，未來仍有很大的發展空間，有賴學術界與企業界共同攜手開創。作者不揣譾陋，在浩瀚的學術領域中，將多年來努力研究的成果付梓，希望對此領域略盡一己之力，尚祈先進不吝指正。本書得以完成，深深感謝家人的支持與鼓勵、師長的教誨以及學術界、企業界眾多好友的協助。

張火燦

一九九六年三月於彰化

目　錄

1

人力資源管理的基本概念

本章思考問題

■人力資源爲什麼是企業的資產？

■爲什麼很多企業寧願投資到機器設備上，
而不願投資到員工身上？

■企業爲何要從事策略性的人力資源管理？

■人力資源主管要從事那些工作？

■人力資源管理從十九世紀末到目前經過那
些重要的變革？

企業組織中所有的活動，小至簡單工作的完成，大至整個企業的運籌帷幄，均需「人」來執行或管理。人力資源不但是企業組織的一項資本，或是資產，具有生產力，而且生產活動是個人自我表現和自我實現的重要方法。因此，如何善用人力資源，並促其獲得良好的發展，不僅只是項經濟活動，更具有深厚的人文意義。

　　人力資源的概念隨著「人的因素」對企業經營的影響力日增，目前已有許多企業的人事部門改稱爲人力資源部門，而將人事管理改稱人力資源管理，除處理員工的任用、績效評估、薪酬、人力資源發展等事項外，進而參與企業經營策略的制定，使其功能由次要的、消極的角色，躍升至高層的、積極的角色。換言之，人力資源管理除處理一般的人力資源事務外，更增加了策略性的功能。

　　本章首先說明人力資源的意義，其次再說明策略性人力資源管理的意義，接著探討人力資源管理的角色與演進。

人力資源的意義

　　資源係指可資利用的東西，包括：物質資源及人力資源。兩種資源的「產品」均可用來滿足人類的需要與欲望，但兩者間最大的差異在人力資源兼具產品的「生產者」與「享用者」兩種意義，而且生產活動除可維持生計外，更是自我表現和自我實現的重要方法。從經濟的觀點，康尼維爾(Carnevale, 1983)對人力資源有獨到的看法，認爲：

1. 人力資源主宰著經濟資源。

2. 受過教育的、健康的、有訓練的、有精神的人,是經濟成長的根源。

3. 人力資源是永不衰竭的。

4. 根據過去的歷史,人力資源已逐漸取代其他資源。此可由人力資源對GNP的貢獻,已逐漸高於其他資源而得知。

5. 生產力的泉源是人,而非機械。

6. 未來可能短缺的是人力資源,而非自然資源。

7. 對經濟的成長與生產力,「人的因素」的優勢性,將會持續和不斷的擴張。

由康尼維爾的論點裡,可以瞭解到人力資源的一些特性與重要性,尤其在唯物論者倡導人口過多與物質有限對經濟成長的影響更凸顯人文論者(humanists)與唯物論者(materialists)間的差異。簡言之,人文論者認為主導經濟成長的是人,而非物質資源。

康尼維爾從美國過去經濟的發展,說明了人對經濟成長的貢獻,其中「體力」是人對經濟生產貢獻中的最小部份,遠不及人的才智與人際關係的技巧,特別是創新與企業家高瞻遠矚的眼光與膽識,對滿足或創造人的欲望與需求的貢獻最大。此外,財務上的資本充其量是紙張和金屬等物品價值的延伸,用以促進經濟的交互活動,而機械性的資本,則是人製成的成品,用來代替人的肌肉與神經的活動(Carnevale, 1983)。此種以人為本的論點,逐漸成為經濟發展關注的焦點。

至於將人力資源的概念,轉移到經濟學所謂的「人力資本」

(human capital)的觀念，乃是爲了說明人所擁有的生產性能力。具體言之，人力資本是用來說明人花費成本所獲得的才能與知識，因有助於生產／服務過程，在勞動市場中能得到的價碼，此乃經濟學家認爲採用人力資本可作爲一種思維方式，用以決定個人與政府應投資多少，以及何種生產性的能力。當然人力資本理論於一九六〇年初期由休茲(T. Schultz)和貝克(G. Becker)等人相繼提出後，人力資本的概念，才逐漸爲人所重視。此一理論主要探討三個方面：

1. *瞭解人力資源問題*：協助人們認識和選擇對生產效率有所貢獻的方式。
2. *解釋人力資源現象*：例如，有技能者的失業率低於無技能者，有技能者的收入隨年齡的增長而增加等現象。
3. *作爲投資的效標*：提供合理投資的方法。

人力資本類似物質資本之處有(Parnes,1984)：

1. 技能的獲得如同物質的取得，是需要付出代價的。
2. 投資在人力的資本，就像投資於物質資本一樣，至少有一部份是爲了改善生產力。
3. 無論是個人或者政府的投資，均可由個人或者是社會的層面來評量。

柏尼斯(Parnes,1984)進一步認爲，其間的差異則是：

1. 在獲得技能的成本中，難免有一部份是屬消費性的花費，例如，教育的活動不僅是爲了增加生產力，亦可用以改善

生活的品質。

2. 人力資本除其本人之外，別人是無法代用的，因為人與他的技能是不可分離，且不能租讓。

3. 人力資本對生產力的作用，變動性較大，深受個人意志力(volition)、動機、人格等因素的影響。

柏尼斯(H. Parnes)從有形與無形、間接與直接、投資與消費以及穩定與變動的特性，來說明人力資本與物質資本間的差異，此可作為企業界對人力資源投資時考量的基礎。傳統上將土地、勞工與資本視為生產的三大要素，在此典範中，視勞工為消費項目影響所及，消費越少，附加價值才能提高。然而，新的人力資本理論視員工與廠房、設備等相似，都是有價值的資產，因而對人力資源的獲得、發展、報酬與維持需要新的策略來處理。

策略性人力資源管理的意義

明瞭人力資源的性質之後，當知它在企業組織中已不再是消費性的項目，而是有價值的資產，具有生產性的能力，是經濟成長的根源。但人有動機、期望、價值和技能等特質，不但不易以金錢來衡量，而且人力資源的獲得、轉換與提昇，均無法像運用財物般的靈活與快速。因此，如何管理與運用人力資源，是組織爭取競爭優勢的重要課題。

經營策略的概念出現在人力資源管理的文獻是晚近的事，如有：策略性人力資源管理、人力資源策略、企業的人力資源策略

、人事策略等用詞，但要對策略性人力資源管理下一明確的定義，卻相當不容易。因為傳統上例如，安索夫(Ansoff, 1965)等，認為企業經營重視的是產品市場的環境，經營策略的決策主要針對外在的問題，而非內部的問題。根據此觀點，高階主管的任用自然不屬於經營策略的領域。然而閔茲柏格(Mintzberg, 1977)則認為高階主管的任用是一項策略性的決策。事實上，許多人力資源的決策是企業在追求目標中，對環境改變的反應。因此，在經營策略的概念中，應包括傳統所重視的產品市場的外在策略，以及重視企業本身和人力資源等的內在策略，兩者相互配合，方能通盤考慮產品或服務市場的潛在需要、環境的機會與威脅以及企業的優劣勢等變數。總之，策略性人力資源管理可以說是重視人力資源管理較為長遠的重要決策，用以說明企業在追求目標時，對其內在與外在環境的適應方式，藉以解決人力資源的相關問題(Wils, 1984; Schuler & Walker, 1990)。

吳秉恩(民81)認為，策略性人力資源管理是企業新的競爭優勢，無論在學術或實務上，有其研究的必要性。企業為取得競爭優勢達成策略性的目標，策略性人力資源管理需探討 (Baird, Meshoulam, & DeGive, 1983)：

1.企業需要何種人力資源，方能達成策略性的目標。
2.企業需擁有何種獨特的資源或機會，方能吸引發展和酬償員工願為策略性的目標而努力。
3.如何提昇員工未來的競爭能力。

由此可知，欲經由人力資源達到競爭的優勢，需從策略性的觀點來從事人力資源的管理，以配合經營策略的需要並使人力資

源能有適當的分配與運用，此種觀點與做法，深受當今企業界的重視。

人力資源管理的角色

　　人力資源管理的對象主要為「人」，但其影響的層面卻是整個「組織」，而其功能也隨組織的擴展而日顯重要。簡言之，人力資源管理的具體目標在遴選人才、培育人才、運用人才和留住人才；以提高生產力、提昇工作生活品質和符合法規要求為目的。

　　生產力的提昇是組織努力的重點，柯爾尼（A. Kearney）曾列舉了同行中生產力高的公司，其在人力資源管理上的特點（Schuler, 1987）：

1.公司依人力資源參與經營策略決策的層次來界定其角色。
2.公司在提出新經營計畫前，必先瞭解人力資源的現況。
3.人力資源人員初擬的計畫要和其他部門的經理溝通。
4.公司各部門經理要分擔人力資源規劃的責任。
5.人力資源政策的制定和執行，公司內各層次的相關人員均需擔負。

　　由柯尼爾提出的特點中，可以明顯的看出，人力資源管理是否能有助於生產力的提昇，取決於其在組織中的地位，以及能否獲得其他部門人員的合作有密切的關係。

　　工作生活品質涵蓋的層面很廣，是員工對工作所有層面的感覺從薪資、福利、工作條件到工作意義是永無止盡的「計畫」，是

繼續不斷的活動。基本上，員工對其工作喜歡有較多的參與，也希望對組織能有較大的貢獻。因此，若能與員工溝通並鼓勵其將自己的看法拿出來與人溝通，對生產力的提昇是很有幫助的。

在人力資源的管理上，組織必須符合許多的法律、行政命令、標準和法院的判決，否則就需負擔昂貴的訴訟費用和罰款，人力資源管理部門可設法避免此種情況的發生，此即是該部門何以重要的原因之一。

在組織中，人力資源管理人員欲達成其目的，需擔負的角色有下列四種(Schuler, 1987; Hall & Goodale, 1986)：

1.制定政策的角色。
2.提供服務和代表者的角色。
3.稽核或控制的角色。
4.創新的角色。

制定政策的角色

通常政策問題是總裁或總經理的職權，但人力資源管理人員得提供員工的問題、外在環境的衝擊以及有那些措施可獲得競爭優勢等方面的資料，供高階人員參考。此外，在政策的形成過程中，人力資源管理人員可與其他相關人員協調和溝通，以利政策的制定。

提供服務和代表者的角色

人力資源管理人員的工作，主要在使各部門經理的工作得以順利的進行，諸如：員工的遴選、培訓、薪酬、解雇等工作，基本上是為各部門經理提供服務。此外，提供公平就業機會法案、

安全和衛生標準等的資料，並協助各部門經理瞭解狀況，均是重要的工作。

稽核或控制的角色

人力資源管理人員有責任瞭解各相關部門和人員，在人力資源政策、程序和實務上推展的情形，以確保執行上的公平性和一致性。

創新的角色

人力資源管理部門應不斷的吸取新知，並提供新的技術和方法來解決人力資源的問題，尤其是處在不確定的環境和國際競爭激烈之際，此項角色更顯重要。

人力資源管理在組織中的重要性，可由其在組織層級中的地位來瞭解，此乃關係到角色的能否達成，以及達成的層級。換言之，欲達成上述四項人力資源管理人員的角色，該部門的主管應是組織層級中的高階主管，以便能參與人力資源政策的制定，和有利於政策的執行。

雖然人力資源管理的主要功能爲人力資源規劃、任用、績效評估、薪酬、人力資源發展、勞資關係等六項，但這些功能的達成，卻有賴全體員工的參與和配合，上至高階主管，下至基層人員，均是其中的一份子，有各自應負的責任，惟有如此，這些功能才得以在組織中顯現。

人力資源管理的演進

　　人力資源管理在成為獨立的學科或部門之前，早已存在於人類的生活之中，從小的團體到大的社會、國家，任何組織均需對「人力資源」作適當的安排與處理，才能安定和穩固其組織，並達成組織的功能與目標，這是任何團體或組織不可或缺的工作。

　　任何一個專業領域的發展，除本身事務的需要外，必受其他學科和時代思潮的影響。人力資源管理在發展的過程中，深受經濟學、社會學和心理學等的影響，而與組織理論的發展更是密不可分。換言之，任何專業領域的發展必有其歷史，明瞭過去的事例與發展，有助於人力資源管理內涵與功能深一層的認識。以下從組織的觀點，以重要的事例或思潮為主，將人力資源管理的轉變，依時間先後約略的分為四個階段：

　　1. 早期的發展。
　　2. 十九世紀末到廿世紀初期。
　　3. 廿世紀中期。
　　4. 廿世紀後期。

早期的發展

　　人力資源管理早已存於一般的組織之中，與人類的生活息息相關。因此，有關人力資源的運用與管理，散見於各個時代的典

籍之內，無論是哲學、政治、宗教、軍事、社會、經濟等領域，莫不對「人力資源」投入極大的興趣與關注，但缺乏系統的研究或論述。

在人力資源管理的發展中，歐洲中世紀後期，由於通商貿易和工藝進步再加上封建勢力的衰落，給了城市發達的機會，也產生了新興的市民，連帶的有了「商人行會」(merchant guild)和「藝工行會」(craft guild)的組織從事交易與學習的活動，具有工會與教育的意義。

早期手工業的工作場所不大，人員的組成亦很簡單，通常係由師傅帶領幾個徒弟做著傳統性的工作，工資與工時相當的穩定，因而離職率低，解雇與罷工之事甚少，雇主與員工間維持著平衡的關係。

工業革命的結果，機械代替手工，工廠的生產分工細、工時長，但薪資低，而且工作單調和缺乏挑戰性，最大的好處是產量增加了。此時尚未有正式的人力資源管理部門，日常事務大多交由領班來處理，做些計算工時與薪資的工作也僅有較大的組織會雇用工場秘書或計時員(Butler, Ferris, & Napier, 1991)。

十九世紀末到廿世紀初期

十九世紀末到廿世紀初期，許多學者的研究與著作、心理學的發展、勞工運動、福利概念等的產生，均對人力資源管理有重要的影響。

在學者的研究與著作方面，以泰勒(F. Taylor)為代表的科學管理學派，主張採用經驗和科學的方法去從事管理問題的探討

，重視管理的技術與過程，致力於工作分析、決定工作規範、建立適當的工作流程和選擇適當的工作人員等，主要目的在透過工作的設計，以提高員工的工作績效，促進組織的生產力。由於科學管理重視的工作設計、人員遴選、訓練、績效評估和報酬，均為人力資源的運用，故對人力資源管理的功能有重要的影響。

科學管理學派對組織的看法，傾向「由下而上」微觀的觀點。然而行政管理學派的費堯（H. Fayol）等人則採「由上而下」鉅觀的管理哲學，試圖建立一般管理和組織結構的原理原則，提出統一指揮、控制幅度、決策集權和管理權威等概念。此學派對人力資源管理的貢獻在於行政上的執行，而非內容，致力於行政管理歷程的分析，以利人力資源管理功能的達成。

由於工業快速的成長，加上勞工運動的發展，員工權利與福利概念受到重視，由早期薪資的爭取，擴大到圖書、娛樂設施、教育、購屋的補助、衛生保健等，這些福利工作均納入今日人力資源管理部門的範圍。

工業心理學於廿世紀初期對人力資源管理亦有影響，關注的是個人，而非工作，其中，心理測驗的編製，對員工的選訓有重要的貢獻，以第一次世界大戰時，美國招募百萬軍人，為工作分配與訓練而編的「陸軍甲、乙種量表」最為著名。此外，人力資源管理建立集中雇用、晉陞和解雇、離職晤談、記錄的保存以及工作階梯、薪資分類等措施，而訓練則被用來補救「工作與人」不適當的配合，並試圖改變員工使之更適合其工作，而非設計工作來適合員工。

廿世紀中期

　　廿世紀初期組織著眼於生產力的提昇較少顧及員工的需要。人群關係的組織理論起於三〇年代前後至六〇年代左右,將組織視為一個心理的社會系統,偏重成員行為和非正式組織的研究,重視員工在組織中的互動和民主的領導,強調的是士氣,將研究的重心由組織「結構」轉向組織中「人」的因素的探討。

　　梅堯(E. Mayo)等人的霍桑實驗(Hawthorne works studies)開啓了人群關係組織理論的研究,發現了員工團體內「社會心理」的因素在生產過程中的重要性,認為應提供民主、參與和溝通式的領導,才能獲得員工充分的合作與努力,並提高工作效率。

　　受人群關係學派的影響,組織投入大量金錢,訓練管理人員「人際關係」的技巧,生產線上的管理人員亦參加改進溝通、領導型態和激勵技巧的訓練課程。此外,組織為了改善員工的生產力,人力資源管理部門格外重視員工個人以及小工作團體等,而其功能與地位也因而擴大和提昇了。

廿世紀後期

　　由於科學管理學派和人群關係學派的組織理論各有所偏,於是學者統合行為科學、經濟和工程的概念,試圖兼顧組織靜態和心態的層面,正式組織與非正式組織以及組織目標的達成和成員需要的滿足,而且注意組織與外在環境的關係,於一九六〇年左

右，進入系統理論的探討。

　　系統所指涉的範圍很廣，但不論何種性質的系統其組成要素必須要交互作用和相互依存，是一組相關因素所形成的結合體。人力資源管理利用系統理論協助工作的分析，透過設計的程序，將各種工作整合爲一體，強調綜合性的整體設計並瞭解其成果，致力於目標的達成，開創新的管理科學。

　　由於組織及其管理在面對許多「不確定」的條件或狀況時，沒有一定的法則，必須視實際的狀況或情境而定。權變理論即是用來協助組織和個人瞭解並選擇對情境的反應，嚴格的說，稱不上是一種理論，而是一種概念性的工具，目的不在找尋最好的方法，而在設計和應用「最適當」的組織設計與管理方法，以適合某特定情況，這是一九七〇年以來，組織理論研究的重點，並直接影響人力資源管理的工作。

　　福利概念於廿世紀初期開始受到重視，到廿世紀後期，各國相繼通過各種就業、職業安全和衛生等決案，加上工會力量的增強，在員工全部的薪酬中，福利部份所佔的比例不斷的增加，而且關心員工的工作生活品質（quality of work life QWL），從薪酬、工作環境、能力的發展，到隱私權、工作與非工作的平衡以及社會性的福利與責任等，範圍相當的廣泛，涵蓋了員工生活中的重要層面。

　　在講求生產又能顧及到員工的工作生活品質時，強調系統的「整體」觀點，不但重視長期的人力資源規劃，而且將人力資源管理中的各項功能視爲一體，彼此相互關聯，例如，員工的遴選，會牽涉到績效的評估或薪酬等。此可視爲鉅觀的人力資源管理。

　　人力資源管理科學性的研究，傳統上傾向微觀的方法，從心

理學的觀點和過程做個人層面的分析。促使人力資源管理採鉅觀的觀點，從組織層面來探討的主要原因是：人力資源管理領域的發展；與經營策略的結合，使得人力資源管理在組織中獲得重要的地位；需要有效和強而有力的理論基礎（Butler, Ferris, & Napier, 1991）。

總而言之，過去人力資源管理演進中，在如何有效的運用人力資源上，採用科學方法的管理方式時，易忽略員工的需求，而有強調人際關係的改進，但過於重視員工需求同樣會產生問題，因而採用鉅觀的觀點，從整體情境和組織層面來考量，將員工的需求和組織的目標相結合，作長期性和整合性的處理。換言之，人力資源管理由早先的注重「工作」效率，轉而重視「人」的需求，進而能兼顧「人與組織」的需求，雖然彼此並不衝突，但在演進中，除獲得許多理論與研究的支持外，更與其他學科的發展和社會環境的變遷有緊密的關係。

結語

人力資源的概念隨著「人」的因素對企業經營影響力的日增倍受重視，除經濟意義外，更具深厚的人文意義，在企業組織中，不再是消費的項目，而是有價值的資產，具有生產性的能力，是經濟成長的根源，亦是個人自我表現與自我實現的重要方法。

人力資源管理是組織爭取競爭優勢不可或缺的一環，策略性人力資源管理即是人力資源的管理具有策略性的功能，在企業的經營中，不是被動的配合，而是主動的參與，用以確保人力資源

管理能與經營策略密切的配合，使經營策略得以順利的推展。因此，人力資源管理人員需擔負的角色有制定政策、提供服務、稽核和創新等。

　　人力資源管理在發展的過程中，深受經濟學、社會學和心理學等的影響，並與組織理論的發展密不可分，由早先的注重「工作」效率，轉而重視「人」的需求，進而能兼顧「人與組織」的需求，創造企業經營的良好環境。

2 經營策略的基本概念

本章思考問題

■企業爲什麼需要經營策略？
■不同的經營環境，經營策略的制定過程有何
　不同？
■經營策略運作時需包括那些要素？
■經營策略有那些類型？適用的範圍爲何？
■總體策略、事業策略、功能策略三者間的關
　係爲何？

「經營策略」並非新的名詞卻與計畫、計謀、方策、方法、手段、戰略等詞，在概念上有混淆或重疊之處，並隨應用的領域不同，在用詞與涵蓋的意義上，亦略有差異，例如：軍事上的習慣用法是戰略、經濟上常用計畫等，但不論其用詞爲何，均希望藉由謀略、設計、技術、途徑等活動，來達成預設的目標或目的。以下針對企業經營策略的意義及結構加以說明。

經營策略的意義

企業界運用經營策略的歷史很早，但開始引起注意的研究卻始自錢德勒(A. Chandler)，他在一九六二年所著的《經營策略與結構：美國工業歷史》一書中，將經營策略界定爲：「擬定企業的長程目標，以及達成目標之行動方案的選擇與所需資源的分配」。此一界定包括：目標的形成和達成目標的方法。顯然的，錢德勒比較著重形成經營策略的過程，而非經營策略本身的內容(Schendel & Hofer, 1979)。

其次，安德魯斯(K. Andrews)與安索夫(I. Ansoff)於一九六五年相繼對經營策略的概念及其發展的過程加以說明。安德魯斯認爲：經營策略是目的或目標的組型(pattern)，以及達成目標的主要政策和計畫，用來說明所經營企業目前或未來的情況，和公司目前或未來的類型。安索夫則認爲：經營策略是組織活動與產品、市場間的「連線」(common thread)用以說明組織目前狀況和計畫的未來情況的基本性質(Hofer & Schendel, 1978)。由此得知，安德魯斯對經營策略的界定較爲寬廣，包括目的與

方法；安索夫則未將目的包括在內，僅止於方法而已。

　　由上述三位學者對經營策略的界定中，可以瞭解到早期對經營策略的概念看法上並不一致。下面介紹幾位晚近學者的界定。

　　賀佛和史坎德(Hofer & Schendel, 1978)二位學者認為：經營策略是目前與未來資源配置和環境交互活動的基本組型(fundamental pattern)，用以指示組織將如何達成目標。奎恩(Quinn, 1980)的看法：經營策略是一種計畫，用以整合組織的主要目標、政策和活動順序，使之結合成一體。湯姆斯(Thomas, 1988)的界定：經營策略是組織的活動和計畫，使組織的目標能與它的使命相配合，並在有效的方式中，使組織的使命能與其環境相配合。因此，經營策略就組織而言，是達成使命或目的之方法，而它也可能成為組織中較低階層的目的或績效的衡量。傑曲和葛魯克(Jauch & Glueck, 1989)認為：經營策略是一種一致的、綜合的和統整的計畫，它使公司的優勢與環境的挑戰相關聯，用以確保企業的基本目標能經由組織適當的執行而達成。司徒達賢(民84)認為企業為了建立長期的競爭優勢，在資源有限情況下，經營策略代表經營重點的選擇。

　　由上述學者的看法中，可以明瞭經營策略乃是組織在追求目標時，如何界定它與環境的關係，以及為適應環境的挑戰，所採取的方式或反應。由此可知，經營策略的概念係涵蓋了目的與方法，而且兩者間存有連鎖的關係，亦即達成組織高階層目的所採用的方法，可成為次階層的目的，依此類推，環環相扣。因此，企業在變動的環境中，為謀求競爭的優勢地位，不但需依內在與外在環境而調整，同時需在連鎖的關係，相互依存。而且當環境處於變動和不連續性時，經營策略對欲處理的問題，應作快速和

立即的反應(Ansoff & McDonnell, 1990)。

經營策略的結構

在經營策略的結構方面,學者的研究通常包括活動或內容,及其過程。以下將經營策略的結構分述為四方面,分別加以說明:

1.經營策略的形式。
2.經營策略的要素。
3.經營策略的類型。
4.經營策略的層次。

經營策略的形式

薛費(Chaffee, 1985)將經營策略的形式(mode)分述為以下三類。

線性的經營策略

線性的經營策略(linear strategy)此在計畫中常被廣泛的應用,用以決定企業的長程目標、系列活動和分配達成目標所需的資源。因此,經營策略的性質是種決策、活動和計畫。兼顧方法與目的,希望經由改變市場和產品,以達成擬定的目標。適用於穩定和可預測的環境。

適應的經營策略

適應的經營策略(adaptive strategy)此關心的是外在環境的機會與威脅，以及組織利用這些機會的能力與資源，兩者間相互配合的發展。因此，經營策略的性質在達成一種「配合」，是多面性的，強調的是方法，希望經由改變型態、市場、品質，能與環境相結合。適應的經營策略基本假設是組織資源必須隨環境的變動而改變，因而適用於變動性較大而不易預測的環境。

詮釋的經營策略

詮釋的經營策略(interpretive strategy)此乃用以說明組織隱含的意義或是一些事實的法則，使參與者能瞭解組織及其環境，藉以導引個人的態度。因此，經營策略的性質是一種隱喻的(metaphor)、解釋的，重視組織中的參與者，希望經由發展象徵的意義或符號，改進彼此的互動與人際關係，以建立適當的標準和信譽，引發參與者有利於組織的動機。

上述三種經營策略雖在性質、目的與用處上有所不同，但並非各自獨立的，依據薛費的看法，在組織中的應用，通常係由財務和預設性的計畫開始(線性的經營策略)，然後是策略性的分析(適應的經營策略)，最後是策略性的管理(詮釋的經營策略)。總之，線性的經營策略係基於機械性的觀點，對組織的決策和活動，強調要符合預先設定的目標，適用於能預測與控制的組織或問題；適應的經營策略係基於生物性的觀點，認為組織的經營策略應配合其環境的變動而改變，適用於供需問題出現明顯的衝擊時；詮釋的經營策略則基於社會性的觀點，認為管理者可使用隱喻的、參照的規準和象徵的符號，賦與環境以意義。薛費將經營策

略分為這三個模式，與鮑爾定(K. Boulding)將系統分成九個層級，有異曲同工之處。

閔茲柏格(Mintzberg, 1973a)從經營策略制定的過程，將經營策略區分為三類。

企業型

企業型(entrepreneurial modc)主要特徵是經營策略的制定著重於新機會的開創，企業經營操在經營者手中，面對的是不確定的情況，追求的是企業組織的成長。因此，領導者從事的是大膽的決策，和帶冒險性的活動。適用於成本少，以及冒險造成的損失亦少的規模較小或新成立的企業。

適應型

適應型(adaptive mode)主要特徵是組織缺乏明確的目標，經營策略的制定是為了解決現有的問題，採取的步驟是漸進的，決策是片斷和具彈性的。因此，經營策略基本上是補救的性質，經由逐漸調適或修改的過程，對於複雜或動態環境中的問題，作「反應式」(reactive)的解決。適於複雜和變動快速的環境，擁有決策權的團體是互相牽制形成決策力量分散的大型企業或機構。

規劃型

規劃型(planning mode)經營策略是事先發展出來的有系統和有結構的計畫，或是一套明確的指引。因此，在制定經營策略中，分析者擔任重要的角色，強調系統的分析，特別是產品效益的評估，並經由綜合分析的過程，統整組織的決策，使之擁有一個整體的經營策略。適用於組織有營運的目標，環境是可預測和

穩定的，而且能承擔從事正式分析所需費用的大型企業。

　　閔茲柏格的三種經營策略，各有其特性及適用範圍，但任何經營策略均需適合其環境。在組織中並非所有的情境或問題均需透過正式的規劃來解決，而環境常在變動，危機與無法預料的事件常會發生。因此，運用規劃型經營策略時，常需與其他型式的經營策略混合使用，唯有如此，才能符合企業經營的實際需要。

經營策略的要素

　　安索夫對經營策略所下的定義中，提到組織活動與產品、市場間的「連線」，欲達到連線的目的，可透過下列四種方法，亦即連線的四個組成要素(Ansoff, 1965)：

1. 產品與市場的範圍：此是企業用以侷限其產品與市場的方向，使經營的領域更明確。
2. 成長的取向：用以說明企業目前產品與市場形勢移動的方向，此可採取市場滲透、市場開發、產品開發以及多樣化的方式來進行。
3. 競爭的優勢：由前面兩個要素來確立企業的特性，使其產品與市場的屬性，具有強而有力的競爭局面。
4. 綜合的效力：關心企業組織和其新產品與市場的配合，希望綜合的績效大於部份的總合，常用的說法是「2＋2=5」。

　　安索夫的四個經營策略的組成，首先設定企業經營的領域，其次探尋在此領域內的方向，然後是獨特機會的特性，此三者均用以說明企業要去追尋外在環境中存在的獲利機會，是否能成功

，尚有賴綜合效力的發揮。因此，四個要素是互補的，而非相互排斥的，企業組織可依其目標選用其中的一項、二項或全部的要素。

賀佛和史坎德(Hofer & Schendel, 1978)認為經營策略是目前與未來資源配置和環境交互活動的基本組型。因此為了有效的達成組織的目標，任何經營策略均需具備四項基本的要素：

1. 企業的範圍。
2. 資源的配置。
3. 競爭的優勢。
4. 綜合的效力。

此種界說與分法，與安索夫在看法上最大的差異是重視資源的配置，此是組織所具有的獨特能力(distinctive competences)，是其他組織不易複製的；其次，資源的配置與競爭的優勢，不僅是經營策略的基本要素，而且在決定經營的成敗上，較企業的範圍，或是領域，來得更為重要；第三，在組織範圍的概念的寬廣度上亦有所不同，強調組織的領域在說明它與環境交互活動的最適切範圍，不僅從產品與市場方面著眼，而且可包括：地區、科技或銷售管道等部份；第四，在競爭優勢上，不但可來自產品與市場的特性，亦可由獨特的資源配置而取得。

此外，梅爾曲和柯茲拿(Melcher & Kerzner, 1988)認為經營策略可分為範圍、規準和配置三個要素。範圍用來界定企業所經營的事業，說明生產的產品、服務的對象、經營的地區和企業競爭的重點；規準則是衡量企業目前狀況的一些標準，此可從目前的規模和成長率、市場佔有率、獲利的能力、投資報酬率、權

益報酬率、維持策略性優勢的時間等方面來考量；資源配置係有關企業的資金、設施、設備和人力資源的分配。範圍與規準兩要素是經營策略制定過程的產物，而資源配置是經營策略實施過程的結果。

學者們對經營策略組成要素的說明，係源自對經營策略的定義，因此，這些組成要素可作為經營策略的操作性概念，而且均在探討企業為達成其目標，目前或未來該做些什麼，以及該如何去做。此外，在組織的運作中，依經營策略層次的不同，著重的要素亦有所差異。

經營策略的類型

經營策略的類型，學者依不同的觀點有多種不同的歸類，以下略述幾位代表性作者的分法。

麥爾斯和史諾(Miles & Snow, 1984b)依產品與市場的變動率，將經營策略分為四類。

防衛型 僅生產市場上非常小部份的有限產品，以求得穩定著重改進效率，而非找尋生產新產品的機會。

前瞻型 主要在尋求新產品和市場的機會，開創重於獲利，通常應用於擁有多種產品和高度技術密集的企業中。

分析型 兼具前述兩類型的優點，主要在尋求最小的風險和最大的獲利機會，亦即在市場已有人開發後，才生產新的產品或進入新的市場。

反應型 當經營策略與環境不一致，或經營策略、組織結構和管理過程無法配合時，所採取的因應方式。

賀佛和史坎德(Hofer ＆ Schendel, 1978)在分析事業層次的經營策略時，依投資的性質與層次分爲：

1. 增加市場佔有率的經營策略。
2. 成長經營策略：設法在快速拓展市場時，維持其狀態。
3. 利潤策略：對現有的資源和技術發揮其最大的功用。
4. 集中市場和減少資產的經營策略。
5. 轉向經營策略。
6. 出售或解散經營策略。

波特(Porter, 1980, 1985)認爲能賦予組織競爭優勢的經營策略有三。

成本領導策略　當組織擬以低成本與同行競爭時，可提高營運的效率、經濟的規模、科技的創新、便宜的勞工或選擇接近未加工的原料等方法。

差異策略　主要在使企業的產品或服務與競爭者有所不同，可強調高品質、特別的服務、創新的設計、科技的能力、特殊的形象等方式。

重點策略　主要在開發市場中狹小的一部份(segment)此可選擇某一特定的產品、購買者、行銷管道、地區等，此項經營策略可與前兩項經營策略併用之。

因此，經營者可依據組織的優點和競爭者的弱點，選擇適用的經營策略。

米勒(Miller,1987)綜合錢德勒、麥爾斯和史諾(R. Miles ＆ C. Snow)以及波特的看法，提出經營策略的整合架構，將其分爲四個方面：

1. 創新。

2. 市場的差異。

3. 廣度：包括創新的廣度和穩定的廣度。

4. 成本的控制。

傑曲和葛魯克(Jauch ＆ Glueck, 1989)認為無論在總體或事業層次上的經營策略，可將其分為四種：

1. 穩定的策略。

2. 擴張的策略。

3. 減縮的策略。

4. 聯合的策略。

這些經營策略係綜合許多學者的看法，主要的目的均在改善經營績效。

以「生命週期」(life cycle)的現象來說明企業、產品或市場成長過程的學者很多，例如，錢德勒於一九六二年將美國企業的成長和其經營策略的改變分為(Galbraith ＆ Nathanson,1979)：

1. 第一階段：首先是工作量的擴充，其次是地區的擴充。

2. 第二階段：垂直整合。

3. 第三階段：產品的多樣化。

其後許多專家、學者(Kelleher ＆ Cotter, 1982; Smith, 1982; Quinn ＆ Cameron, 1983; Anderson ＆ Zeithaml, 1984; Brindisi, 1984; Miller ＆ Friesen, 1984; Odiorne, 1984; Fottler'＆ Smith, 1988; etc.)對生命週期劃分的階段及各階段所應探

取的經營策略，看法上雖有差異，但可歸納成下列四個階段：

    *1.*開創期：主要力求生存。

    *2.*生長期：擴大產品市場的範圍，追求市場的佔有率。

    *3.*成熟期：保持市場佔有率，著重效率，降低成本。

    *4.*衰退期：準備結束營運，或致力於創新，以求再成長。

此外，前兩個時期可採用前瞻型或差異型的經營策略；後兩個時期則可採用成本領導、重點、防衛性或反應型的經營策略。

經營策略的層次

經營策略是用來達成組織使命的工具或方法，其中包含了目標、計畫和程序的設計，但如果不能瞭解經營策略的層次，以及層次間彼此的關係，將無法發揮經營策略的功能，甚且造成營運的失利。因此，區分經營策略的層次，瞭解經營策略的適用範圍及性質，以配合企業組織的層級，是運用經營策略前的重要工作。經營策略通常分為三個層次，略述如下。

總體策略

總體策略(corporate strategy)主要用在多角化經營的企業中，決定企業要經營什麼，各事業部門資源的分配以及統整各事業單位，以發揮組織的最大功效。總體策略是組織的長程方向（三年以上），不會經常更動，而且與其他經營策略相較，比較不具體和不易評鑑其成效。

事業策略

　　事業策略(business strategy)主要著眼於統整各事業單位的功能，例如：生產、行銷、財務、人力資源以及研究和發展等部門的活動，使之能符合總體的策略外，更重要的是發展每個事業單位的能力與競爭的優勢，瞭解產品和市場的範圍與需要。在一個大型多角化經營的企業中，可能將幾個相關的事業單位，形成一個策略性的事業單位(SBU)，一則可共用專才，再則可使各單位在具有共識的情況下，規劃一年至三年的工作。在小規模或單一產品的企業中，總體策略和事業策略是相同的。

功能策略

　　功能策略(functional strategy)主要在統整每個功能單位內的次級功能，例如：生產功能內的製造、品管、裝配等次級功能，使之具有獨特的能力，發揮最大的生產力，以協助事業策略，達成企業的總體策略。功能策略講求時效，而且其績效較其他經營策略快速和容易顯現，通常是一年以內的工作計畫。

　　上述三種經營策略在運用上雖有差異，但就組織而言，三者應結合成一體，而且在其層級關係中，功能策略應支持事業策略，事業策略應支持總體策略，彼此環環相扣，相互配合，必能有所作為，達成組織的使命。

　　關於經營策略的結構，從上面經營策略的形式、要素、類型和層次的說明中，可以深切瞭解到經營策略的多樣性，雖然專家學者的論說紛紜，但仍有脈絡可循。惟有能對經營策略的性質、內容、活動、過程以及適用的範圍和層次等有所瞭解後，才能靈活的予以運用，發揮經營策略的效果。

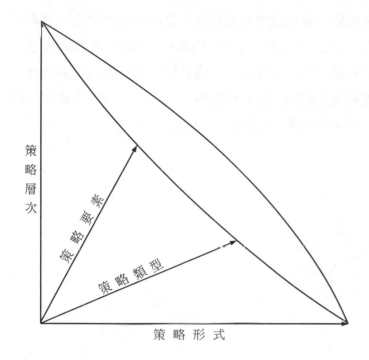

策略層次

策略要素

策略類型

策略形式

圖2-1

經營策略的結構

結語

　　經營策略的定義有著重過程與內容之不同，亦有兼顧目的與方法或僅及方法者，晚近學者則採整合或整體的觀點加以界定。事實上，經營策略係企業在競爭的環境中，考量本身的優劣，據以形成優勢和創造生存與發展空間所採取的反應。至於經營策略的結構，通常包括：活動或內容及其過程的研究，並可由經營策略的形式、要素、類型與層次四方面加以說明，如 圖2-1 所示。對經營策略的意義與結構有較多的認識，對經營策略的制定與運用，當更能掌握其精髓。

人力資源部門是組織的次級系統，是以成本為中心，而非以利潤為中心。當企業欲取得競爭優勢時，人力資源管理即需考慮企業所需要的是何種人力資源，需擁有何種獨特的資源或機會，以及如何提昇員工的競爭能力等問題，以使人力資源的管理，得以配合經營策略的需要，並作適當的分配與運用。

3 人力資源管理的內外在環境

■經濟、社會、政治與科技等外在環境的變動，
　對人力資源管理有何重要啓示？

■組織目標的改變，對人力資源管理有何影響？

■組織結構的改變，對人力資源管理有何影響？

■組織文化的改變，對人力資源管理有何影響？

影響人力資源管理的外在環境，主要有：經濟、社會、政治和科技四方面；在內在環境方面，主要包括：組織的使命與經營策略、組織結構和組織文化三方面，以下分別加以探討。

人力資源管理的外在環境

經濟、社會、政治和科技等的改變，對人力資源管理有著直接或間接的影響，亦即環境的變動會影響企業經營的方式，以及與員工的關係，而人力資源管理即在有效的協助企業應付環境的變動。以下針對影響人力資源管理的外在環境，略加說明。

經濟方面

當經濟的型態由農業轉為工業，再步入以服務為基礎的經濟，技術層次由勞力密集提昇至技術密集時，人力的技術與品質必然需作大幅度的調整。當經濟採自由化、國際化，利率、勞動力與物質資源的供需等經濟活動有所變動時，不僅是政策問題，更涉及人力資源的運用與培訓。

經濟的成長主要源自傳統的生產要素：土地、勞力和資本，以及將此三項資源作有效或緊密結合與運用的能力，此即經濟學家所謂的「生產力」。欲增加生產力使經濟的產品大於輸入的資源，此需依賴技術、員工的努力和有效的管理。換言之，在經濟結構和生產或服務過程的改進中，人的決心、工作態度、人力資源的保健、教育和訓練等工作，是提昇生產力的根本之道。

社會方面

　　影響社會變遷的因素很多，其中高學歷、人口老化、婦女投入就業市場等所造成的就業人口結構的改變，個人生涯的抱負、生活型態以及工作倫理、工作價值等的改變，對就業市場的衝擊是相當激烈的。在現代人重視工作的意義與成就感，追求自我的肯定與生活品味的提昇之際，工作態度、休閒活動、生活型態等，也必隨之有所不同。在婦女投入就業市場之後，雙生涯家庭不斷的增加，除影響就業機會與結構、職業角色之外，連帶的由於家庭之故，易於放棄離家太遠的晉陞機會，或限制了工作的選擇，以致影響個人生涯的發展，同時造成人力資源管理上的困難。此外，在工作倫理薄弱與工作價值趨向功利主義的情況下，加重了人力資源管理的責任與挑戰。

政治方面

　　政府所制定的法案、法規和行政命令等，例如：勞基法、安全衛生法、企業界的職訓金提撥辦法、弱勢團體的就業保障等，對員工的團結權、協商權、爭議權、工作的財產權(property rights)以及員工的雇用、解雇、薪資、福利和工作環境等，均有所規定，甚至法院的判決，對人力資源的管理皆有主導的作用。總之，在政府行政上的管理、社會運動、勞工意識等逐漸高漲的情況下，對人力資源管理的要求日益增多，而人力資源管理必須遵守政府的政策與規定，方能順利而有效的推展。

科技方面

　　科技在微電子、人工智慧、材料、生物、地質等方面的快速發展，使得某些工作日漸式微，某些工作的內容、程序與方法需作調整，同時也創造一些新的工作機會。當然，科技的發展也可能造成員工的疏離、工作技能的落伍以及組織對新科技適應的反抗等現象。但在員工將新的改變作為一種生活方式時，此種不適應與反抗的現象，將會逐漸消失，人力資源管理即在促進此一過程的正常運作，除招募、訓練新的工作人員之外，對資深的員工應給予訓練，藉以更新技能，並協助工作的重新設計，以增加生產和充分利用人力資源。

人力資源管理的內在環境

　　組織的使命與經營策略、組織的結構和組織的文化對人力資源管理有著緊密的相互關係，而且彼此間亦相互的影響，以下即以人力資源管理為核心，說明其間的關係。

組織的使命與經營策略

　　所謂「使命」(mission)是在說明成立組織的理由，使組織中重要的人員瞭解企業的目的、營運的範圍、形象等，使命可作為策略性管理的工具，使管理者擁有一個超越個人，避免狹隘的和

短期的思考，用以促進組織內各階層員工的共識與期望。

經營策略是有效運用資源(包括：金錢、財物、資訊和人員等)的方法或過程，用以達成目標，完成組織的使命。由於經營策略可依目的、性質、用途以及生命週期等的不同，而有不同類型的經營策略。因此，當組織決定採取某一類型的經營策略時，人力資源的管理必隨之而改變，方能因應需要。亦即經營策略對人力資源管理的方向，具有導引的作用，組織在制定經營策略時，亦需考慮人力資源管理的可行性，方能確保經營策略的成效，兩者之間具有相輔相成的密切關係和相互影響的作用。

組織的結構

組織結構是人力資源管理內在環境中的重要影響因素，牽涉到工作、人員和職權的分配與決定。因此，結構可說是有關工作與部門的一種相當穩定的架構，它影響個人與團體的行為，使之朝向組織的目標。

關於組織結構的類型，學者們的分法略有不同；例如，羅斯威爾和卡皆納斯(Rothwell & Kazanas, 1988)將結構分為五種基本型態：企業型、功能型、事業部型、專案型、矩陣型。

波斯和羅賓森(Pearce & Robinson, 1988)認為結構的本身不是目的，而是達到目的的手段，是種管理企業的工具。由於企業的規模不同和多樣性，各企業有自己獨特的結構，但可歸為五種基本類型，以下略述每一類型的特徵。

簡單型

所有決策集中在企業擁有者身上，易於控制組織的活動和迅速反應外在環境的變化，但易疏於人才的培育，易陷於日常瑣碎事務的處理，決策錯誤時，易危及企業的生存。

功能型

企業的經營集中於一種或少數幾種相關的產品或市場，在組織內區分為幾個功能單位，通常有生產、行銷、財務、會計、人力資源等部門。在功能專業化的情況下，較有效率，同時維持權力的集中，但部門間不易協調，易形成本位主義，且不易培養高階主管。

事業部型

當企業組織的產品或服務多樣化時，為因應不同的競爭市場，組織授權給各事業部門，並負責盈虧的責任，通常一個事業部的結構類似於功能型的結構。因此，在各事業部中可維持功能的專門化，並培養高階的管理人員，但易擴張事業部經理的職權，各部門的政策不易一致，在總體資源上造成惡性的競爭。

策略性事業單位型

組織為便於管理，將共同策略性的事業部門組成一個單位，以改善經營策略的實施，提昇綜合的效能，並對各種事業作較多的控制，但在增加管理階層之後，策略性事業單位的主管與事業部主管的角色不易釐清。

矩陣型

矩陣組織在形式上兼具了功能專門化和產品或專案專門化的優點，在職權、績效責任、考核和控制上採雙元的管道，亦即員工除需對直屬功能部門負責外，尚需對專案小組負責。矩陣型適用於多樣化專案導向的企業組織，但卻需在垂直與水平上作大量的溝通與協調，否則易造成職權的混淆與管理上的衝突。

上述五種組織結構的類型，與較早閔茲柏格（Mintzberg, 1983a）的分類在名稱上雖有不同，但實際的含意卻非常的相似，其分法為：簡單結構、機械式的科層體制、專業的科層體制、事業部型、特殊委員會型。

至於組織結構與經營策略間的關係，錢德勒曾研究美國七十家大型企業的歷史，獲得的結論是「結構追隨策略」，但在推論上僅適用於大型的、追求利潤的組織，偏重於以成長來衡量其成效而非獲利能力。晚近的研究指出經營策略僅是影響結構的重要變項，而且結構也會影響或限制經營策略的制定（Robbins, 1990）。換言之，經營策略與結構是彼此相互影響的，欲採行新經營策略時，組織結構可能需作調整或重新設計；在選擇經營策略時，亦需考慮現行結構的優劣，兩者是相互依存的。

在人力資源方面，結構對人力資源管理的重要影響有以下四種（Rothwell & Kazanas, 1988）：

1. 結構的選擇決定工作分配和各部門的工作。
2. 組織結構決定由誰來作人力資源的決策，以及決策的內容和過程。
3. 組織結構影響人力資源部門的地位。

*4.*組織結構的類型會影響人力資源部門的結構。

由於經營策略、結構與人力資源管理三者之間的關係密不可分，此可從葛爾布瑞斯和聶愼生(Galbraith ＆ Nathanson, 1978)將錢德勒經營策略與結構的觀點延伸至人力資源管理的討論中得知。他們將經營策略分爲五類，結構有四種，彼此的應對關係如下：

*1.*單一產品對功能性的結構。
*2.*垂直整合的單一產品對功能性的結構。
*3.*購併沒有相關事業的成長對獨立自主的企業結構。
*4.*經由內部成長或購併相關的多角化產品線對多元事業的結構。
*5.*多國的多元產品對全球性的組織結構。

人力資源管理則需針對上述不同經營策略與組織結構在任用、績效評估、新酬和人力資源發展等活動上，採用不同的做法以資配合。

此外，貝港和李品卡特(Begun & Lippincott, 1988)以醫療機構作爲分析的對象，以閔茲柏格組織結構分類方式，將醫療機構分爲：診所(solo practice)、醫療群(group practice)、醫院。同樣的，工作設計、人員任用、薪酬、績效評估和人力資源發展等活動，亦需依組織結構的不同，在作法上亦應有所不同。

組織的文化

文化的定義有描述性的，亦有解釋性的，而且因學科的不同強調的重點也有所差異，以致對文化的說明既紛歧又豐富。史默奇曲(Smirch, 1983)將文化觀點與組織觀點相關聯的研究論題分為五種，並將之歸為三類。

將文化視為獨立變項

認為文化是為滿足人類生理與心理需要的手段或工具；與之有關的組織觀念，認為組織是完成工作任務的社會工具。因此，在研究上將文化當作組織的外在變項，從事泛文化或比較管理的研究。

將文化當作內在變項

認為文化是一種適應性的調適機能，將個人與社會結構相結合；與之有關的組織觀念，認為組織是種適應性的機構，經由與環境的相互改變而存在。亦即組織除生產物品與服務外，也產生本身的文化，例如：禮儀、慣例等。因此，研究的重點強調組織所發展出來的文化特性，此即目前頗受重視的組織文化，或企業文化的研究。

將文化視為組織概念的根源

其中包括三種不同的看法：其一，認為文化是一種共同認知的系統；其二，是共同符號和意義的系統；其三，是人類心靈共同潛意識內部結構的投射；與之有關的組織理論是認知的組織理

論、符號的組織理論和轉換的組織理論等。因此,在組織與管理上有組織的認知、組織的符號以及潛意識過程和組織三方面的研究論題。

從上述研究論題的歸類中,可以清楚的瞭解到文化觀點的不同,研究上的取向有頗大的差異,以下針對組織文化作進一步的說明。

組織文化可說是組織成員共同享有或持有的內在化信念與價值。至於組織文化的內容,主要的來源有三(Pearce & Robinson, 1988):

1. 企業環境的影響;例如,電腦公司,受科技快速轉變的影響,其文化必然重視創新的價值。
2. 組織的創立者、領導人以及員工,當他們加入組織時,隨他們一起帶進來的,例如:來自個人的國家、地區、倫理、宗教和職業的文化等。
3. 組織成員在實際工作中,用以解決問題的方式,例如,在決策與資源分配上,採用合作或內部競爭策略,會產生不同的組織文化。

成功的企業必有豐富的文化,亦即堅強的信念,此即一般所謂的「意識」(ideology)。有關組織意識的發展,首先係根源於對組織使命的認識,並在達成組織的使命中,形成使命感的意識;其次經由傳統與過去的事蹟,例如:先例、習慣、傳奇和歷史等,逐漸建立起組織的意識;最後經由認同作用,包括個人自然的認同,組織在招募和陞遷員工時,選擇認同其意識者,經由教條式(indoctrination)的方法與社會化過程所激發的認同,以及個

人著眼於自身利益有意圖的認同等作用，用以增強組織的意識(Mintzberg, 1983b)。

　　組織文化對組織成員的行爲，尤其是行爲的方向，具有相當的影響力，而影響力的大小與文化的強度有關，其中包括：文化內涵的深度、文化影響力的廣度以及對文化優先順序的清楚度。簡而言之，文化越深厚，受其影響的人就越多，對文化重要性的先後順序越清楚，文化的強度就越強，對組織行爲的影響力就越大(Pearce & Robinson, 1988)。

　　組織文化常被視爲一種適應性的調節機能，係組織發展出來，用以處理外在適應與內在統整的問題，是組織特質的內在部份；而經營策略不僅是一種選擇，也非僅是分析性的發展計畫，它的觀念會影響組織新觀念的發展、抉擇的考量以及對環境變化的反應方式。由此可知，組織文化與經營策略在本質上雖有差異，但彼此間卻有密切的關係，其間的關係可由結構功能論、衝突理論和社會行動論再加說明(Green, 1988)。

結構功能論

　　結構功能論者認爲系統整合是脆弱的，同時，不同的規範、價值和信念不易貫串整個組織；然而共識、合作、適當的擁有共同的價值卻是組織生存與績效所必須具備的條件。因此，當文化與經營策略是兩個分開的次級系統，彼此無法相容時，常是改變經營策略去迎合文化。其中的原因是組織文化如同社會事實，很難從其內部作改變。其次，欲改變文化，先得瞭解它，這是談何容易的事，因爲文化包括三個層次：其一，看得見的事實，例如，公司的建築環境、員工的穿著等；其二，價值、規範和信念；

其三，基本的假定，雖然是潛意識的，卻是結構性的行動。再者，需明瞭希望達成的文化是什麼，這也不是一件容易的事，因為「卓越的文化」僅適用於個別的環境，在其他的環境中未必能發揮作用。最後，組織文化的改變牽涉到適當管理工具的選擇，結構功能論者認為組織文化的改變，主要經由正式結構、行政程序和有計畫的策略等的改變，然而這些途徑對組織文化不是起不了作用，就是有困難。總之，從結構功能的觀點，有目的的改變組織文化是非常艱困和花費時間的工作。

衝突理論

衝突理論認為組織是多元的文化，而非單一的文化，同時組織中不同的群體會透過「意識」去處理複雜的核心價值。管理一個強而有力的文化是一種巧妙的處理過程，做得好，組織便能擁有主要的信念和統整的人事，文化也因而得以增強。

社會行動論

在社會行動論中，認為組織是與其成員不斷交互活動的社會結構，文化即是經由社會交互活動不斷塑造而成的，而非靜態的社會事實，個人則透過與他人的交互活動，瞭解事物、活動和語文的意義，並導引個人的行動。至於經營策略可被視為一種文化的產物，是組織成員用來「設定意義」(fix meanings)，使文化得以穩定。由此可知，社會行動論將文化著眼於社會交互活動所塑造和被塑造出來的共同意義，經營策略則是用以產生或形成組織的性質、方向、目的與方法的共同意義。因此，經營策略不僅反應文化，同時修正文化，是文化的一部份。

在上述的說明中，結構功能論從結構的觀點，衝突理論與社

會行動論強調的是過程，均能清楚的瞭解到組織文化與經營策略間關係的密切。至於如何處理組織文化與經營策略的關係，在管理上可從兩個向度來考量，一是實施新經營策略時，在重要的組織因素中，例如：結構、員工、系統等，需改變的多或少；另一個向度是新經營策略的改變，與現有文化適合程度的高與低。依據這兩個向度，可構成四個象限的矩陣，亦即可形成四種不同的情境，管理上需因應不同的情境作適當的調適，其中最困難的是實施新經營策略時，需改變的組織因素很多，而與現有文化適合的程度又低，此時可能需重新調整經營策略，或改變組織的文化，然而此種改變需作長期而且艱辛的努力，方能見效(Pearce & Robinson, 1988)。

至於組織文化與人力資源管理的關係，除高階主管的理念、期望和抉擇等，與組織文化有互動的關係外，人力資源管理本身的內涵或活動，一方面受組織文化的影響，另一方面經由活動的結果而影響組織文化，兩者係在相互牽制與相互助長的情境中不斷的發展。

結語

影響人力資源管理的外在環境，主要有經濟、社會、政治和科技四方面；內在環境則包括組織的使命與經營策略、組織結構和組織文化三方面，其間的關係如 圖3-1 所示。在許多因素中，不僅外在因素、內在因素各自相互影響，而內在與外在間亦有相互的交錯作用。其間各因素對人力資源管理的影響有先後、輕重

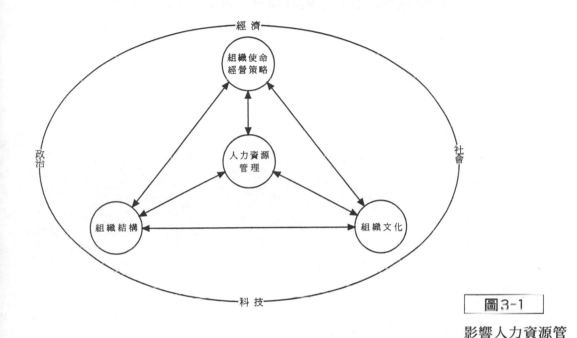

圖3-1

影響人力資源管理的內外在環境

、快慢、直接與間接等程度的差異，若再加上因素的不確定性，
其間的錯綜複雜可想而知，為說明方便，不得不分開來討論，而
且僅作靜態的敘述，作為分析思考的架構。此外，人力資源管理
的成敗與否，除與上述的因素有密切的關係外，管理的程序：規
劃、執行、考核等，亦是重要關鍵。因此，人力資源管理需作整
體的考量與安排，才能符合組織的需要，並順利的推展。

總之，人力資源管理是環境結構中的產物，應配合內外在環
境的需要，而內外在環境在其管理的過程中，可能是一項助力，
也可能是項阻力，端視彼此間關係的瞭解與配合而定。

4 組織的內部勞動市場

本章思考問題

■如何解決企業內某些重要職位，人員離職率
高，而且就業市場供給量又少的問題？

■企業內員工離職率過高或過低對企業經營有
何影響？

■企業在經濟景氣或不景氣的環境下，如何調
節人力資源以降低用人成本？

■如何根據企業發展的需要選擇適合的雇用系
統？

一九五〇年代初期，勞動市場區隔(labor market segmentation)的研究，漸受美國經濟學者和社會學者的關注。勞動市場依其性質有各種不同的劃分方式，有分成主要勞動市場(primary labor market)和次要勞動市場(secondary labor market)。前者的特性為薪資高、工作環境好、工作穩定和晉陞機會佳等；後者正好與之相反，薪資低、工作條件差、離職率高和晉陞機會少等。此外，可依勞動市場的穩定性，分為內部勞動市場(internal labor market)和外部勞動市場(external labor market)。前者勞動力的價格與分配，係由行政的法規和程序所決定；後者則由經濟變項來決定。但兩者在某些工作類別的進出階口(ports of entry and exit)，是相互關聯的，而且內部勞動市場中的工作，係由已進入市場內的工作者來陞遷或轉換，而免受外部勞動市場競爭力的直接影響。

內部勞動市場依開放的程度可再區分為兩種類型：第一種類型，組織的內部勞動市場(firm ILM)，此是封閉的內部勞動市場，通常存於大型企業，員工係在組織內流動；第二種類型，行業的內部勞動市場(occupational ILM)，此包括許多組織，每個組織擁有開放的內部市場，凡具有行業工作能力者，可在行業內流動，亦即具有專業技能者，例如：醫生、護士、律師等，可在組織間流動(Althauser & Kalleberg, 1981)。歐洲學者則將前者直接稱為內部勞動市場(ILM)；後者稱為行業勞動市場(OLM)，雖在分類名稱上略有不同，但其意義則是相同的(Eyraud, Marsden, & Silvestre, 1990)。欲瞭解組織的內部勞動市場，首先說明其性質與作用；其次從經濟學和組織社會學的觀點探討其理論基礎；最後談到內部勞動市場的雇用系統。

組織內部勞動市場的性質與作用

　　勞動市場的結構或界線，係由雇主或工會所制定的制度法規來界定，用以處理員工的遴選、聘雇、訓練、薪資和流動等雇用關係的事務。內部勞動市場的基本結構，含有三項特性：其一，擁有工作階梯；其二，外部勞動市場的人力需從工作階梯的底層進入；其三，員工的晉陞循工作階梯而上(Althauser & Kalleberg, 1981)。換言之，內部勞動市場可視爲組織與員工間，成文或非成文的長期合約，其中的法規係用來規定員工的薪酬、工作時間、晉陞機會和申訴的程序等。

　　內部勞動市場的法則與運作可適用於組織內所有的員工，它的形成乃是基於以下所列的三個基本要素(Doeringer & Piore, 1971)。

技能的特殊性

　　在訓練上，可分爲特殊訓練和一般訓練。前者在培養特殊技能，此項技能僅適用並有利於其所屬的企業；後者乃在培養一般的技能，此項技能則同樣適用於其他企業。因此，特殊技能的培訓，勢必增加雇主的訓練成本和離職成本。雇主欲留住員工，需提供激勵措施，以避免員工的外流，而且具備特殊技能的員工，離職之後，不易將此特殊技能應用於其他企業，對他個人而言，同樣會造成損失。簡言之，員工與雇主由於特殊技能的存在，兩者間形成互利的關係，此是出現內部勞動市場的原因之一。

工作崗位的訓練

　　此項訓練不但對基層員工技能的獲得大有幫助，對專業人員亦有助益，因工作崗位訓練所獲得的技能，可直接應用於工作上，同時正規教育所學的技能亦需經由工作的歷練，才能成功的加以運用。在工作崗位訓練的過程中，有三項特性：其一，訓練通常係在工作的過程中，透過物質與精神的獎懲作用而精熟某項技能；其二，工作時，有經驗者帶領新進人員，或部屬代理主管的工作，使得員工常兼具雙重角色，是工作中的督導者或是部屬，然而在學習上，則可能是講師或是學生；其三，工作崗位的訓練可利用工作的重新調整，使得有經驗者與無經驗者的界線，不是那麼清楚。因此，工作崗位訓練所獲得的訓練有其特殊性，在訓練期間導致的材料損耗，機器的損壞，生產品質與生產力的降低等現象，都會增加雇主人力資本上的成本，而影響雇主建立內部勞動市場的動機。

習慣

　　習慣係經由時間逐漸形成的不成文法規，常被經濟學家用作事件無法解釋之時的說明，當作「殘餘的解釋」(residual explanation)之用。事實上，不成文的法規和習慣的法則會影響到工作有關的事務，例如：訓練、晉陞、勞動力的價格與分配等，也會影響到員工和雇主應有行為的類型，以及安定的氣氛。當然，習慣也可能受工會壓力的影響而形成，甚且阻礙市場勞動力的運作。因此，當習慣與效率有所衝突時，可能會導致經濟上的失利，此時即需有權宜之計作彈性的調整，以取代不合時宜的習慣。

以上技能的特殊性、工作崗位的訓練和習慣，是形成內部勞動市場的重要原因，但三者並非獨自運作，而是著眼於管理者欲降低勞動力成本的需要而產生的，其中牽涉到勞動力的價值、離職率的降低，以及招募、遴選和訓練工作等效率的提高。

勞動力的分配是內部勞動市場的一項主要功能，至於勞動力分配的結構則與下列三項特性有關(Doeringer & Piore, 1971; Whitehead & Baruch, 1981)。

開放的程度

此可由內部勞動市場對外部勞動市場開放的進出階口的比例，以及進入內部勞動市場效標的限制而得知。通常進入內部勞動市場的階口會因工作性質的不同，在完全封閉與完全開放的內部勞動市場的兩極端間，有不同程度的開放，例如：半技術或技術性工作大多由內部晉陞；非技術性的工作可從外部聘用；一般性技能的工作可由內部晉陞，或由外部聘用。進入內部勞動市場的效標包括：教育背景、工作經驗、性向等。組織中管理人員所訂標準的寬鬆會影響到外部勞動市場，例如，欲達到充分就業的要求，就需降低標準，否則失業率將會增高。至於內部勞動市場的出階口對開放程度的影響不大，但卻會影響到非自願流動(involuntary mobility)的控制，例如，解雇、休假、喪失工作能力、訓練以及強迫或提早退休等問題。

內部勞動市場的範圍與結構

此可由其職業和地區的界線來說明其範圍，在界線內又經常劃分成幾個次級部分，此即每個市場的內部結構，例如，許多工作會成為「內部流動的群集」(internal mobility clusters)，員工

就在其中上下的流動，而且群集會與進入勞動市場的階口(entry ports)相連接。關於內部勞動市場的範圍與結構，主要由工作的內容、對勞動力供需的預測和習慣等因素來決定。而在流動群集內的工作，必具有下列一項或多項的性質：

1. 工作技能或經驗具有相關性。
2. 工作內容的等級是相類似的。
3. 在相同的工作部門內。
4. 單一的工作重點，如電腦和它相關的軟體。

決定內部流動優先順序的法則

內部流動通常從能力和年資兩方面來考慮，較少只考慮其中的一項。年資的長短不但與晉陞有關，同時與離職和工作權亦有關係，許多公司採取「先進後出」(first in-last out)的方式來解雇員工。此外，有些公司以工作績效的效標作為晉陞的考量，有些組織有較為公平的競爭制度，有些則較缺乏正式的方法。

上述內部勞動市場開放的程度、範圍與結構以及內部流動優先順序的法則，是決定勞動力分配結構類型的三項主要因素，亦是勞動力資源的分配方法。此三項因素是相互牽動的，例如，雇用標準訂得較高，雇主運用人力的自由將會較受限制。因此，勞動力的分配結構是相當不易處理的，其中雇主關心的是減低訓練和離職的成本以提高效率，而員工則希望增加工作的保障和晉陞的機會，每個內部勞動市場的結構，均需在此兩者間獲得妥協。

組織內員工對內部勞動市場滿意的話，則可降低離職率，減少訓練的花費，並避免訓練投資的損失，也由於離職率的降低，可減少招募和遴選新人的費用，同時空缺由內部員工晉陞，對其

個性與能力會有較深的瞭解，可提高遴選的效率。然而當內部勞動市場員工的素質低於外部勞動市場水準時，就會增加內部勞動力的訓練費用，而且礙於法規或習慣，對不能勝任工作的員工，處理上就頗費工夫，因而新進人員的遴選是非常重要的。此外，當內部勞動市場受限於法規或習慣，對外界環境的變動，缺乏彈性的適應能力時，組織會出現僵化、或老化的現象，例如，採內部晉陞政策而組織內卻沒有適當人選時，若勉強晉用，對組織而言，就是一種傷害。

綜上所述，組織的內部勞動市場主要在處理員工雇用關係的事務，有其形成的因素和勞動力分配的結構，在管理上宜發揮內部勞動市場的正面功能，並避開負面的影響，使組織能在員工安定、勞資和諧的情況下，有效的運作。

組織內部勞動市場的理論基礎

組織的內部勞動市場主要在處理員工的遴選、訓練、薪酬、和晉陞等雇用關係的事務，其中除經濟因素的考量外，亦需兼顧組織的變項，兩者具有相互關聯的緊密關係，但為便於說明，以下先從經濟學的觀點來說明內部勞動市場，然後再從組織社會學的觀點加以說明。

經濟學觀點的組織內部勞動市場

經濟學主要隨資本主義經濟發展的過程而形成，亦即各國在

不同經濟環境下，為適應各自的需求，不同的經濟學派即應運而生。以下略述三個經濟學派的學者，對組織內部勞動市場的看法(Doeringer & Piore, 1971; Pfeffer & Cohen, 1984; Farkas & England, 1988)。

新古典學派

　　新古典學派(neoclassical school)此派學者認為要解決雇用關係的問題，組織的特殊技能是重要的關鍵，例如，貝克就認為員工接受特殊技能的訓練，對組織而言是很有價值的，同時其離職也將付出很高的成本。因此，組織得設法留住擁有特殊技能的員工。另一方面，擁有特殊技能者在其他組織也無從發揮，在此情況下，雇主與員工雙方都得努力改善彼此的關係。此外，交易成本論(transaction cost theory)的學者，例如，威廉森(O. Williamson)等人，亦有相似的看法，其中特殊資產(asset specificity)的概念，即個人在組織中學會他人所欠缺的技能，此項技能即成為維繫勞資雙方雇用關係中的重要資產。因此，新古典學派的學者認為薪酬的差異，主要取決於個人的特質，而非個人所從事之工作的特質。

制度學派

　　制度學派(institutional school)此學派的學者，例如，多倫吉和派瑞(P. Doeringer & M. Piore)，除接受貝克等人特殊技能和訓練對管理內部勞動市場的重要性外，尚提出工作崗位訓練和習慣兩個要素。由於科技的改變，加上降低成本的壓力，促使組織不斷的更新設備和改進操作的程序，並逐漸形成組織專屬的技能。因此，內部勞動市場可說是基於科技的提昇而形成的，不

僅保護特殊技能的存在，而且促使特殊技能訓練的需要，並導致工作崗位訓練與內部勞動市場相互依賴的密切關係。當組織內有空缺時，若能由內部晉陞，不但可激勵員工，並可降低離職率，同時資深者可教導資淺的員工。至於員工的薪酬則由組織內的行政法規、程序和習慣來決定。總之，制度學派的學者以行動心理學為基礎，採動態的歷史研究法，將經濟現象作為歷史限定、制度約制和具體的概念來處理。

激進學派

激進學派(radical school)此學派的學者，例如：艾德華斯(R. Edwards)高登(D. Gordon)瑞克(M. Reich)等人，不同意組織的特殊技能與內部勞動市場的關係，而採不同的看法。他們認為內部勞動市場和組織專屬的工作是雇主用來獲取員工順從策略中的要素，雇主的問題就在於如何去控制不順從的工作力，使員工能表現出雇主所渴望的工作行為。長久以來，控制係由簡單階層的控制到科技的控制，最後是科層體制的控制。換言之，雇主可利用內部勞動市場職位的層級來控制工作力，並防止員工因「擁有技能」而背離組織。

組織社會學觀點的組織內部勞動市場

從組織社會學的觀點來探討內部勞動市場，其中勞動力的分配，人與工作配合的過程等均會牽涉到「階層」(stratification)的概念。內部勞動市場中的科層(bureaucracy)，除影響雇用關係中人員的招募、訓練、報酬和晉陞等事務外，對組織的穩定與

發展以及個人職業地位與社會地位的獲得等，均有密切的關係。

內部勞動市場的建立或發展，從組織社會學的觀點，有以下幾項可能的影響條件(Pfeffer & Cohen, 1984)：

1. 政府的機構較其他類型的組織更可能出現內部勞動市場。
2. 在其他因素相同的情況下，設有人力資源部門的組織，將有利於內部勞動市場的形成。
3. 內部勞動市場與員工組織的工會化有正的相關。
4. 當組織面臨勞工短缺時，較易形成內部勞動市場。
5. 內部勞動市場適於較大型的組織。
6. 內部勞動市場適於成長中的組織。
7. 內部勞動市場適於擁有分支機構的組織。

貝隆(Baron, 1984)探討組織及其環境的特性對機會與薪酬的影響，其中包括：組織的規模、成長、員工特徵、科技、工會化的程度以及組織環境等因素。由許多研究結果顯示：規模較大的組織薪酬較高，並以教育程度作為員工晉陞的遴選效標；成長中的組織，可增加陞遷的機會；歷史較久的組織，較依年資敍薪，當組織中男女比例懸殊時，較易造成優劣勢的情況，而且組織有所變動時，會擴大男女間在技術、訓練和機會上的距離，通常對男性較為有利；科技的發展對工作與機會具重要的影響力，其中自動化可提昇員工技能的水準和工作的專屬性，在員工的流動方面，裝配的生產可提供較多水平的流動，而高科技則有較多的向上流動；至於工會的規模、成長的速率、人員的特性、歷史、集體協商的方法與結果等，均與組織有密切的關係，對員工的薪資、機會和性別等的公平性問題，具有督促的作用；關於組織的

環境，可由技術的整合、工會的層次和穩定的雇用關係，擔負高勞動力成本的能力，組織的成長、重點、改變、管理活動的數量與品質及與國內外市場經濟和政治的關係等特性來加以探討。

形成內部勞動市場的因素錯綜複雜，除經濟與組織的說明外，個人心理層面的需求與人際關係等非經濟因素，亦有舉足輕重的影響力，其間的關係雖不可視爲獨立事件，單獨的處理，但在運用和探討時，可將組織內部勞動市場當作分析的架構和政策性的工具，藉以瞭解和掌握內部勞動市場，進而使人力資源獲得有效的管理。

組織內部勞動市場的雇用系統

內部勞動市場可說是利用行政程序和法規來組織有用的人力資源，其中會牽涉到工作的分類與界定、工作階梯、工作保障、以及薪酬規則等問題。換言之，不同的組織會有不同的聘雇、訓練、晉陞和離職等的方式，而且當工作有了改變，或需增加其他的花費時，組織的人力資源法規和內部勞動市場的運作程序，也會跟著有所更動。以下略述五種雇用模式（Osterman， 1987, 1988）。

工業的模式

工業的模式(industrial model)，對工作的職責與規則，均有清楚而嚴謹的說明，薪酬則依工作分類中的職位來給付，管理者可視狀況，或員工的年資、意願，自由的調換其工作，以及調

整工作力的大小。此種模式下，員工沒有保障，而且依工作而敘薪，依年資而陞遷，資遣則由年資淺的為先。此種雇用方式，較適用於基層員工的藍領工作。

薪資的模式

薪資的模式(salaried model)，在行政程序上兼具彈性與個別化，而且有較多的工作保障。但工作的階梯與晉陞的路徑卻不明確，薪資則從個人的角度來考慮，即使從事相同的工作，薪資未必是相同的。此種模式依功績作為報酬的考慮，較適用於白領的工作，例如，管理和專業人員等。

技藝的次級系統

技藝的次級系統(craft subsystems)主要著眼於技能和專業性的考慮，技藝的訓練大多在組織外，例如：學校、正規的訓練方案或學徒方案等。因此，工作者的技能不是組織的專屬技能，就業市場的流通性較大。有些白領的工作可採用此方式，例如，程式設計師、資深的推銷員等。

次要的次級系統

次要的次級系統(secondary subsystems)此用於不具技術而薪酬又少的工作，無論在組織間或組織內均甚少流動，同時工作亦不具發展性，例如：文書人員、速食店的工作人員等。

核心與周邊模式

核心與周邊模式(the core-periphery model)又稱核心彈性環(core/flexible ring)，如圖*4-1*所示，此模式兼顧薪資與次要模式的特性，以薪資模式組成小核心的勞動力，再以臨時的、部

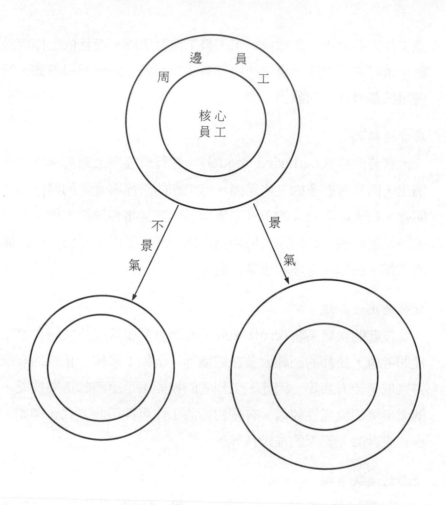

圖4-1

核心與周邊模式

份時間和其他不給予保障的員工組成周邊的勞動力。由於核心勞
動力較平常生產所需要的少,使得組織有能力提供勞動力的保障
,而員工也願在享有彈性和全心投入組織的薪資模式下工作。至
於周邊勞動力則可使結構面臨經濟周期性的低潮,或由於技術改
變需裁減勞動力時,有緩衝的餘力(DeLuca, 1988)。但周邊勞

動力是否有足夠的技術，或如同核心勞動力般的投入於工作，以及周邊勞動力是否會隨著時日的增長，而爭取與核心勞動力相同的雇用關係，使得此模式的穩定性就有待商榷了。因此，在運用上需考慮組織是否有足夠的勞動力，以及組織在整體需求有所變動時，是否仍能給予雇用的保障等問題，都得細加斟酌。

上述的工業模式重視薪酬結構和勞動力的分配，並可運用解雇的方式調整各階層的工作力，但新科技會改變傳統的工作分類系統，促使組織不得不採用較具彈性的薪資模式；同樣的，薪資模式在競爭壓力和新科技的衝擊下，亦會影響到工作的保障和白領員工投入工作的程度。為解決這兩個模式的困擾，出現了核心與周邊模式，例如，美國的IBM公司，即採用此模式。以上三種模式適用於組織內部勞動市場。另外技藝的次級系統和次要的次級系統，則適用於行業的內部勞動市場。

至於組織該如何選擇其雇用系統，首先得考慮組織雇用系統的目標，其次是達成目標的限制。雇用系統的目標主要有成本效益、預測力和彈性，略述如下(Osterman, 1987)。

成本效益

組織在追求最大利益的情況下，當資本或科技固定時，組織對任何的產品會著眼於最低薪資和福利來考量，但當組織欲作新的投資時，會對每一個因素所增加的單位成本與產出的邊際效用作一比較，而後選擇資本與勞動力最佳的組合方式。通常組織會對薪酬先作預估，然後根據勞動市場的狀況，選擇可降低用人成本的雇用系統。例如，當勞動市場的秘書人員供給不足時，組織就需安排晉陞的階梯，以保住人力，若人員過剩時，則可採臨時

或部分時間的雇用方式。又如員工技能不熟練易造成工作的重大損失時，就需採用穩定的雇用系統，使技術得以生根，並保住擁有技能的人力。

預測力

此係指組織能對適合勞動力的未來價格作有效的規劃，重點不在勞動力價格的高或低，而是要掌握其價格。為了獲得預測力，組織可採內部晉陞的管道、工作崗位訓練和終生雇用等方式，對人力及其價格作較為有效的控制。在上述的五種雇用系統中，以工業模式、薪資模式和核心與周邊模式對預測力較能作有效的控制。

彈性

有關生產與雇用政策的彈性，主要在應付環境的改變，包括：用人的水準、勞動力的分配及其能力等的彈性。如果組織對用人採嚴格的規定，則需付出相當昂貴的成本，因為當企業的營運收入下降，而勞動力的成本卻無法隨之調低時，組織即會面臨獲利與市場競爭力的損失。勞動力分配的彈性，有賴於勞動力是否具備廣泛的群集技能，或是快速學習的能力，方能有利於勞動力的分配和適應，而此與組織的雇用和訓練標準均有密切的關係。至於勞動力分配的能力，常被視為最具生產力的方法，然而在工業模式中，管理者指派員工新工作的能力，常會因「年資」的影響而受到限制。

以上三項目標在雇用系統中有不同的作用，而且彼此間又有衝突，因此選擇時不易全部兼顧，例如，組織為了雇用系統的彈性，可能會依賴外部勞動市場以獲得所需的人力，因而組織對員

工的承諾與投資會相對的減少，而員工對組織的認同與歸屬感也會降低，而且當外部勞動市場人力的供給不穩時，組織的雇用系統就會缺乏預測力。若組織的雇用系統追求預測力，即需安排內部的工作階梯、工作崗位訓練等，藉以培養並控制所需的人力，員工對工作的投入與組織的忠誠度亦能提高，但組織雇用系統的彈性卻會因而受到限制。

雇用系統的選擇除了上述三項目標可作考慮外，亦需顧及內外在環境的限制，其中包括：物質科技，與雇用系統有關的是技術、危險性和科技的特性等；社會科技，此乃對組織中的核心工作群，例如，管理人員，給予長期雇用，並使之社會化，以符合組織的目的和規範；勞動力的性質，如員工的性別、年齡、教育背景等；政府的角色，勞基法、教育的政策與投資等。以上四個領域的問題均可能對組織雇用系統目標的達成有所限制。

畢爾等人(Beer et al., 1985)另從人力資源流動(flow)的類型，將雇用系統分為四種：

1. 終生雇用系統。
2. 晉陞或離職系統。
3. 不穩定的進入與離職系統。
4. 前三種系統的混合。

至於該如何選擇這些系統可依各系統可能產生結果來考量。

員工的承諾

如終生雇用系統，員工的工作有保障，並可形成個人與組織間的「心理契約」，進而建立對組織的承諾。但在進入與離職的系

統中，則不易建立員工的承諾。

員工的能力

在進入與離職系統中，如果員工的遴選重於發展，在員工的招募和解雇的成本昂貴時，管理者對員工的遴選會較為用心，並投入較多的成本來協助員工發展，以增進員工的能力，同時改進員工與組織間的關係。

組織的適應

在進入與離職系統和晉陞或離職的系統中，員工較具多樣性和創新的能力，卻缺乏對組織的社會化，以及可能因員工流動快速，組織會有無法應付改變或承擔冒險的適應問題。

企業文化

在進入與離職系統中，因員工離職率高，以致沒有足夠的時間社會化；在晉陞或離職的系統中，也僅少數資深的員工能發展企業文化；終生雇用系統的員工較為認同於組織並樂於社會化。

組織內部的相互依賴

終生雇用系統和晉陞或離職系統中的資深員工，易發展出溝通的網路，協助組織內各部門的協調，此種非正式的結構，有利於組織目標的達成。

企業在社會中的角色

進入與離職系統認為雇用員工的目的在協助企業營利；終生雇用系統認為企業乃在提供員工穩定雇用，以及有意義的生活。由這兩個雇用系統的基本假定中，可以明顯的看出不同系統對社

會角色的認定亦有差異。

從上述六種結果的略述中,可以瞭解不同人力資源流動的類型,對雇主與員工間的關係會有不同的影響。因此,管理者必須檢視人力流動的組型及其可能造成的結果,並依據組織的狀況,去蕪存菁,將可作為創新人力資源管理的參考。

結語

從本章的說明中可以瞭解,組織內部勞動市場主要基於技能的特殊性、工作崗位的訓練和習慣而形成的。勞動力的分配,則與內部勞動市場開放的程度、範圍與結構以及內部流動優先順序的法則有關。

在學理的探討上,首先說明不同經濟學派對組織內部勞動市場雇用關係和其問題的看法,再從組織社會學的觀點說明內部勞動市場的建立和發展及其相關的影響因素。在雇用系統方面,提出五種雇用模式:工業的模式、薪酬的模式、技藝的次級系統、次要的次級系統、核心與周邊模式。

不同的雇用模式各有其適用範圍,主要可依組織雇用系統的目標,以及達成目標的內外在限制來作選擇。

內部勞動市場的形成有其條件,組織並不等於內部勞動市場,通常在大型企業中才易形成內部勞動市場,而且內部勞動市場可依技能的重要性、人力供需的狀況等,再分成幾個次級的內部勞動市場。大型企業的內部勞動市場一般都較為封閉,不若小型企業般的開放。因此,內部勞動市場的特性會影響組織的雇用系

統，不同的雇用系統，在人力資源的管理上亦有所不同。總之，人力資源管理會影響組織的內部勞動市場，現有的雇用關係亦會影響人力資源管理。目前我國百分之九十八的企業屬於中小型的規模，不易形成內部勞動市場人力的流動頻繁也就不足為奇了。

5

員工的生涯流動

本章思考問題

■很多企業老闆事先指定親屬，特別是子女爲
　其接班人加以培養，並不斷拔擢，此種遴選
　人才的方式有何優缺點？

■員工服務年資符合晉陞資格後，採用考試來
　決定職等的晉陞，此盛行於銀行界，此種晉
　陞方式有何優缺點？

■企業欲提昇產品或服務的品質，該如何來設
　計員工的生涯路徑？

■當職位出缺，主管在遴選人才時，那些人的
　晉陞意願會不高？

■員工爲何要離職？

社會學對社會流動的探討，主要包括：地區的流動、職業的改變、就業機構或公司的更換以及機構內職位的變動等。換言之，社會流動可區分為代與代間的流動，以及代內或個人生涯的流動(career mobility)兩種。在個人的生涯流動上，包括：個人進入組織、在組織內和離開組織的一系列活動或經驗，以及與活動或經驗有關的知覺、態度和行為等，其中牽涉到個人與組織間雇用關係的建立、改變或中止。

　　生涯流動對個人及組織的重要性日漸增加，組織可利用向上、向下和水平流動，甚至離開組織的方式，作為對工作表現優劣和年資長短的獎勵或懲罰之用。因此，組織對流動的控制不僅是人力資源分配的結果，而且影響到員工的態度和行為。以下首先說明生涯流動的基本類型，然後再說明員工生涯流動的歷程及其內涵。

生涯流動的基本類型

　　在生涯的流動中會牽涉到流動的「機會」與遴選人員的「效率」。流動雖有向上、向下和水平等的流動，但向上晉陞的流動，是組織內重要的控制機能，主要包括：物質報酬與象徵地位，此種向上流動的機會可激發員工的工作動機。至於遴選適當晉陞人員的時機，早遴選或晚遴選對員工的訓練與社會化會有不同的作用，以致對訓練和社會化的效率有所影響。

　　關於流動的類型，特納(R. Turner)曾於一九六〇年提出比賽式流動(contest mobility)和贊助式流動(sponsored mobility

)兩種流動概念,或稱之為流動模式,適用於教育系統。羅森保(Rosenbaum, 1984)則綜合前述兩模式,發展出奪標式流動(tournament mobility)。這些模式在概念上各有不同的理論為其基礎,在運用上也各有不同的作用和強調的重點。茲將生涯流動的三種類型略述如下。

比賽式流動

此乃每個人均有相同的競爭機會,可自由的去爭取晉陞,而且儘可能延緩晉陞人員的遴選時間。此種流動方式下的遴選系統對組織而言,個人的努力可能會有回報,在繼續抱存希望的情況下,可用以維持員工的動機和士氣,而且此系統符合美國長期以來不信任遴選的效標,同時可使大器晚成者(late blooming)有更多的機會去改變個人的發展,此系統尚可使遴選錯誤的機會降至最低。但是,降低錯誤亦需付出代價,越晚遴選人員,個人接受訓練的時間也越少,以致會影響到應有的適當訓練和社會化,而被視為沒有效率。

比賽式流動的理論基礎可由人力資本論來加以說明,兩者的基本假定是相同的,人力資本論主張勞動市場需提供開放的機會,以及員工的獲得係依據其努力和擁有的能力、教育與訓練為評斷,員工所擁有的這些人力資本,就如同物質資本一樣,可經由投資予以增進。換言之,人力資本論認為勞動市場是完美的市場,個人可由自己所付出的投資來創造自己的生產能力。通常個人在教育上的投資是越年青、越快和在進入組織前完成的情況,個人將可獲得最大的利益。總之,人力資本論並未將組織結構的影

響考慮在內，將工作世界視爲非結構的，對個人的生涯也不加以限制。

贊助式流動

主要著眼於效率的考量，亦即人員的遴選儘可能的提早，以便特殊訓練和社會化的效率能發揮其最大的功能。此種遴選系統，個人很早就被選定其生涯，而且不易離開被設定的生涯，而被選爲菁英者將與其他人分別接受訓練和社會化。當然，也只有這些人將可獲得菁英者的地位。至於薪酬則依個人所從事的工作來決定。

贊助式流動的理論基礎可由結構論來說明。結構論中的內部勞動市場論認爲組織對個人作了重要的投資，這些投資可將工作力區分成不同的機會環境。換言之，個人須接受組織的投資，因而將可獲得晉陞的機會；若無法獲得組織的投資，即使由自己來投資，個人仍不易獲得晉陞的機會。內部勞動市場論採用工作崗位訓練作爲生涯晉陞的方式。因此，個人被指派某項工作後，日後的生涯即沿著這項工作的系統前進，亦即起始的工作會導致不同的生涯路徑，個人的流動即受其限制。總之，結構論採用嚴格的生涯階梯，呈現贊助模式的效率，卻未能反應環境的變遷。

上述兩種流動的理論均過於簡化，忽略掉許多與之有關的實際情況。其中人力資本論對人力資本和地位獲得中不公平問題的看法過於狹隘，僅從個人的屬性來考量，除應注意組織結構的影響外，薪酬亦可隨經驗以及個人在同儕中工作績效的順序來調整。結構論中的內部勞動市場論則對晉陞的路徑失之過於嚴格的限

制。事實上，晉陞需具備寬廣的經驗，可由水平流動中去獲得，而且組織預先規劃的生涯階梯，在實施時會受供需情況的影響，使得個人與職位的配合益加的複雜，而需建立動態的過程加以調適。

奪標式流動

　　此乃提供起始的「機會」給所有的員工，同時透過不斷的遴選來增加「效率」，藉以解決前述兩種流動中機會與效率間的衝突，而不致顧此失彼。此種流動猶似社會的達爾文主義(social Darwinism)，在不斷的競爭中選出最適當的人選。奪標式流動的主要貢獻是可說明組織的生涯系統，提供與組織結構有關，同時加上員工的認知、態度和行為在內的一個架構。就員工而言，此模式可幫助個人瞭解實際的生涯，並規劃及選擇其生涯；就組織而言，人力資源經理可掌握更多生涯系統的資訊，除可作生涯類型的分析外，更重要的是要瞭解生涯系統概念的形成。

　　奪標式流動由於人員遴選得早，僅針對某些人員來投資，可減少許多人員投資上的花費；又由於可有較長的時間來攤還組織的投資，使得員工的遴選能符合「效率」的要求，亦即員工可獲得適當的訓練與社會化。至於晉陞的「機會」，可經由四種社會化的過程對個人有所影響：其一，晉陞機會可以激勵員工，提高動機；其二，影響個人為未來作準備的方式，因為期待的社會化(anticipatory socialization)，會影響到目前的行為；其三，晉陞機會表示個人將可向上流動，對個人未來的社會角色與地位均有影響因而可作為別人將如何看待自己的「標籤」；其四，組織對

有晉陞機會者通常會給予較多的注意、協助和資源的投資。

　　奪標式流動與生涯系統緊密的結合，在過程中除決定生涯的結果，同時也反應個人的生涯歷史，此過程可稱爲生涯遴選的系統。此種流動不像比賽式流動：個人的收入由其人力資本的屬性來決定，而是認爲生涯會受早期所得的影響；它也不像贊助式流動，不強調空缺或嚴格的生涯階梯的影響，而是主張動態的遴選機能，可從有那些員工可獲得晉陞，以及他們能獲得多少成就的比例來作決定。

　　在奪標式流動中的每個遴選點上，贏者可取得競爭較高職位的機會，但並不保證就能獲得它；失敗者則僅能競爭較低的職位，或失掉再次競爭的機會。但在比賽式流動中，贏者爲取得較高職位必須繼續的競爭，卻不保證能不斷的晉陞。在贊助式流動中，早期遴選時的失敗者，將無法改變其結果。

　　綜上所述，比賽式流動認爲每個人爭取晉陞的機會應是相同而開放的，並基於人力資本論的觀點，人力資本可經由個人投資來增進，但卻忽略了組織的結構與個人早期生涯的影響。贊助式流動則儘早的決定人選，甚至早在競爭開始之前，以便發揮特殊訓練和社會化的效率，基於結構論的觀點，採用嚴格的生涯階梯，卻忽略了環境的變遷。奪標式流動綜合前兩種流動，與生涯系統密切的配合，解決機會與效率的衝突，在不斷的競爭中選出最適當的人選，發揮動態的遴選機能。

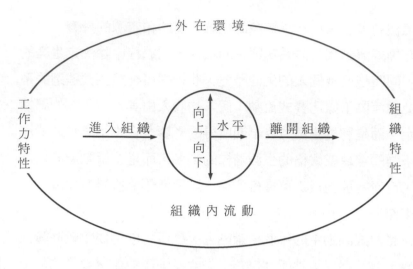

外在環境

工作力特性

進入組織 →

向上 向下 水平

← 離開組織

組織特性

組織內流動

圖 5-1

員工生涯流動的歷程

員工生涯流動的歷程與內涵

　　員工的生涯流動就歷程而言，可分為進入組織、組織內、離開組織三個部份，各部份探討的重點不同。在進入組織方面，著重個人與組織的配合；組織內的流動包括：向上、向下和水平的流動，牽涉到流動的機會、遴選的效標、流動的組型、流動的意願和流動對工作行為的影響；至於離開組織主要探討離職的歷程及其原因。這些現象或事實，與工作力的特性、組織的特性、和外在環境的因素，對員工的生涯流動均有直接或間接的影響，其間的關係如 圖 5-1 所示。以下就進入組織、組織內和離開組織三方面加以說明。

進入組織

　　個人與組織的關係始自雙方的接觸，通常組織希望獲得足夠且有能力的員工，而個人則希望能滿足自己的目標，例如：合理的薪酬、晉陞機會等，兩者間存有交換的關係，並在建立關係的過程中，爲了各自的目的，會有或多或少的妥協。

　　在新進人員與組織配合的過程中，個人擁有其才能和需要，組織則渴望工作需要的才能和符合本身文化特性的人員。多數組織強調的是員工才能與工作需要的配合，較不重視員工需要與工作特性的配合。前者的配合對工作的績效會有立即和明顯的結果，後者的配合對工作的滿意與任職時間的長短較有影響。在配合的過程中，無論是組織選擇個人，或是個人選擇組織，兩者均應列入考慮，而且在個人與工作會隨時間而有所變動，以及工作力會因雇用、晉陞、離職和解雇而不斷流動的情況下，個人與組織的配合過程將會持續的進行(Wanous, 1983; Ahlburg & Kimmel, 1986; Vandenberg & Scarpello, 1990)。

　　至於個人會因何緣故選擇某一組織，威納斯(Wanous, 1983)依據許多研究結果區分成三個階段來說明：第一個階段，組織的吸引力：取決於個人對組織的期望，以及個人的價值與目標的心理指標；第二個階段，進入組織的努力：組織不但要有吸引力，而且還要有空缺才行，此可由個人可進入組織的「期望」和組織的「吸引力」來決定個人努力的程度；第三個階段，從進入的組織中作一選擇。

　　在個人與組織的配合過程中，組織可在薪酬、工作內容與環

境、晉陞機會等方面，擁有市場的競爭力，使自己更具吸引力，並可透過招募、遴選的過程，選擇符合工作需要以及能融入組織文化的人員。此外，外在環境勞動力的供需情況，經濟的榮枯和社會價值觀的變動等因素，對新進人員與組織的配合均有影響。

組織內的流動

組織內的流動除向上、水平、向下三種不同方向的流動外，尚可分為同一工作地點或不同地點的流動。其中向上流動較受員工與管理階層的重視，向下流動則較不易為人所接受，但若在某些條件下，則可視為積極或正向的機會，這些條件有 (Hall ＆ Isabella, 1985)：

1. 是員工在組織中發展的一部份。
2. 新的工作可擴大知識與技能的使用。
3. 可獲得再訓練的機會。
4. 是個人發展的一部份，可藉此與員工溝通。

至於水平的流動可培養員工具有多種能力，並擴展其視野，亦可作為減低工作倦怠的方法，在一般中大型的企業中，相關部門工作輪調的水平流動是常有的事。

組織內流動主要探討流動的機會、效標、組型、意願及其對工作行為的影響。這些要素除彼此相互影響外，還會受到外在環境、組織和工作力的影響。在外在環境方面，主要是經濟、法規和社會等；在組織方面，包括：組織的規模、結構、生命週期、用人政策和技術等；在工作力方面，包括：個人的年齡、性別、

教育程度、經驗、家庭狀況、生涯階段、生涯認定、工作專長和工作本身的發展性等。以下針對組織內流動的要素再略加說明。

流動的機會

機會是產生流動的必備要件，組織內有較多的機會或空缺，流動的機率才可能較大。影響機會或空缺的因素很多，在外在環境方面，當供給面大於需求面時，流動的機會將相對的隨之減少，此主要與經濟景氣與否，以及產業結構的轉型有密切的關係，至於社會的型態和價值觀等，亦有直接或間接的影響。在組織方面，當組織處於成長階段時，在層級的結構上，可新增許多的機會；組織的規模越大，就可形成一種「機會鏈」，當有空缺時，會形成一連串的流動機會；組織結構的複雜性越高時，例如：水平、垂直、空間分化程度越大，流動的機會就越多。在工作力方面，組織內人員因年齡或其他因素的辭職、退休、停職和解雇等，就會出現空缺；而員工本身若具有多項才能、教育程度較高，流動的機會亦較大；此外，男性、年輕的，較女性、年老者有較多的流動機會(Anderson, Milkovich, & Tsui, 1981; Grandjean, 1981)。

流動的效標

組織通常會訂定一些行政法則和程序來處理人力資源的分配，多倫吉和派爾(Doeringer & Piore, 1971)認為流動過程的法則應考慮三項特性：效標的種類、效標中標準的層次、效標的普遍性或特殊性。但目前多數的組織仍缺乏一套完善的流動效標，常用的流動效標有二；績效因素：此可依據生產力、個人的能力等來考量；非績效因素：包括與倫理有關的年齡或年資以及「非

人為」的條件，例如：主管的偏好、人際關係和運氣等(Halaby & Sobel, 1979; Granovetter, 1988)。

　　影響流動效標的主要因素，在外在環境方面，勞動市場對晉陞效標中標準的層次會有所影響，當勞動市場較為寬鬆時，效標就會調高而且較多。組織結構對流動的效標也可能會有影響，誠如韋柏(M. Weber)所主張的，在科層體制內的流動，應採績效或年資，或是兩者兼用的方式，而且效標應具普遍性。因此，越具科層體制的組織，其流動的效標就越具普遍性。科技對流動亦有影響，瓦第和黑瑪(Vardi & Hammer, 1977)的研究，將科技分為三類，結果發現不同的科技，所採用的效標略有不同，例如，關聯性高的科技(long-linked technology)，如大量生產的組合線，流動的效標主要依據為年資；中介的科技(mediating technology)和密集的科技(intensive technology)則較重視特殊性的效標，績效是項重要的效標。在工作力的特性方面，當組織的工作有所改變時，組織勢必發展一些政策來處理，例如，當組織新進人員的比例較高時，可採用特殊的效標，而一個老的團體就得多採用科層體制的效標。此外，自認有好的晉陞機會者，會傾向於相信是基於績效的效標，反之，則認為是因運氣、或人際關係之故。

流動的組型

　　此與生涯路徑(career path)相類似，包括：路徑的高度，向上、向下和水平流動的寬度以及路徑的長度。路徑的高度係指在組織層級中，生涯線上最高的職位；路徑的寬度越大，員工越有機會去獲得相關部門的技能，亦即水平流動的機會較多，而向

上流動所需的時間也會較長；路徑的長度則指組織生涯線上從起點到最高點中所包括的職位數(Scholl, 1983; Schuler, 1987)。

　　組織的特性對組織內流動的組型會有直接的影響，當組織的層級較高、部門較多、地區分布較廣時，流動的機會也會較多，同時可增加生涯路徑的長度與水平的流動。瓦第和黑瑪(Vardi & Hammer, 1977)的研究發現，組織內工作流動的次數與方向，會因科技的不同而有差異。關聯性高的科技較中介科技和密集科技的員工，流動次數較多，而且以水平流動為主，中介科技和密集科技則以向上流動居多。此外，當組織處於低成長和不確定的狀況時，傳統直線上升的生涯系統會遭到破壞，此時的生涯路徑需用心去創造，而且垂直的生涯路徑會與水平的流動、專業的階梯和離開組織等混合，成為螺旋的方式向上流動(DeLuca, 1988)。至於個人的特性，例如：努力、年齡、性別、教育程度等，對流動的組型均有直接或間接的影響。

流動的意願

　　流動可依方向區分為向上、向下、水平的流動，若再加上工作地點相同或不同，流動的性質就複雜多了。其中在原工作地點的流動較易處理，不同工作地點的流動所牽涉的問題較多。關於影響流動意願因素的探討，主要有下列四項。

　　生涯階段　員工在不同生涯階段願意接受流動的情況並不一致。試探期(二十五歲左右)的員工，有興趣從事不同型態的工作，並樂於考驗個人的能力，因而較願意去追求流動的機會；建立期(二十五歲至四十四歲)的員工，由於渴望晉陞，因而學習動機強，同時願在工作上增加挑戰與責任，此時向上與水平的流動，

可能被視為成功的指標;維持期(四十五歲至六十五歲)的員工,致力於保持生產力和避免技能的荒廢,也由於比較關心家庭和其他生活方面的活動,與建立期比較,可能減少對工作的投入,因而影響到員工接受流動機會的意願,尤其是更換工作地點的流動(Noe, Steffy, & Barber, 1988)。

工作滿意度 包括對工作的成就、認可、晉陞、責任、工作本身、薪酬、工作保障、工作條件、領導方式和人際關係等。當員工對目前的工作越不滿意,越願意接受流動,而且當目前工作與理想工作間的差距越大時,越願意接受流動。

家庭情況 主要受在當地居住時間的長短,以及雙薪收入和小孩年齡大小的影響(Veiga, 1983; Gould & Penley, 1985)。通常在當地居住越久,對當地會有較多的認同,而且在人際關係的網路上有較好的基礎,因而較不願意接受更換工作地點的流動;在雙薪的家庭中,也有會擔心更換工作地點後,配偶失掉工作,或生活調適困難,以致不願流動;家中有十幾歲小孩的父母,也會顧慮小孩的生活與教育的問題,而不願意接受更換工作地點的流動。

流動和發展的機會 員工越能知覺到組織內流動機會的益處,以及自認已經為晉陞做好準備者,越能願意接受流動的機會(Noe, Steffy, & Barber, 1988)。因流動機會的認識,顯示員工已經從事生涯試探的活動,包括對個人和環境的試探,重點即在尋找組織內外流動的機會。此外,員工目前工作發展的機會越少,例如,缺乏學習的機會,越願意接受流動的機會。

影響流動意願的因素當然不止上述四項,例如:年齡越大,在組織內年資越久,可能越不喜歡更換工作地點的流動;在目前

的職位工作越久，越不可能有向上或水平的流動，即使有機會流動意願也不高。此外，如個人對生涯的認定(career identity)，本身的能力和工作表現等因素，可分開來討論，亦可併入生涯階段或工作滿意度中加以討論。

工作的態度與行為

當個人對流動有較多的經驗和期待時，個人對組織的滿意、動機、投入和認同就越多。由此可知，組織內的流動和對流動的期望，不但會影響個人的工作態度，而且影響工作的行為，其中包括：工作表現、缺席或離職等。

組織內流動的要素雖然分成上述五個項目來說明，事實上要素間並非單獨運作的，而是相互影響或彼此牽制的，而且各個因素的內涵，並非界線分明的，在概念上有相當大的彈性，從事研究時，可依研究的目的或需要作適度的界定。

離開組織

離開組織的情況很多，就個人而言，可分為自願的離職，例如：找到薪酬較高、工作條件較好或是因領導的問題、配偶的調職、生涯中期的轉變、需在家照顧配偶或小孩以及懷孕等原因而離職；其次是非自願的離職，例如：遭到解雇、強迫退休、嚴重疾病以及死亡等原因而離職。在自願與非自願的離職原因中，有些是組織可避免的，例如：薪酬、工作條件、管理問題、解雇和強迫退休等；有些則是組織不易改變或無法避免的，例如：配偶的調職、需照顧配偶或小孩、疾病和死亡等(Abelson, 1987)。

因此，離職的原因可依個人和組織兩個向度，分成四種不同的情況，通常以自願離職者居多，而且有關的研究，亦傾向這方面的探討，不但探討造成離職的原因，並就其歷程加以研究，藉以協助管理人員瞭解與掌握員工自願離職的行為。

至於離職對組織會有何影響，傳統上總認為員工的自願離職對組織是不利的，例如：會增加招募、遴選和訓練的費用，而且影響員工的士氣等。但晚近的研究顯示，員工離職的影響主要取決於個人在組織中的工作表現，亦即表現佳者的離職，對組織是項損失，因而值得探討其離職的原因；工作表現差者的離職，對組織不但無損，甚至可說是有利的(Boudream & Berger, 1985; McEvoy & Cascio, 1987)。

在探討影響員工自願離職行為內部歷程的研究中，儘管內容各有不同，但基本概念大多源自馬曲和賽蒙(J. March & H. Simon)於一九五八年所著《組織》一書中所提出的看法，認為自願離職主要來自兩個因素：一是渴望流動，其次是將流動看成容易的事。換言之，個人自願辭去工作可能會被視為渴望和有能力離開組織(Jackofsky, 1984)。以下略述幾個員工離職歷程的概念性模式。

墨柏利的員工離職決定歷程模式

墨柏利(Mobley, 1977)發現過去離職的研究，大部份直接探討工作滿意與員工離職的關係，而且兩者間呈現負相關，但相關係數卻不高，經常少於零點四，因而認為在兩者間可能尚有其他的變項。換言之，墨柏利認為在員工欲辭去工作的決定歷程中，包含幾個步驟：

1. 評估目前的工作。

2. 體驗工作的滿意或不滿意。

3. 思考離職。

4. 評估找尋工作的預期效果和離職成本。

5. 有意尋找其他工作。

6. 找尋其他工作。

7. 評估各種不同的工作機會。

8. 比較目前工作與其他工作。

9. 意圖離職或留下。

10. 離職或留下。

　　墨柏利雖將員工離職的歷程區分爲十個步驟,但步驟的多寡與順序,將因人而異。此外,意識到此過程的程度與遲早,以及離職行爲是基於衝動或主觀的理性決定歷程,每個人在程度上均有所不同。此模式的價值主要在導引思路和可從事實證性的研究,藉以說明個別的差異。

朴萊斯的離職模式

　　朴萊斯(Price, 1977)認爲過去從事影響離職因素的研究中,有關的因素不夠完整,而且因素間缺乏互斥性,因而重新編列影響因素,使研究更爲有用。朴萊斯的離職模式,主要探討決定因素、中介變項與離職的關係。決定因素包括:薪酬、與人相處、工具性的溝通、正式的溝通和中央集權五個因素;中介變項則有工作滿意度和工作機會。換言之,五個決定因素影響工作滿意度,而工作滿意度和工作機會再影響離職行爲。

　　朴萊斯與慕勒(Price & Mueller, 1981)將朴萊斯先前的模

式加以修改，除增加工作的重複性、分配的公平性和晉陞機會等決定因素外，最大的改變在工作滿意度與離職的行為間，添加「意圖留下」的中介變項及其影響因素認為意圖留下是「承諾」中的一個構面，與離職行為是負相關。

史帝爾斯和墨迪的員工自願離職模式

史帝爾斯和墨迪(Steers & Mowday, 1981)從探討離職過程的概念性模式的文獻中，發現九項問題有待解決：

1. 個人忽略決策時有關目前或未來工作的資訊。
2. 個人的期望與價值能否與組織相配合，是影響離職的重要因素。
3. 忽視工作績效對意圖離開組織的影響。
4. 強調個人對工作滿意的態度，卻忽略對組織承諾與工作投入等其他態度。
5. 忽略非工作因素對留職或離職的影響。
6. 認為員工對工作不滿意時就會離職，忽略了員工可以改變其工作情境的事實。
7. 若員工的離職模式可澄清工作機會的角色將更為有用。
8. 目前的離職模式採單向的流程，忽略回饋可增強或改善渴望離職的重要性。
9. 幾乎未考慮到員工作決定後的適應。

基於上述的認識，員工離職模式需要一個更加綜合的過程，使之足以包涵這些因素。史帝爾斯和墨迪的員工自願離職模式即據此發展出來的，此動態和多元的模式可大略區分為三個連續的

部份：工作期待和工作態度；工作態度和意圖離職；意圖離職，可資選擇的工作機會、和離職。

此模式提出數年後，李和墨迪(Lee & Mowday, 1987)曾加以驗證，其中許多變項間的關係獲得支持，至於未能獲得支持的部份，認為仍不應從模式中剔除，可再從事研究，藉以修正此模式，並且可依不同的對象、時間和地點，針對其歷程和影響因素作不同的修正，以增加此模式的解釋力或適用性。

關於員工自願離職的相關研究和模式，不乏論述者，卡頓和塔特(Cotton & Tuttle, 1986)搜集一九七九至一九八四年的研究，採綜合分析(meta-analysis)的方法，將影響員工離職的主要變項歸為三類。外在環境因素：就業的知覺、失業率、工會的參與；結構或與工作有關的因素：包括薪酬、工作績效、角色澄清、工作的重複性、整體的工作滿意、對薪酬、工作本身、主管、同事和晉陞機會的滿意以及組織的承諾；員工個人的特性：包括年齡、年資、性別、經歷、教育、婚姻狀況、供養人數、性向與能力、智力、行為的意向以及期待的符合。

三類因素共有二十六個變項。卡頓和塔特建議日後的研究應著重變項間關係的研究，而非探討單一變項與離職的關係，並且應繼續研究，藉以形成和驗證模式。

葛哈特(Gerhart, 1990)在員工自願離職與工作機會的研究中，認為一般勞動市場的狀況和對勞動市場的知覺，兩者均與離職有關，但彼此卻不緊密的關聯，其中的原因可能出自對勞動市場知覺所需的資料不夠完整，以致當一般勞動市場的狀況不佳時，員工還以為流動很容易，而意圖離職，但事實卻願與事違。由此可知，從事自願離職的研究時，除瞭解其相關因素外，宜作深

入的探討，方有助於離職行為的瞭解。

　　根據上述三個員工自願離職模式及相關研究可以得知：渴望流動、容易流動的知覺、意圖離職和離職行為，四者間有密切的相關，而且其歷程相當的穩定。作者綜合上述發現，並參考傑克考夫斯(Jackofsky, 1984)的基本模式，提出員工自願離職的一般架構，如圖5-2所示。

　　此模式兼顧離職決定的心理歷程及其主要的影響因素。在離職的歷程中，渴望離職和容易離職的知覺兩者相互影響，其中之一影響意圖離職，也可能兩者都影響意圖離職。在影響因素方面則歸為三類，其間的關係如圖5-2所示：

1. 工作力的特性：包括年齡、性別、教育程度、經歷、年資、職位、家庭收入、婚姻狀況、生涯階段、生涯認定、工作表現、個人與組織的配合等。
2. 組織的特性：例如：工作滿意度、工作的投入和對組織的承諾等。
3. 外在環境：例如，勞動市場的狀況、工會的參與等。

　　關於影響離職歷程變項的多寡，常依研究目的而有所不同，而且各變項內容的界定也不一致，再加上有些學者考慮到員工的心理特質與適應，使得離職模式有越加複雜的趨勢。為使模式更具解釋力，日後的研究可參考一般的架構，針對不同的對象、職位、年資和地區等，衍生出特殊性的模式，當更有助於員工自願離職行為的瞭解。

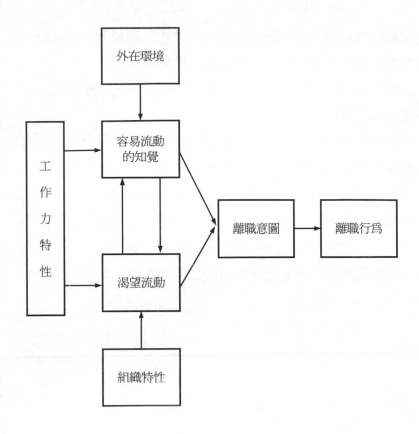

圖5-2

員工自願離職的
一般架構

結語

　　本章探討員工的生涯流動，首先說明生涯流動的三個基本類
型：比賽式流動、贊助式流動、奪標式流動。

　　主要探討機會與效率的問題，亦即在個人發展與組織結構間

，應兼顧機會的公平性和遴選的效率。其次分別說明生涯流動的
三個歷程：進入組織、組織內的流動、離開組織。

雖然分成三個部份來說明，主要係以組織內的流動為重心，
著重在組織能掌握的部份。

在員工生涯流動的過程中，組織應考慮如何吸引有能力和有
興趣者來參與組織的工作，並在兼顧個人與組織的發展需要下，
協助員工在組織內作向上或水平的流動，藉以維持和激勵員工的
工作動機。在離職的原因中，有些是組織可以避免的，例如：薪
酬、工作條件和管理問題等。因此，從事人力資源管理時，對這
些問題或現象均應考慮在內，當有助於人力資源的掌握與運用。

6

人力資源規劃

☐人力資源規劃與經營策略的關係
　　人力資源規劃決策的層級與經營策略的層級之關係
　　人力資源規劃與經營策略規劃過程的關係
☐人力資源規劃的模式
　　策略性人力資源規劃
　　營運性（年度）人力資源規劃
　　人力資源規劃的實施、控制／評鑑
☐結語
☐個案研討
　　人力資源規劃個案一：惠德電子股份有限公司
　　人力資源規劃個案二：立成機械工業股份有限公司

本章思考問題

■為什麼要從策略性的觀點來從事人力資源規劃？

■人力資源高階主管為何及如何參與經營策略的規劃？

■人力資源規劃如何配合經營策略？

■如何分析企業未來內部人力資源的優劣勢？

■如何分析企業未來外部人力資源的機會與威脅？

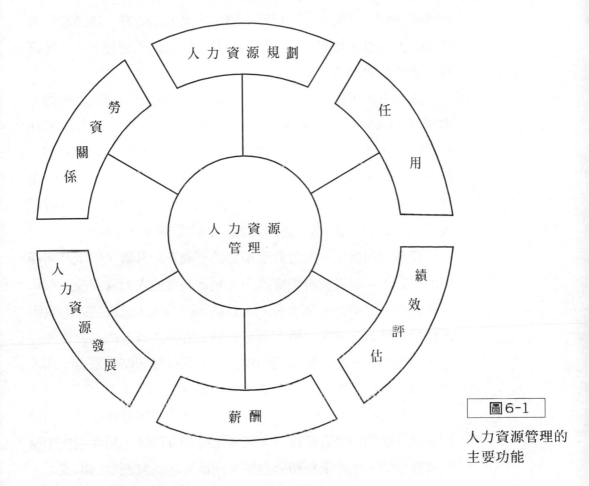

圖6-1

人力資源管理的
主要功能

　　人力資源管理的功能主要有人力資源規劃、任用、績效評估
、薪酬、人力資源發展、勞資關係等六項，如圖6-1所示。以下
針對此六項功能，分成六章加以探討。

　　在變動的環境中，企業欲取得競爭優勢，宜制定適當的經營
策略來因應，以求得生存和發展，其中人力資源的配合，是成敗

的重要關鍵。然而人才的培育與獲得，尤其是管理、專業和技術性的人力資源，均需在有系統、有計畫和長期的培育下，才能符合企業未來發展之所需。

人力資源規劃(human resource planning)與過去常用的人力規劃(manpower planning)在名辭上易生混淆。人力規劃在一九六〇年代，主要從事人力數量的預估，由於「人力」的內容不斷的擴展，指涉的範圍逐漸的加大，再加上使用「manpower」易造成性別上的歧視，一九七〇年代之後，名稱上改為「人力資源規劃」，以擴大其內涵，並顯示對「人」的重視。

直至目前為止，人力資源規劃的定義不計其數，但依其所涵蓋的內容，可歸為狹義和廣義兩大類。狹義的人力資源規劃類似於過去的人力規劃，著重未來人力供需的分析，以決定人力資源的種類與數量，並據此擬定招募與培訓計畫；廣義的人力資源規劃，涵蓋整個人力資源部門的規劃，並與經營策略相整合，而人力資源供需的分析，僅是規劃中的一部份。

人力資源管理的各種功能，例如：任用、績效評估、人力資源發展、薪酬和勞資關係等，基本上是相互關聯、相互增強和有其連貫性的，而非獨立和分散的。因此，在高度競爭的環境中，有必要著眼於整體，從策略性的觀點，透過人力資源的規劃，使其達到相依和整合的目的，以發揮綜合的效力(synergy)。

本章即針對人力資源規劃，首先探討人力資源規劃與經營策略的關係，其次說明人力資源規劃的模式。

人力資源規劃與經營策略的關係

人力資源規劃與經營策略之間的關係，牽涉到整個規劃的過程與內容。因此，特將兩者的關係先作一說明。

人力資源規劃決策的層級與經營策略的層級之關係

在企業組織的結構中，通常包括一個或一個以上的事業部；每個事業部可分成若干功能單位，例如：生產、行銷、財務／會計、研發和人力資源等；每個功能單位又可分成若干次級功能單位，例如：人力資源功能單位可分成人力資源規劃、任用、薪酬、人力資源發展和勞資關係等次級單位。當企業組織僅有一個事業部時，即可減少一個層級，將總公司與事業部合併；功能單位的多寡，亦是依組織的需要予以增設或合併。

經營策略是用來達成企業使命的工具或方法，使企業得以生存與發展，其中包括：目標、計畫和程序的設計。在運用經營策略之前，對策略的層級及其關係應有所瞭解，才能發揮經營策略的功能。

經營策略通常分為三個層次。

總體策略

適用於多角化經營的企業中，決定企業要經營什麼，各事業部門資源的分配以及統整各事業單位成為有效的投資組合。

事業策略

主要用於統整各事業單位的功能，例如：生產、行銷、財務、人力資源以及研究和發展等部門的活動，使之能符合總體的策略外，更重要的是發展每個事業單位的能力與競爭的優勢，瞭解產品和市場的範圍與需要。

功能策略

主要在統整各個功能單位內的次級功能，使之具有獨特的能力，發揮最大的生產力，以協助事業策略達成企業的總體策略。

三種策略在運用上雖有差異，但彼此環環相扣，在層級中相互配合。在小規模或單一產品的企業中，總體策略和事業策略是相同的。

同樣的，人力資源規劃的決策層級亦可分為三個層級：

1. 策略層級。
2. 管理層級。
3. 作業層級。

各層級的意義及對人力資源管理各項功能的含意，依葛爾布瑞斯和聶慎生(Galbraith & Nathanson, 1978)以及佛姆布朗和悌吉(Fombrun & Tichy, 1984)的看法，如**表6-1**所示。

至於經營策略與組織層級的關係，通常總體策略由總公司負責制定，依序事業策略由事業部的主管，功能策略由功能單位的主管負責制定。同樣的，人力資源規劃的決策，策略性部份由高階主管擔任，參與制定經營策略計畫；管理性的決策由中階主管負責，發展並溝通策略性計畫所需人力資源的相關計畫，同時提

人力資源規劃決策層級	意義	對人力資源管理功能的含意			
		任用	績效評估	薪酬	人力資源發展
策略層次	・主要處理人力資源與外在環境的關係	・確認企業經營所需人員的特質，以利企業的長期經營，改變內部與外部制度，以適應未來	・擬定長期導向的績效指標	・決定如何給予員工未來的薪酬	・為員工規劃發展性的活動，以利未來企業的經營，發展長期的生涯路徑
管理層次	・專注於組織內部人力資源的決策	・確認有效的遴選效標	・制定配合目前與未來的評估制度・設立員工發展的評估中心	・規劃個人長期的薪酬・發展彈性的福利制度	・擬定管理訓練方案・擬定專業技術培育方案・擬定組織發展方案・培養自我發展・建立生涯路徑
作業層次	・處理日常的例行事務	・擬定任用計畫・建立日常督導制度	・擬定定期的績效評估制度・建立日常的控制制度	・擬定薪資的管理辦法・擬定福利辦法	・擬定各種人力資源發展方案的具體辦法・擬定一般工作技能訓練方案

表6-1　人力資源規劃決策層級對人力資源管理功能的含意

供建議給規劃小組；作業性的決策則由基層主管擔任，負責搜集與保存員工的資料，並提供資料給規劃小組（Fombrun & Tichy, 1984）。由此可知，策略性的決策即經由組織體系中的層級關係，達成彼此相互關聯的作用。

人力資源規劃與經營策略透過組織層級的整合，如 圖6-2 所示，主要有水平整合和垂直整合兩種方式。水平整合係指組織中橫向的聯繫，亦即同一層級各部門的連結。其中可分為事業部水平整合、事業部功能單位的水平整合以及人力資源次級功能單位的水平整合。人力資源規劃每一層級水平整合的目的均為達成上一層級的目標。所謂垂直整合係指組織層級縱向的連結，亦即人力資源規劃單位要與人力資源部門、以及事業部和總公司的人力資源規劃，能夠上下銜接，相互連貫（張火燦，民81a）。

人力資源規劃與經營策略規劃過程的關係

企業在從事經營策略規劃時，先擬定中、長期(二年以上)的策略性經營計畫，然後再依此制定短期(一年)的營運性經營計畫，以達成中長期的策略性目標。經營策略制定後，接下來是付諸實施和控制／評鑑。同樣的，從事人力資源規劃時，亦先擬定策略性人力資源計畫，再擬定營運性(年度)人力資源計畫，然後付諸實施和控制／評鑑，如圖6-3所示。

經營策略規劃和人力資源規劃從制定、實施、到控制／評鑑，均是一環扣一環的過程，而且在每一過程中，兩者又需密切的配合，亦即每一過程均需作縱向與橫向的考量和配合。

人力資源部門在經營策略制定的過程中，參與的程度會有所

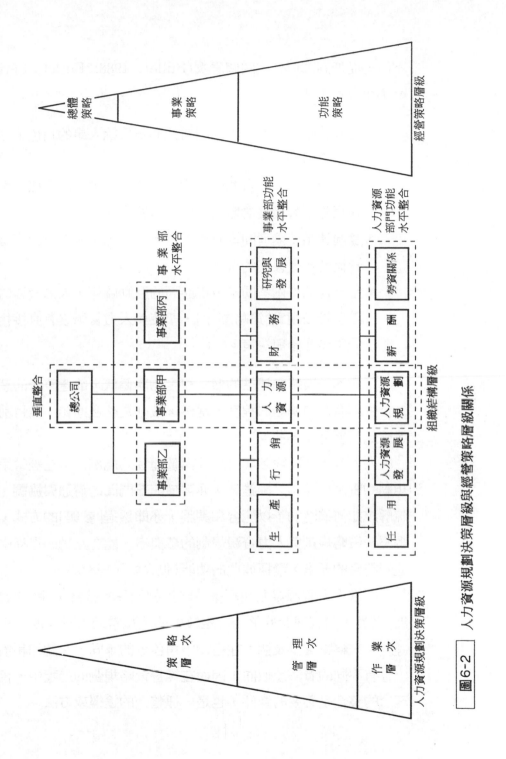

圖6-2 人力資源規劃決策層級與經營策略層級關係

不同，從低到高可分成四個層次(Buller, 1988; Butler, Ferris, & Napier, 1991)：

1. 行政連結：人力資源部門擔任的是傳統人事的角色，從事日常事務的處理。
2. 單向連結：人力資源的功能在支持經營策略的目標，主要在反應經營策略的需要，但不影響它。
3. 雙向連結：兩者間具有相互依存的關係，人力資源高階主管協助經營策略的決策。
4. 整合連結：兩者間是多重層面的互動關係，人力資源的高階主管被視為「策略夥伴」，即使與人力資源沒有直接相關的事務亦參與決策。

　　行政連結與單向連結的參與程度均屬偏低，欲達整合的意義，至少應有雙向連結的程度，當然，最好是整合連結，惟目前能達到此程度者並不多。

　　人力資源部門除參與策略性與營運性的規劃外，在經營策略規劃的實施與控制／評鑑時，亦需參與部門間的溝通與協調，以瞭解該如何適時的予以配合和調整，亦即透過「參與」的方式，使得經營策略規劃與人力資源規劃的參與者，能在互動的過程中，達到整合的要求，發揮彼此的功能(張火燦，民81a)。

　　影響人力資源規劃與經營策略規劃過程的整合，除「參與程度」之外，尚有理念的整合。組織中的成員常因教育程度、工作經驗、人格特質以及個人在組織中角色等的不同，在認知和價值上會有不同的看法或取向，因而在經營策略規劃的過程中，相關理念的整合是必要的條件，也是一種整合的途徑或方法。

在理念的整合中，經營者或高階主管除瞭解企業經營的方向、需要何種人力資源之外，對「人」的基本信念亦是重要的關鍵，如認為人是可塑造的，是有創造力、有個人需求、動機和尊嚴，人力資源是項投資等，人力資源管理所能獲得的支持與重視，會有顯著的不同。

由於人力資源部門在企業組織中屬於服務或支持性的功能，常被歸為作業層次，主要協助組織解決員工、法規和日常事務等的問題，不認為應參與策略性的決策。基於「人的因素」對企業經營的影響力日增，加上許多人力資源的決策是組織在追求目標時，對環境改變的一些反應。因此，在經營策略的概念中，應包括傳統所重視的產品市場的外在策略，以及組織本身和人力資源等的內在策略，並且在兩者的配合中，方能通盤考量產品或服務市場的潛在需要、環境的機會與限制，以及組織的優劣勢等。

當企業在制定經營策略時，人力資源部門的主管不但得參與經營策略的規劃，同時得瞭解經營策略對人力資源管理的策略性含意，亦即透過「參與」的方式，使經營者與人力資源的高階主管，在策略性的思考中，能摒除過去對人力資源的刻板印象，給予新的定位，並藉此達成理念整合的要求。

人力資源規劃的模式

目前常見的人力資源規劃模式(Alpander, 1982; Boyle & Yelsey, 1986; Burack & Mathys, 1987; Dyer, 1985; Fombrun & Tichy, 1984; Manzini, 1985; Manzini & Gridley, 1986; Milkovich & Glueck, 1985; Nkomo, 1988; Rothwell & Kazanas, 1988; Schuler, 1987; Walker, 1980; Walker, 1990; etc.)強調的重點各有不同，但有下列的現象：其一，僅考慮人力資源供需的問題，需何種和多少人力資源，而忽略了其他的問題，例如，用人成本等；其二，未將策略性與營運性(年度)的人力資源規劃予以區隔，以致實際應用時，不易推行；其三，經營策略規劃與人力資源規劃的過程，兩者未能作相對應的整合；其四，僅略提及經營策略，未能深入思考其對人力資源的含意及問題，以致忽略了人力資源的策略性目標；其五，僅著重策略性，而忽略營運性的人力資源規劃。

有鑑於上述現象，作者綜合國內外學者專家的看法，並參酌國內企業界實際的做法，採取策略性、整體性和整合性的觀點，試擬人力資源規劃模式，如圖*6-3*所示，並分別略述如下：

1.策略性人力資源規劃。
2.營運性(年度)人力資源規劃。
3.人力資源規劃的實施、控制／評鑑。

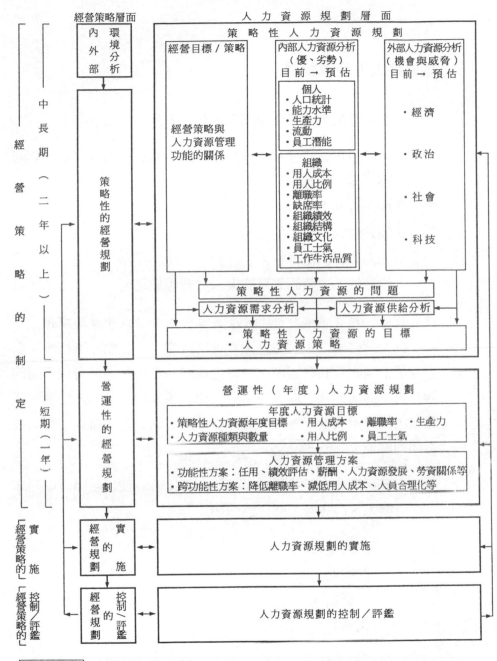

經營策略層面　　　　　　　人　力　資　源　規　劃　層　面

內　環　境　分　析
外　　　　　　　分
部　　　　　　　析

策略性人力資源規劃

經營目標／策略	內部人力資源分析 （優、劣勢） 目前→預估	外部人力資源分析 （機會與威脅） 目前→預估
經營策略與 人力資源管理 功能的關係	**個人** ・人口統計 ・能力水準 ・生產力 ・流動 ・員工潛能	・經濟 ・政治 ・社會 ・科技
	組織 ・用人成本 ・用人比例 ・離職率 ・缺席率 ・組織績效 ・組織結構 ・組織文化 ・員工士氣 ・工作生品質	

策略性的經營規劃

策　略　性　人　力　資　源　的　問　題

人力資源需求分析　　　　　人力資源供給分析

・策　略　性　人　力　資　源　的　目　標
・人　力　資　源　策　略

中　長　期（二年以上）

經營策略的制定

營運性的經營規劃

營運性（年度）人力資源規劃

年度人力資源目標
・策略性人力資源年度目標　・用人成本　・離職率　・生產力
・人力資源種類與數量　　　・用人比例　・員工士氣

人力資源管理方案
・功能性方案：任用、績效評估、薪酬、人力資源發展、勞資關係等
・跨功能性方案：降低離職率、減低用人成本、人員合理化等

短期（一年）

經營規劃的實施

人力資源規劃的實施

「經營策略的」

經營規劃的控制／評鑑

人力資源規劃的控制／評鑑

「經營策略的」

圖6-3　人力資源規劃的模式

策略性人力資源規劃

在策略性的人力資源規劃中，分成五部份加以說明：

1. 經營目標／經營策略分析：經營策略與人力資源管理的關係。
2. 內、外部人力資源分析。
3. 策略性人力資源的問題。
4. 人力資源供需分析。
5. 策略性人力資源的目標與人力資源策略。

經營目標／經營策略分析：經營策略與人力資源管理的關係

經營策略不同，人力資源管理功能的工作重點亦不相同，兩者有著主從與互動的關係。經營策略的類型很多，學者依不同的觀點有不同的分類，以下列舉三位學者專家的分類，分別說明經營策略的意義，及其對人力資源管理功能的含意，藉以瞭解兩者之間的關係。

1. 麥爾斯和史諾(Miles & Snow, 1984a)依產品與市場的變動率，將經營策略分為四類：

   ——防衛型。
   ——前瞻型。
   ——分析型。
   ——反應型。

各類型的意義及其對人力資源管理功能的含意如 **表6-2** 所

表6-2 麥爾斯和史諾的經營策略對人力資源管理功能的含意

策略類型	意義	對人力資源管理功能的含意				
		人力資源規劃	任用	績效評估	薪酬	人力資源發展
防衛型	• 僅生產市場上非常小部份的有限產品，而非著重改進效率 • 找尋生產新產品的機會	• 正式的規劃 • 廣泛的規劃	• 強調自行培養 • 幾乎很少招募 • 遴選乃為了淘汰不勝任的員工	• 採用過程取向的效標 • 依個人和團體的績效來評估 • 與過去的績效作比較	• 以組織層級中的職位為依據，講求內部公平性 • 全部薪酬以現金為主，並依主管和部屬職位的不同來核薪	• 著重技能的培養 • 廣泛的實施人力資源發展方案
前瞻型	• 尋求新產品和市場的機會 • 開創重於獲利 • 通常應用於高度技術密集的企業中	• 非正式的規劃 • 有限的規劃	• 著重外聘 • 招募對象涵蓋組織各層級的人員 • 採用心理測驗協助遴選	• 結果取向目的效標 • 依部門和公司的績效來評估 • 與其他公司作比較	• 績效取向 • 外部競爭 • 偏重激勵，並依招募需要來核薪	• 著重技能的確認與獲得 • 實施有限的人力資源發展方案
分析型	• 兼具前兩類型的優點和最小的風險機會 • 尋求獲利機會最大的獲利機會 • 在市場已有人開發後，才生產新的產品或進入新的市場	• 正式的規劃 • 廣泛的規劃	• 自行培養和外聘兼顧	• 大部份採用過程取向的效標 • 依個人、團體和部門的績效來評估 • 大部份與過去績效作比較，有些與其他公司作比較	• 大部份採層級取向有時採績效取向的 • 重視內部公平性和外部競爭	• 重視技能的培訓與獲得 • 廣泛的實施人力資源發展方案

示。由於反應型是一種臨時應變的方式故未列入說明。

2. 舒勒和傑克森 (Schuler ＆ Jackson, 1987) 認為企業欲取得競爭優勢，有三種競爭經營策略可採用：

——創新策略。
——提高品質策略。
——低成本策略。

不同的競爭策略，需要不同的角色行為。人力資源管理功能應如何使員工具有這些行為，如**表6-3**所示。

3. 以「生命週期」的現象來說明企業、產品、或市場成長過程的學者很多，各階段的劃分可歸納為：

——開創期。
——成長期。
——成熟期。
——衰退期。

各階段的意義及其對人力資源管理功能的含意，如 **表6-4** 所示 (Smith, 1982a; Hax, 1985)。

當一個企業組織擁有幾個事業部門時，可以同時採用數個經營策略，甚且每個事業部門有自己的經營策略，或結合幾個經營策略併用之。由於不同的經營策略對人力資源管理功能有不同的含意，因此，當實際應用時，宜先考量主要的經營策略，再考量其他的經營策略，在主要和次要之間，作適當的配合與處理。此外，企業在制定經營策略時，亦需考慮到組織內、外部人力資源的問題，在兩者密切的配合之中，經營策略才能兼具需要性與可

策略類型	意義	對人力資源管理功能的含意				
		任用	績效評估	薪酬	人力資源發展	勞資關係
創新策略	·開發與競爭者不同的產品或服務或重點在提供新的或不同的產品或服務	·招募較具創造思考與分析能力者	·以長期或團體績效評估作為基礎	·重視外部公平性 ·薪資低，但可配給股票	·培養員工具備多重的能力 ·建立寬廣的生涯路徑	·員工間密切的互動與協調
提高品質策略	·提高產品或服務的品質	·訂定固定和明確的工作說明書 ·強調員工的工作保障	·兼顧個人與團體為基準的效標 ·採用短期與結果導向的績效效標	·重視內部公平性	·提供廣泛和持續不斷的人力資源發展方案	·員工高度參與決策
低成本策略	·強調低成本生產或服務	·訂定固定和明確的工作說明書	·採用短期與結果導向的績效效標	·密切注意市場的薪資水準，作為決策的依據	·狹窄的生涯路徑 ·最低程度的人力資源發展	

表6-3 舒勒和傑克森的經營策略對人力資源管理功能的含意

表6-4　「生命週期」各階段對人力資源管理功能的含意

策略類型	意義	對人力資源管理功能的含意				
		任用	績效評估	薪酬	人力資源發展	勞資關係
開創期	・力求生存	・招募優秀的技術和專業人才 ・招募開創型人才	・需與經營計畫相結合，且富彈性	・以基本薪資為主，講求公平	・甚少從事人力資源發展的活動	・建立勞資關係的基本理念與組織
成長期	・擴大產品市場的範圍 ・追求市場的佔有率	・招募各種適當和有能力的員工 ・管理快速流動的內部勞動市場	・與企業成長的效標相結合，例如市場佔有率	・基本薪資以外，依目標達成情形核發獎金	・人力資源發展日趨重要，需培養中階工作技能的訓練	・維持勞資和諧 ・提振員工的士氣與動機
成熟期	・著重效率，降低成本	・利用水平流動和晉陞，以提高效率	・依效率及邊際獲利來評估	・獎金辦法與效率和邊際獲利相結合	・加強訓練 ・發展管理人員培訓方案	・控制員工成本，並維持勞資和諧 ・提高生產力
衰退期	・準備結束營運 ・致力於創新，以求再成長	・縮減人力，並重新安置人力 ・將人力轉換至不同的事業單位 ・提早退休	・評估降低成本的效果	・獎金辦法降低成本的效果相結合 ・節制各項福利支出	・對轉業者提供生涯規劃與支持性的服務	・提高生產力 ・工作規定的彈性化 ・工作保障相關問題的談判

行性。

內外部人力資源分析

　　內部人力資源分析，主要在瞭解企業內部人力資源的優劣勢，除分析目前的狀況外，並預估未來可能的狀況。分析的內容：

　　*1.*個人方面：

　　　　——人口統計：可依工作類別、地區、部門、年齡、年資、薪資等級、和性別等，予以統計。

　　　　　員工能力水準：可依學歷、經歷、培訓項目或時間等，予以分析。

　　　　——生產力或績效。

　　　　——流動：可從生涯路徑來分析。

　　　　——員工潛能。

　　*2.*組織方面：

　　　　——用人成本。

　　　　——用人比例：可採用直接／間接人員的比例，部份時間／全時人員比例，非管理／管理人員的比例。

　　　　——離職率。

　　　　——缺席率。

　　　　——組織績效。

　　　　——組織結構。

　　　　——組織文化。

　　　　——員工士氣。

——工作生活品質。

在從事內部人力資源分析時，宜將性質相近的人員歸為一類，作為分析的單位，如此獲得的分析資料較有意義。

外部人力資源分析，主要在瞭解企業外部人力資源的機會與威脅，同樣的，除分析目前的狀況外，並預估未來可能的狀況，分析的內容可包括：

1. 經濟方面：失業率、勞動參與率和勞工短缺的情況等。
2. 政治方面：勞動基準法、殘障人員定額雇用、外籍勞工雇用辦法等。
3. 社會方面：人口結構(學歷、年齡、性別等)、工作價值觀、雙生涯家庭、生活型態等。
4. 科技方面：自動化、教學科技等。

策略性人力資源的問題

經由經營策略，內外部人力資源的分析，可以瞭解經營的內外在環境可能有那些改變(Schuler & Walker, 1990; Walker, 1990)：

1. 在高度不確定中，加快經營的改變。
2. 成本的競爭壓力。
3. 科技的快速改變，需要新的技能。
4. 組織變得更複雜、更彈性、更扁平。
5. 就業人口結構的改變。
6. 工作生活型態和工作期望的改變。
7. 更需符合政府法令規章的要求。

8. 多國競爭和聯盟的增加等。

每一項改變可說明目前人力資源狀況與欲達到策略性經營目標所需人力資源之間的差距。因此，企業應努力瞭解人力資源問題所在，及其與經營策略的關係。

未來企業經營內外在環境的改變，對人力資源可能產生的策略性問題有(Milkovich, Dyer, & Mahoney, 1983)：

1. 用人成本：用人層次及薪酬。
2. 人力資源配置與適當性：人力資源的質與量。
3. 環境相關問題：與工會和政府的關係。
4. 政策推行：工作保障、內部晉陞等問題。

渥克(Walker, 1990)亦針對未來環境的改變，提出人力資源的重要問題：

1. 成本競爭(著重用人成本)。
2. 服務／產品差異化(著重生產力、顧客滿意度等)。
3. 組織的重整與購併。
4. 授權與責任(增加員工的參與、風險的報償)。
5. 組織的績效(工作團隊塑造、企業文化)。
6. 領導(管理的發展)。
7. 工作能力和動機等問題。

上述策略性人力資源問題可歸為兩部份，一是與經營策略有關的特殊問題，一是企業面臨內外在環境的改變，所產生的一般性問題。這些問題可協助擬定策略性人力資源目標之用。

人力資源供需分析

人力資源的供需是策略性人力資源的主要問題,在內部人力需求方面的分析方法,例如:

1. 判斷法:包括戴爾懷(Delphi)、管理人員預估、經驗法則等,適用於小型企業,以及缺乏資料時。
2. 統計方法:可採用多元迴歸的方法,適用於大型企業以及有資料可利用時。

在供給方面亦有:

1. 判斷法:包括主管預估、經驗法則、置換圖、戴爾懷等。
2. 統計方法:包括馬可夫(Markov)模式、多元迴歸等。

在選擇分析方法時,宜考慮預估時間的範圍、資料類型、方法的假定、費用、精確度、容易使用等因素。

在外部人力資源供給方面,分析時主要考慮勞工參與率、就業人口分析、未就業人口分析和失業率等,這些分析有助於瞭解未來人力資源種類與數量的狀況。

每種分析方法各有其適用的範圍與限制,實際運用時各種方法可同時使用,人力資源供給與需求的分析結果,可作為擬定策略性人力資源目標的參考。

策略性人力資源的目標與人力資源策略

策略性人力資源目標通常具有四項特性:

1. 一年以上。
2. 範圍寬廣和概括性。

3. 與策略性經營規劃有關。

4. 與人力資源部門的發展重點有關。

在策略性人力資源的目標中，內容上與經營策略關係較爲密
切的有：人力資源種類及數量的不足或過剩，用人成本、生產力
和離職的趨勢，以及文化塑造等；至於與經營策略關係較不密切
，但卻是人力資源部門發展的重點，對企業未來的發展會有幫助
者，例如：管理人才培育制度、薪酬制度、生涯發展制度和評估
中心等。

當策略性人力資源目標決定後，即需擬定達成目標的人力資
源策略，此種策略是一種方法或手段，用以適應內外在環境。

營運性(年度)人力資源規劃

從事營運性(年度)人力資源規劃時，如果策略性人力資源規
劃採用逐年調整的方式，此時即不必再作內外部人力資源調整的
分析，否則在擬定目標之前需先作年度的人力資源調整分析。

營運性人力資源目標的特性有：

1. 一年以內。

2. 目標具體、可衡量性和量化。

3. 偏向例行性的活動。

4. 銜接策略性人力資源的目標與策略。

5. 配合營運性經營規劃的活動。

由此可知，營運性與策略性的目標，在性質上雖有不同，但

兩者有主從的關係；在內容上雖有差異，但也有許多重疊之處。簡言之，營運性目標主要在達成策略性的目標，同時也有本身例行性的目標。

營運性(年度)人力資源目標通常包括：

1. 策略性人力資源的年度目標。
2. 人力資源種類與數量。
3. 生產力。
4. 離職率。
5. 用人成本。
6. 用人比例。
7. 員工士氣。

當年度人力資源目標決定後，需轉換成人力資源管理的方案，方案基本上可分成兩大類：

1. 功能性方案：任用、績效評估、薪酬、人力資源發展、和勞資關係等。
2. 跨功能性方案：降低離職率、減低用人成本等。

從事年度人力資源規劃時，需與年度預算相結合，若企業僅有營運性的經營規劃時，宜將策略性與營運性的人力資源規劃合而為一。

人力資源規劃的實施、控制／評鑑

人力資源規劃的目標可作為方案實施的指引，以及實施結果評鑑時的標準。至於評鑑的結果，可作為修正各個規劃階段的參考。

在實施與控制／評鑑的過程中，需隨時作部門內與部門間的溝通與協調，以利方案的執行與修正。

結語

由於人力資源規劃牽涉的範圍既廣且雜，目前常見的規劃模式又各有所偏重，作者試著建立一個策略性、整體性和整合性的規劃架構。雖然此架構較適合於中、大型以及競爭和專業技術導向的企業，但其概念與做法，亦可提供小型或一般企業作為思考的參考。

人力資源規劃能否達成目標，除人力資源各功能單位的相互配合外，其他相關制度，例如：人力資源資訊系統、生涯發展系統等的配合，亦相當的重要。此外，從事規劃者的專業能力，以及高階主管對人力資源的理念與承諾，均是人力資源規劃能否成功的重要因素。

目前許多企業雖然沒有正式的經營策略規劃，但人力資源規劃者應試著去瞭解，才能使人力資源規劃與經營策略相配合，充分發揮其功能。

個案研討

人力資源規劃個案一：惠德電子股份有限公司

公司背景

惠德電子股份有限公司成立於民國七十七年，以正派經營、顧客滿意、團隊合作、積極創新為經營理念，是一專業半導體的設計、生產、銷售之廠商。公司以超大型積體電路(VLSI)為主要發展項目，近年來因電子工業迅速發展，使公司的成長極為迅速。公司員工人數從創立初期之五百人成長到現在的三千人，營業收入從十億成長至一百五十餘億新台幣，固定資產從二十億增加到一百七十餘億新台幣。因產能的需求快速增加，公司目前已將廠房擴增至五個廠，前年股票上市，今年股東人數已達二萬多人，是一個典型高科技、競爭性、與發展迅速的公司。

公司的產品及服務項目包括：記憶體IC、晶圓製造服務、電腦及週邊IC、消費性電子IC、與多媒體IC等為主，其中以記憶體IC佔營業額的六成以上，是公司的主力產品。晶圓製造服務乃為客戶指定之IC代工生產，近年來成長率均在三成左右，約佔公司營業額的三成五，在產品銷售地區方面，以亞洲與美洲為主，其中國內市場約佔五成，美洲地區佔二成五，亞洲其他地區佔二成。

公司組織從初創時之功能式組織，發展至以行政、生產、產

品、與銷售等四個責任中心的組織，去年為了加速產品及製程的技術開發，除了在總公司設立一般積體電路事業群、DRAM產品事業群、與技術開發中心外，在美國矽谷也成立數個產品研發及技術開發單位。

公司之關係企業與國外子公司共有十五家，大多數與母公司之業務有關，例如：大發銀行、世界創投，以及中華創投等與資金調度及投資業務有關；網傑科技及合德電子原為母公司之事業部，而後分出成立的公司；萬德科技、誠品化工、亞太氣體則是供給母公司生產所需之相關材料；德中科技是半導體封裝廠商；另外在美國、香港、新加坡、德國、與英國等地均設有子公司或據點，從事研發、銷售、服務、採購等業務。惠德公司(含海外據點，但不含關係企業及海外子公司)之公司組織如圖所示。

經營策略

公司的經營宗旨係以領先的超大型積體電路(VLSI)之產品設計、製造技術為基礎，產銷高品質及具有特色之產品，以滿足下游資訊電子工業之需求，並與其共同成長，期能為世界級的公司。公司以開發屬於自有品牌產品的公司自居，努力朝向以擁有寬廣產品線為目標，並建立自主生產技術，研發高附加價值之產品組合及製程能力，以因應產品生命週期短、高技術及成本競爭激烈之半導體世界市場環境。

半導體產業面臨的環境變化極為快速，公司經營策略之制定係由高階經營層組成的決策核心，以快速反應且大膽決策的原則來擬定，以求迅速反應市場變化。公司對環境之分析相當重視，經營層經常收集市場、競爭對手、與科技發展之各種資訊，採

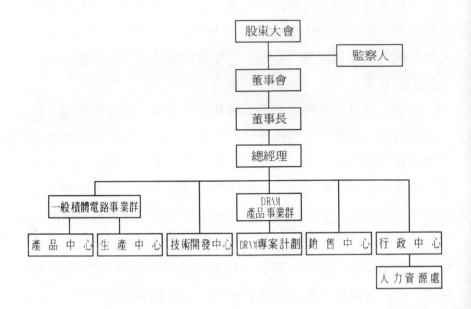

股東大會
監察人
董事會
董事長
總經理
一般積體電路事業群
DRAM產品事業群
產品中心　生產中心　技術開發中心　DRAM專案計劃　銷售中心　行政中心
人力資源處

惠德公司組織

SWOT分析方法制定公司的經營策略，以尋求市場利基。公司對過去及未來的市場分析，認為雖然去年初因市場產能過剩，導致SRAM/DRAM行情相繼下跌，造成整個半導體產業於去年呈現負成長的局面，產業規模由前年的一千五百一十億美元大幅減少至去年的一千三百七十億美元，負成長近百分之九點三。根據Dataquest 之預測今年之全球半導體產業將復甦，預計將成長近百分之十，並預測未來三年每年呈現高達百分之二十二之成長率。就各地區之成長率而言，今年亞太地區仍以百分之十六點三之成長率居冠，其次為北美地區之百分之十五點一；就產品來區

分，Dataquest 亦同時預估亞太地區之微電腦相關積體電路產品潛力最被看好。

　　為因應市場發展的機會，公司在兩年前進行四、五廠的新建工程，已於近日完工量產，希望以擴大產能增加市場的佔有率。為加速產品及製程的技術開發，公司將組織調整為二個產品事業群及一個技術開發中心，並利用美國矽谷之人力與技術，在當地成立數個直屬母公司的產品研發及技術開發單位，去年底又與日本全技株式會社簽訂策略聯盟，由DRAM產品事業群負責此策略聯盟的相關事務，藉以引進先進技術，增加產品開發速度，以及研發設計與製程的能力。此外，佔公司約五成比重的國外市場之客戶服務，為就近服務客戶與接近市場的策略考量下，在美國與香港設有銷售服務的分公司，且在中國大陸與新加坡設立聯絡辦事處，世界各地亦設有銷售據點，以擴大產品銷售的廣度與深度。加速國際化之腳步，擴大與世界級IC大廠策略聯盟之合作，並在海外廣設研發、銷售、與服務據點，是未來二年的重點策略工作。

　　公司之國內外競爭對手中，國內部份有台灣電路、旺大半導體、聯合電子、華光電子等十三家廠商，惠德產能排名國內前五大，國際方面則以韓國為主要競爭對手，美國及日本因以CPU等較高層次產品為主，故不列為主要競爭對手。由於韓國與國內其他十二家廠商不論在資金、技術、人才等方面，均與公司相近，故運用策略取得競爭優勢與利基就格外重要。

　　公司以自行研發設計之SRAM為主力產品，採差異策略，以達到區隔市場的目的。此外，為求擴大產品線，去年開始投入DRAM之代工，跨足OEM代工市場，又因國內競爭對手中有三

家廠商以代工為主力，故採取成本領導策略，除了以代工為主的四、五廠相繼投入生產外，加強改善製程技術與管理，再加上嚴密品管活動之推行，使公司的成本具有競爭性、生產良率提高及業務效率提昇，以取得競爭優勢。在產品研發設計上，美西矽谷的研發中心，今年將引進更多創新、優良的產品設計，再加上推動中之研發、銷售資訊管理系統之結合，以及日商全技之產品合作計劃，應能提昇研發設計能力及產品開發速度，達成結合全球之資金、技術、與人力的策略目標。

全球資訊市場蓬勃發展，國產IC在供應我國資訊產業具有運輸成本較低等有利條件，加上政府租稅減免、獎勵及技術引進之協助等，是公司競爭之有利條件。唯半導體產業為一資本、技術密集產業，投入金額甚大，且產品生命週期短，價格競爭激烈，智慧財產之保護起步較晚，上述均為發展上之不利因素。在產品開發之因應上，公司除運用研發上之有利因素，更積極投入研發，提昇產品層次，進行技術合作或策略聯盟，目前已獲得百項國、內外專利，尚有三百餘件正在申請中，並進行國內、外光罩、著作權及商標登記，以及技術合作、專利授權，以確保公司之智慧財產權利，並降低風險。公司由經營層之SWOT分析，擬定出擴大國際化之範圍與程度、自有品牌產品之創新、與代工產品之低成本為主要之經營策略，以攻佔國內外之IC市場。

公司的人力資源規劃

公司的人力資源部門，原為行政處下的人力資源部，去年三月時提昇層級至人力資源處，直屬行政中心。行政中心之主管為行政副總經理，人力資源處下設人事部與人力發展部。人事部下

部門名稱	部門單位	課級名稱	工作職責
人力資源處	人事部	薪資課	員工薪資規劃、分析、調整、發放
		任用課	員工聘用、陞遷、調職
	人力發展部	人力發展課	員工訓練、生涯發展
		員工關係課	勞資關係、勞資溝通協調

人力資源部門組織與職責

設薪資課與任用課；人力發展部下設人力發展課及員工關係課。薪資課負責薪資之規劃、分析、與發放等作業，績效評估業務亦屬該課之職責；任用課負責新進人員之招募及遴選，與原有員工之調職及陞遷等業務；人力發展課負責員工訓練之規劃與執行，另外員工生涯發展業務亦由該課負責；員工關係課主要負責勞資關係之協調與相關業務之規劃，人力資源部門之組織與職責如表所示。

　　公司員工人數近三年成長快速，由前年的一千九百三十九人增至去年的二千三百五十二人，今年更成長至三千零二十五人。學歷分佈方面，高學歷者增加較為迅速，學士以上比例由去年的百分之三十九增至今年的百分之四十四點五，專科及以下學歷則減少，詳細統計數字如表所示。

　　在員工職類分佈方面，技術工程師與管理及業務人員增加較

學歷 年度	博士	碩士	學士	專科	高中以下	合計
前年	1.1%	13.7%	17.1%	17.4%	49.7%	100.0%
去年	1.4%	18.6%	19.1%	17.1%	43.8%	100.0%
今年	1.8%	20.9%	21.9%	16.9%	38.5%	100.0%

員工學歷分佈

多，如今年增加管理及業務人員一百八十七人，增加比率達百分之四十六，技術工程師增加三百六十九人，比率達到百分之三十六，而助理技術工(作業員)只增加一百一十七人，統計數字如表所示。

公司之策略計畫由高階經營層擬定，半導體產業之高階主管因具備高學歷與專業技術，所以傾向直接制定經營策略。人力資源處配合公司經營策略，擬定人力資源之年度營運計畫。公司年度營運計畫參與的人員包括：人力資源、會計、一般積體電路事業群、技術開發中心、DRAM產品事業群、銷售中心等部門之主管，人力資源部門則提供人力預算、人力費率、與人力成本等資訊，至於人力之安排、新進技術人員之需求條件、人員之調任、與人力技術轉移之佈署，則多由技術主管決定，人力資源部門負責相關行政業務。

公司的人力資源處在年度開始前的二至三個月，全體人力資源處及所屬單位的員工至廠外集中研討，根據公司之經營策略及

職稱＼年度	技術人員（工程師）	管理業務人員	助理技術工	司機警衛清潔工	員工合計	平均年齡	平均年資
前年	700	345	890	4	1939	29	2.6
去年	1020	408	922	2	2352	30	2.8
今年	1389	595	1039	2	3025	30	3.1

員工職類分佈

年度目標，考量內外在的環境因素，分別擬定薪資、任用、人力發展、與員工關係等各項業務之年度營運計畫。初稿完成後，再由人力資源處長與經營層之總經理多次反覆研商，將高階主管對人力資源的方向與人力資源主管擬定的方向求取平衡，以完成年度之營運計畫。

公司以自有品牌產品與代工產品兩方面擴大產品線，積極攻佔市場。自有品牌之產品強調前瞻性、高附加價值、與創新策略為主；代工產品則以降低研發風險、低成本、高品質及良品率，以獲致最大利潤為主要策略。策略性經營規劃強調研發能力的提昇、降低成本、增加研發速度、提昇製程品質、與擴大產能等，衍生出之實施策略包括：接近市場設置研發、銷售、與服務據點，與日本全技株式會社策略聯盟，成立轉投資公司，加快國際化的腳步，與利用全球之人力、技術與資金等，故人力資源規劃配合經營策略與實施策略，以降低離職率、減低用人成本、轉投資公司人力移轉、增強員工國際化能力、與招募及留住技術性員工

年度＼職稱	技術人員（工程師）	管理業務人員	助理技術工	司機警衛清潔工	平均離職率
前年	10%	8%	4%	25%	14%
去年	35%	15%	8%	0%	21%
今年	45%	43%	17%	0%	35%

員工離職率分析

等為主要人力資源規劃方向。

　　人力資源處在考量組織內外在環境因素方面，以配合企業經營方向為主。公司去年轉投資全球科技公司，並進行技術移轉，調至全球科技公司之員工將近三百人，其中以人員選派及空缺之任用為重點工作，此兩項工作之決策以技術主管之意見為主，人力資源處則負責規劃與執行工作。新進員工之訓練成效影響生產力及品質甚大，人力發展課實際負責規劃與執行新進人員的訓練。此外，人力資源處掌握員工離職之因素，收集同業有關人力需求及薪資狀況，在薪資結構、招募計畫、生涯計畫等方面予以規劃調整，達到招募人才與留住人才的目的。

　　公司近三年受到同業新廠不斷擴充，需才孔急的影響，過去三年的離職率逐年增加，預估今年將達到三至四成，其中高級技術人力之離職率最高，一般技術工與司機、警衛、清潔工離職率較低，最近三年員工之離職率如表所示。造成高離職率的因素尚有公司股票上市已二年，不若其他準備上市之半導體廠商的股票

認購率具吸引力，且去年及今年公司的業績受不景氣影響，比同業為差，故預期被挖角而離職的比率將攀升至以往的二倍左右。高離職率將造成招募成本增加、培訓成本上升、技術累積困難、與生產力下降等問題，故高離職率是人力資源處應亟待解決的重點，該處已規劃將成立新的投資公司，並申請上市，讓員工認購股票，以創造更好的條件，以留住人才。在減低用人成本方面，人力資源處規劃以降低每年固定薪資的調薪比率，另外提高變動薪資的方式，予以調整薪資結構，如增加獎金或紅利的比率，以因應半導體產業受景氣與產品價格波動劇烈的影響；各部門員工人數以不超過相近規模同業廠商之員工人數為原則，以降低人事成本，取得較佳的成本競爭力。

公司因應國際化之經營策略，提供包括：遍佈世界各地的銷售據點、子公司、研發中心、與策略聯盟等所需之國際化人才，進一步積極提昇公司全體員工之國際化能力，獲致更廣泛的競爭利基。人力資源處進行多方面的規劃，可行的方案包括：高階主管至國外受訓、專業人員輪調，以培養通才管理能力；策略聯盟支援人員事先參加訓練、與引進先進管理課程等。公司內有許多主管均因讀書或工作已具有國外經驗，對缺少國外經驗之高階主管優先送至國外大學受訓，以培養出更多國際化的人才。此外，亦將專業或技術人員輪調至國外之銷售或研發據點擔任管理工作，以培養國際化的管理人才。

公司DRAM產品事業群派至日本全技株式會社策略聯盟的人員，在出發前均須參加語言及文化方面的訓練，使之能順利達成與日本策略聯盟廠商技術合作的任務。為適應先進國家的管理方式，公司引進國外先進的管理課程，計畫性地培訓員工，以因

應派駐國外時的需要。為充分運用全球的技術與管理人才，公司採行全球性招募人才的方式，經由高階主管的人際網路與世界各地據點，積極招募優秀的技術與管理人才。

在人力資源規劃的實施、控制、與評鑑方面，公司人力資源處有完整的組織與人力，以執行營運性年度人力資源規劃，課級單位以執行為主要工作內容，部級單位則實施定期及不定期的進度控制，至於執行績效則由處級主管依執行狀況予以評鑑。

公司為一典型之半導體製造廠商，高階主管多為具有高學歷的技術人才，公司內之技術人員亦須具有特殊的專業能力，故經營策略大多由高階主管直接擬定，有關技術人員的配置、任用、調職、陞遷則多由瞭解技術需求的技術主管決定，人力資源處以主要配合經營策略，制定年度營運性之人力資源規劃為主，其下之各部與各課則負責執行與控制的工作，以提供公司經營所需之人力資源。

問題討論

1. 公司之人力資源規劃在因應離職率偏高、用人成本高漲、與推行國際化策略等方面的措施是否適切？
2. 公司人力資源主管參與經營策略規劃的程度是否足夠，應如何調整？
3. 公司人力資源規劃的內容是否適切？

人力資源規劃個案二：立成機械工業股份有限公司

　　立成公司成立至今已三十年，主要產品為工作母機之零組件，供應楊發、美大、精偉等工具機中心廠，隨著台灣機械工業之成長，該公司之資本額由一百萬元增資至目前的五千萬，員工人數從十五人增加至二百人。公司的組織分為管理部、業務部、與生產部等三個一級單位，另設有直屬副總經理的生產管理課、物料管理課、品質管理課、倉儲管理課、與研發課等。

　　近年來因為工具機中心廠之產品走向多樣少量的型態，且品質要求愈來愈高，中心廠並要求該公司產品的價格每年下降百分之二。為配合中心廠的要求，公司於去年導入全自動化之生產線，今年引進電腦輔助設計(CAD)系統及資訊管理系統(MIS)。因為自動化與電腦化的效應，再加上近年來機械產業的不景氣，人力需求大幅降低，造成嚴重的人力過剩問題亟待解決。

　　今年七月公司舉行經營會議，由董事長、總經理、副總經理、管理部經理、業務部經理、生產部經理、生產管理課長、品質管理課長、與研發課長等參加。以決定過剩人力之處理方式。會議中經營層提出過剩人力裁減之目標，分別是：生產部之技術工人數由原來的一百人裁減至五十人，非技術工由二十人降為五人，設計課人員由三十人降至二十人，管理部由十人減至七人，業務部由十二人降至八人。此外原組織中的生產管理課、物料管理課、倉儲管理課合併為生產管理課，故有二位課長級幹部及六位員工亦需裁減。

　　過剩人力處理的原則亦由經營層初步擬定，採六○專案與資

遣方式進行，即員工的年齡加上在公司服務的年資，只要超過六○即強迫退休，此外若不符合六○專案之過剩員工予以強制資遣。會議中除了經營層之外的主管均認為此一處理原則太過激烈，尤其擔心被資遣的員工會產生巨大的反彈，經由冗長的討論，最後決定以較緩和的方式處理，即刪除資遣方案，以六○專案為主，另外再配合遇缺不補、減少工作時間、收回外包工作、與提供進修等策略，以求逐步達成裁減員額的目標。

按照會議決定之處理方式，可達到裁減員額目標的六成六，即六○專案適用之員工包括：生產部之技術工四十人、非技術工十人、研發人員四人、管理人員二人、業務人員一人、與生管／物管／倉管人員三人，以上人員均強制提早退休；生產部中未裁員之十位技術工與五位非技術工則每天減少工時二小時，工作調整至從事5Ｓ改善活動，並鼓勵其另謀高就；針對六位過剩研發人員之對策乃將原外包之模具收回自行開發設計；管理部剩餘的一人併入業務部，與業務部過剩的三人另組新客戶開發小組，以積極拓展新客戶；兩位課長級幹部及三位生管／物管／倉管人員則提供進修機會作為公司未來提昇生產管理水準之儲備幹部及種子人員，而且全公司各部門均採人事凍結，遇缺不補的方式，以逐步將人力調整至理想的目標。

問題討論

*1.*公司對人力資源過剩問題之解決方式有何優缺點？

*2.*一般公司解決人力資源過剩的策略有那些？

7

任用

本章思考問題

■在任用的過程中，個人與組織該如何配合，才能符合雙方的需要？

■任用如何配合經營策略？

■不同層級的職位，例如：經理、工程師、基層員工等，招募的來源與方法有何不同？

■不同層級的職位，例如：經理、工程師、基層員工等，遴選的方式有何不同？

■為何公司與應徵者需相互的瞭解？

■新進員工為何需要試用？如何試用？

任用是人力資源管理的功能之一，亦是一項重要的工作，此項工作係由一連串的活動所組成，包括：招募、遴選和安置等。招募乃在吸引更多具有能力和合適的人來應徵；遴選是從應徵者中挑選出有能力和適當的人來；安置則是使遴選出來的人，儘快適應工作與環境，使之能與組織社會化。簡言之，任用乃是一種過程，經由此過程，組織能有效獲得有能力和有意願工作的適當人選。

　　任用中的每項活動或過程若能處理得很好，當可降低招募、遴選和訓練等的花費和時間，進而可降低離職率、缺席率和工作的不滿，否則因任用過程不當所造成的問題，除金錢、人力、物力、時間的浪費外，不僅會有遺珠之憾，而且任用不適當的人選，將造成日後人力資源管理上許多棘手的問題。

　　本章將針對任用的理論基礎，任用與人力資源規劃的關係，以及任用的模式，分別加以探討。至於員工的解雇、退休等，雖屬任用的範圍，但不擬併入本章討論。

任用的理論基礎

基於個別差異的任用理論

　　任用的活動早存於社會之中，小至家庭的安排工作，大至團體、社會、國家人才任用的各種辦法或制度，其中隨著社會的變遷與時代需要的不同，各個組織或團體對人才的認定或標準就會

不同，但基本看法並沒有太大的差異，亦即認為人與人之間有個別差異，並由此產生競爭、合作與適任或不適任等的問題。

雖然人們在生活或工作中，早已注意和使用了個別差異的事實，但未必能知曉其間的關係或緣由。此一事實包括的範圍很廣，從體能、智能、性格，乃至種族、文化、社會背景等方面；探討的觀點亦有哲學、經濟學、社會學和心理學等。由此可知，個別差異所衍生的問題相當的複雜，影響的層面既深且廣。

以科學方法來探討個體和環境關係者，十九世紀中期達爾文(C. Darwin)有著重要的貢獻，在其進化論(evolutionism)中，認為個體之間的差異，主要來自個體對生存環境的適應良否，而有「物競天擇，適者生存」的主張。稍後英國另一生物學家高爾登(F. Galton)，對人類行為個別差異的研究，特別是父母與子女之間智力的遺傳問題，以及數學家皮爾生(K. Pearson)所發展出的相關係數，對個別差異評定工具與統計的方法，有突破性的貢獻。

廿世紀初，法國實驗心理學家比奈(A. Binet)和西蒙(T. Simon)所編製的比西量表(Binet-Simon Scale)，為心理取向的智力測驗開創了先河，並為由個人的能力來預測其行為奠定了科學的基礎。由於心理測驗的發展，學校、軍中、企業等的相繼的使用，對瞭解個人能力上的個別差異有很大的助益。

不僅心理學家致力於個別差異的探討，在職業理論和人力資源管理上，一九〇九年帕森斯(F. Parsons)的特質因素論主要以個別差異為基礎，提出職業選擇的方法或步驟(Cited in Herr & Cramer, 1988)：

*1.*分析個人的能力、興趣、和特質。

*2.*研究職業的機會、條件和就業的統計。

*3.*比較上述兩部份的資料。

　　希望經由此程序，個人的特質與職業的要求能相互的配合，而有適當的職業選擇。由於偏重個人能力或特質與職業因素間的靜態關係，未能注意個人的成長與學習、職業要求的變動、以及相互間的適應，是為不足之處。

　　史考特和克羅希亞(W. Scott & R. Clothier)於一九二三年從人力資源管理的觀點，論及個別差異的基本原則(Schneider, 1976)：

*1.*由於個人性向的不同，會影響組織的工作及個人的薪酬。

*2.*人有興趣、動機等的差異。

*3.*個人的能力和興趣會隨著時間而改變。

*4.*不同的工作需要不同能力的人。

*5.*即使能力相同，有興趣者會做得更好。

*6.*組織中每個職位的工作會隨著時間而改變，當變化大時，工作者的能力和興趣也需有所改變。

*7.*工作條件、與雇主和同事的關係以及機會等的工作環境，對個人的績效和團體的生產力均有重大的影響。

　　這些論點具有相當的啟發性，但在人力資源管理的任用上，尤其是第六和第七項原則，當時並未給予應有的重視，仍將「個人」視為工作表現的單一因素。

　　一九三〇年代以後，由於社會變遷和工作機會的缺乏，迫使

人們重新思考工作的問題，也由於心理學的研究和人文主義者的倡導，除重視個人的欲望、動機和自我等的探討外，強調環境對個人行為的重要性。勒溫(K. Lewin)的場地論即認為「行為是人和環境的函數」，相當具有代表性。此時期組織理論所強調的是人群關係，著重個人在工作情境中的行為。

在任用的決策上，二次世界大戰後，採科學方法發展出的任用步驟，主要為：

1. 發展工作績效的效標(criteria)。
2. 決定預測變項(predictor variables)。
3. 衡量錄取者在工作上的績效。
4. 求出預測變項與工作績效的相關。

此種任用過程強調的是方法，卻未能注意到影響組織選人的因素，以及個人具有主動選擇組織的角色。

早期的任用主要基於人的個別差異，強調個人的特質，未能考慮到人所擁有的欲望、興趣等，也忽略了情境的重要性和行為的複雜性，此種任用主要在順應組織，亦即使個人適應組織，而非組織適應個人。情境的因素雖在三〇年代之後引起廣泛的注意，但直到二次世界大戰之後，才著重於「創造情境」的努力，對於個人在組織中的成敗，不再侷限於「個人」的觀點，而能包括個體所在的情境。因此，在任用上逐漸導入個人與組織配合的探討。

個人與組織配合的任用理論

在個人與組織的配合中，如何能達成各自的期望與共同的目

的或目標，牽涉的範圍很廣，需配合的事項亦多，本文主要從個人與組織雙方的「互動」關係提出說明。

個人與組織可說是兩個「實體」，欲使兩者有好的配合，就不是某一方牽就另一方，應是「彼此是好的搭檔或配對」，亦或「使之合在一起很合適」。從配合的觀點，任何一方的決定需考慮到另一方，同時任何一方的活動也會影響到對方，彼此是相互依存與交互作用的。德瑞金與范迪文(Drazin & Van de Ven, 1985)在論及權變理論中的配合時，曾針對組織結構與情境的關係，提出三種配合的方式：

1. 選擇的方式(selection approach)：組織要生存，組織的設計要適合情境的特性，換言之，組織的情境會影響組織的設計，兩者有著因果關係。
2. 交互作用的方式(interaction approach)：組織結構與情境的交互作用，會產生不同的組織績效。
3. 系統的方式(system approach)：在多元的情境、結構及績效特性中，講求內部一致性，屬於整體性的配合。

由此可知，配合方式不同，考慮的層面與程度亦有所不同，從簡單的雙向配合，到兩者交互作用的配合，進而為多層面的整體配合，對個人與組織配合的探討，提供了思考與批判的參考架構。

在個人與組織配合的探討中，美國明尼蘇達大學的學者專家，例如：戴維斯(R. Dawis)、英格蘭(G. England)、羅奎斯特(L. Lofquist)、魏斯(D. Weiss)等人，從一九六四年開始至一九八四年間，對「工作適應理論」有一連串的研究，其中羅奎斯特

與戴維斯於一九六九年針對個人與工作的關係，提出工作適應過程的概念架構，從兩個向度來說明，一組是個人的能力與工作的要求，另一組是個人的需要與工作環境的增強系統（例如：薪酬、領導方式、工作時間、工作保障等），兩組各自彼此間的相互配合，均會影響工作績效與個人的滿意程度（Brown, 1986；Tziner, 1990）。此概念性架構除理論上的貢獻外，在實際應用上，利用此概念編製了許多問卷，並運用其他的測驗及量表，藉以瞭解個人與工作相互配合的狀況。

工作適應理論雖著重「工作」與「個人」的相互配合略顯狹隘，主要的貢獻在於生涯輔導與諮商，但也奠定了「組織」與個人相互配合的基礎，同時對人力資源任用的過程，如何使組織與個人相互配合，提供了思考的方向。

衛納斯（J. Wanous）於一九七八年，根據羅奎斯特與戴維斯一九六九年發表的工作適應過程的架構，提出「個人與組織配合」的模式，如圖 *7-1* 所示（Wanous, 1978）。

此模式最大的特點乃著重於「組織」與「個人」的配合而非工作或職業。圖中左邊的上半段，說明個人能力與組織所需能力的配合，屬於組織選人的傳統觀點，如果配合得不好，會影響工作績效。圖中左邊的下半段，說明人的需要與組織增強這些需要的能力之配合，如果配合得不好，將影響工作滿意度和對組織的承諾，此種配合的過程，著重個人需要的滿足，屬於個人的層面。

圖 *7-1* 右邊上半段，工作績效的好壞，可能導致解雇，然後進入新的組織；也可能轉換工作、晉陞或留在原職位上，而留在原來的組織中。右邊下半段，工作滿意與對組織承諾的程度，同樣的，也可能造成員工留在組織，或離開組織。

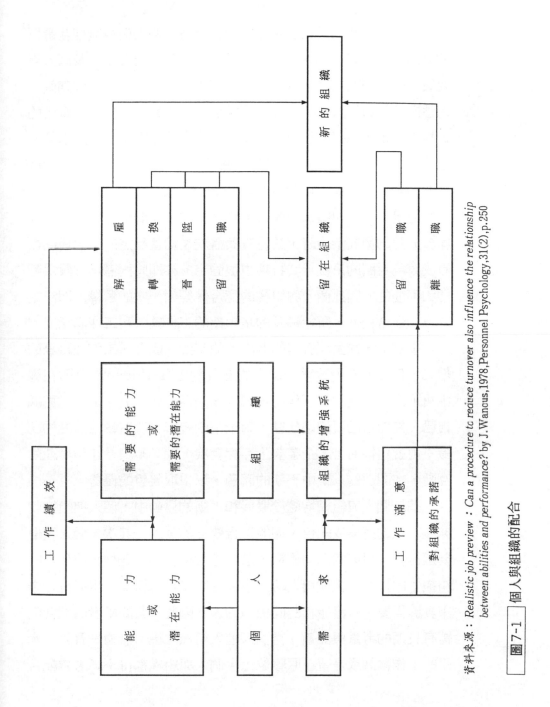

資料來源：*Realistic job preview：Can a procedure to reduce turnover also influence the relationship between abilities and performance?* by J.Wancus,1978,Personnel Psychology,31(2),p.250

圖7-1 個人與組織的配合

簡言之，此模式在說明「進入」組織時，個人與組織相互選擇的雙向過程，其中包括個人能力與工作所需的能力，以及個人需要與組織增強的雙重配合，牽涉到的理論有差異理論，強調個人的性向、能力、人格特質等；情境理論中的社經結構與社會化的過程；以及現象學的理論，重視自我概念等。雙重配合講求的是組織的工作績效，以及個人自我方面需要的實現（Wanous, 1980; Boerlijst & Meijboom, 1989）。

　　傳統的個人與組織的配合，係從生物發展的觀點，認為個人處於成熟的發展階段時，其特質與需要是相當穩定的；組織則被看成較為封閉的系統，其特性也很固定。亦即將兩者均假設為靜態和不變的。因此個人與組織的配合僅經由一次的選擇，即決定雙方的配合程度，所能顧及的是短期的工作績效和工作滿意度。

　　事實上，從生涯發展的觀點，隨年齡、能力、工作經驗等的增加，個人會有所改變，個人的自我認定（self-identity）即在經由與別人和環境的交互作用中，不斷的塑造與發展，不但能認識自己，知道自己要的是什麼，對未來的發展也能有較為清楚的認識；再就組織而言，企業要生存與發展，就必須與外在環境產生互動，在開放的系統中不斷的調適，以爭取競爭的優勢。

　　基於個人與組織均處於發展和不斷的變動中，個人與組織就非僅一次的選擇或配合，即能符合雙方的需求。其次，個人不但要選符合其目前狀況的組織，還要選能符合其生涯抱負或目標的組織；同樣的，組織選人時，也要選既能符合目前，也能符合未來發展需要，有潛能和認同組織的人。因此，其間兩者的配合就需有長期的考量與調適。當個人進入組織之後，無論是晉陞、水平的工作輪調或是留在原職位上，個人與組織都得不斷考慮配合

的問題。由此可知，個人與組織的配合，應是相互不斷的選擇與調適的過程；配合的目的，在建立有利的環境，使個人在自我認定的發展中，增進其知能和需要的滿足，藉以提高工作績效和對組織的認同。

任用與人力資源規劃的關係

人力資源規劃是人力資源部門的首要工作，亦即人力資源管理中的各項功能，例如：任用、績效評估、薪酬、人力資源發展和勞資關係等，在實際作業前，需先經由人力資源的規劃，從整體性和策略性的觀點，將各項功能予以整合，並與經營策略相配合，以發揮綜合的效力，其間的關係，如圖7-2所示(張火燦，民81b)。

由於任用是人力資源規劃內容的一部份，並在規劃中與人力資源管理的其他功能以及經營策略相整合。因此，其間存在著彼此相互關聯的關係，其中經營策略與任用的關係相當密切，以下即針對此作進一步的探討。

經營策略是達成企業使命的工具或方法，不同的經營策略在任用上就有不同的含意與作法。例如：企業採用防衛型策略，任用上會重視內部晉陞；若採前瞻型策略，就會著重外部招募，遴選較具創造思考的人才；如果採用提高品質策略，任用上需訂定固定和明確的工作說明書，強調員工的工作保障等，影響的層面很廣，而且顯而易見。

經營策略不同，工作需要亦有差別，連帶的，所需的人才亦

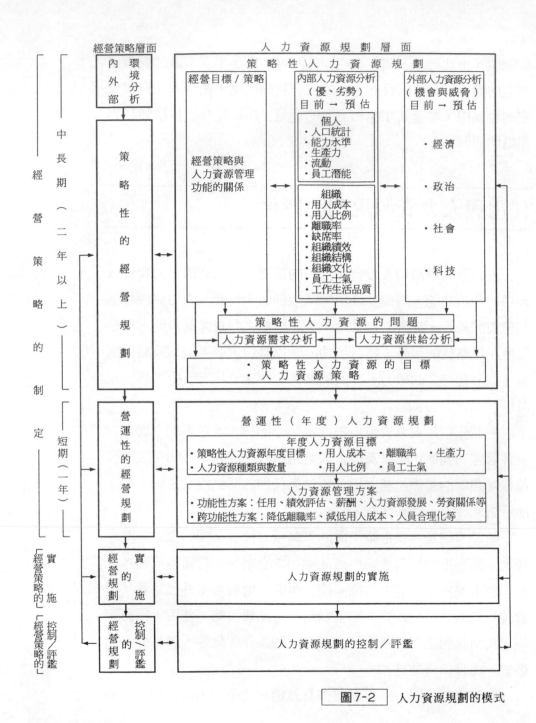

図7-2 人力資源規劃的模式

有所不同，尤其是管理人員，在能力上：例如，協調、溝通、財務、規劃、授權、危機處理、產品工程、決策、行銷等；在特質上：例如，冒險性、自發性、對不確定的容忍性、正直等；在類型上：例如，開創者、征服者、行政者、節約者等以及學經歷等，均會因經營策略的不同，而有不同的需要(Burack & Mathys, 1987; Gerstein & Reisman, 1983; Gupta, 1984; Miles & Snow, 1984a; Olian & Rynes, 1984; Porter, 1980; Szilagyi & Schweiger, 1984; Wils, 1984; Wissema, Van Der Pol, & Messer, 1980 etc.)。

　　認為管理人員的任用，特別是高階管理人員，應配合經營策略的需要，所持的理由是不同經營策略需要不同能力或特質的人，以及個人所知和擁有的能力既不相同，而且有限，為使其適才、適所，才能有助於企業經營績效的提高。事實上，兩者的配合也有一些限制，或是值得深思之處(Gupta,1986)，分述如下。

　　經營策略需要彈性　由於產業競爭激烈，產品生命週期短，以及未來環境不易預測，均促使經營策略需不斷的調整，因此，管理人員不易隨著經營策略的改變而更換。

　　管理人才需要培育　一般企業組織大多屬金字塔型的結構，通常以輪調方式來培育人才，使之嘗試不同的經營策略和啟發新的觀念，而且相關事業單位間的輪調有助於工作的協調與溝通。

　　激勵問題　管理人員如果僅適合從事某些經營策略，將限制其生涯的發展，或影響晉陞的機會，如適合「收獲」(harvest)經營策略者，即是很好的例證。

　　管理者的決策範圍有限　如決策權受限於政府的法規、強勢的供應商或購買者、資源非常缺乏、優勢的企業文化以及高階層

的嚴密控制或不充分授權等情況時,個人的差異較難影響組織的績效。

　　管理人員與經營策略配合的問題,除上述限制之外,在實際運作時還有許多狀況或情境,例如:經營策略不明顯、對經營策略的信心不夠、組織內缺乏人才、因工作表現優異酬庸性的晉陞以及企業文化因素(例如:依年資、慣例的晉陞)等,均使兩者不易配合。

　　由於管理人員與經營策略相配合有其必要性,但也有一些限制和不利的狀況或情境。因此,有關兩者配合的問題,不宜採單一的思考方式來處理,宜衡量實際的情況作多方的考量,或採重點式的配合,抑或採用共同決策的方式,當可彌補兩者未能配合的困擾。除管理人員之外,其他專業技術人員,同樣會因經營策略改變,在人才需求的重點或工作內容上有所差異,在任用上自然需與經營策略相配合。

　　在人力資源規劃中,對任用的來源亦需列入考量,特別是中大型的企業,人員應由內部晉陞或外部招募,抑或兩者兼用,其比例又當如何,雖沒有一定的標準,但需瞭解其間的得失。採用內部晉陞的優點:

　　1.可鼓舞士氣,塑造良好的企業文化。

　　2.減少招募、訓練的時間與費用。

　　3.計畫易於延續。

　　4.可吸引新員工進入組織。

　　5.可降低離職率,促使技術生根。

　　6.不易選錯人。

內部晉陞的缺點則有：

1. 組織容易僵化或老化。
2. 當企業快速成長，或需某種特殊才能時，會因內部人才短
缺，找不到適當人選。
3. 晉陞時若處理不當，易造成內部人員的不滿或反彈。

採用外部招募的優缺點，大致上與內部晉陞相反，兩者有互
補的功能。因此，企業應依本身規模的大小、職位類別、工作性
質、發展狀況等來決定任用的方式，或是內部晉陞與外部招募應
有適當的比例，例如：百分之八十由內部晉陞，百分之二十由外
部招募，任用時即可作為獲得人才來源的依據。

任用是人力資源規劃中不可或缺的一部份，其中的招募、遴
選和安置等活動的一些策略性、原則性、可行性的事項，規劃時
均應作通盤的考量與決定，執行時才不致有所偏失。以下將針對
任用中的各項活動加以說明。

任用的模式

任用的模式主要在說明任用的過程及其內容，目的在瞭解各
項活動間的關係。在說明任用模式之前，首先針對工作分析加以
說明，其次再分別探討任用模式中的招募、遴選、安置，例如，
圖*7-3*所示。

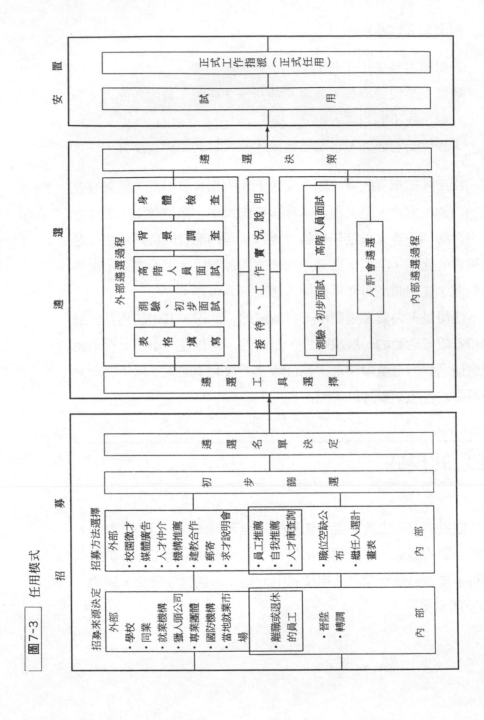

圖7-3　任用模式

工作(職位)分析

　　工作分析主要目的在搜集與分析工作的相關資料，並建立工作說明書。工作說明書對人力資源管理的各項功能有不同的用處，在任用上可作爲擬定工作規範／資格的依據；在績效評估上，可作爲績效的效標；在人力資源發展上，是培訓課程的重要參考；在薪酬上可作爲工作評價之用；在勞資關係上，則可作爲訂定勞動條件的參考。

　　工作分析可採用下列方法來搜集所需的資料：

1. 訪問法。
2. 觀察法。
3. 問卷法。
4. 重要事件法。

　　每種方法各有適用的對象與範圍也各有優缺點，如何選擇適用的方法，可從下列效標作爲選擇一種或多種方法合用的依據：

1. 工作分析的目的與內容。
2. 所需的時間與費用。
3. 使用方法的能力。

　　工作說明書的內容通常包括：職位名稱、職等、工作摘要、職責以及設備和工作環境等。工作規範／資格則包括：職位名稱、職等、教育程度、經驗、專業或技術能力、專業訓練、體力、儀表等；如果由組織內部任用時，一般會增加考績、升等考試、

曾參與企業內某種訓練、或曾擔任過那些職位等。內容的繁簡與要求依組織的工作性質和狀況而異。

　　工作分析中的工作規範／資格，大多著眼於工作需要，重視個人具備的能力與條件，至於個人願意去做的程度以及個人的需求，由於個別差異大，加上不易分析，以致個人部份易被忽略而有所偏失。因此，在招募、遴選和安置的過程中，應多考慮個人的意願與需要，以達成個人與組織的雙向配合。其次，工作分析易偏重靜態和短期的分析，忽略了較長期的需求，而且當組織結構或工作內容有所變動時，工作規範／資格又得重新調整，在工作分析所費不貲的情況下，在實際採用時，或許可針對主要職位、較固定的工作或離職率較高的工作訂定其規範／資格，如此當較為可行。

招募

　　招募係依據工作分析結果訂出的工作規範／資格，尋找具有能力和合適的人。關於招募的來源與方法，有時易被混淆，來源應是指合格的應徵者在那裡，亦即何處可找到合格的應徵者；招募的方法則是以何種方式或途徑將人員吸引到組織來。兩者顯然是有所不同，而且一種來源可同時採用多種方法來招募，多種來源亦可採用相同方法來招募。兩者作此觀念上的澄清，主要根源於勞動市場的區隔，不同人才的需求，有其特定的勞動市場，而且能針對不同的來源，採取有效和合適的方法。

　　招募來源在外部方面有學校、同業、就業機構、獵人頭公司、專業團體、國防機構、工會、當地就業市場以及應徵者的檔案

資料等;在內部方面的來源有晉陞和轉調。至於離職員工(包括：自願離職和退休人員)則兼具外部與內部來源的性質。不同的招募來源,各有其優缺點,在人力資源規劃時,企業應依據本身的狀況或條件做審慎的考量與抉擇。

　　招募的方法在外部方面有校園徵才、媒體廣告(包括：報紙、廣播、電視、雜誌、看板等)、人才仲介(包括：獵人頭)、機構推薦(包括：就業機構、專業團體、工會)、建教合作、獎助學金、求才展覽會以及郵寄等。內部招募的方法有職位空缺公布和繼任人選安排表。兼具外部與內部性質的招募方法有：其一,員工推薦:外部方面通常會推薦認識的親朋好友,在內部方面大多由主管或同僚推薦;其二,自我推薦:外部方面大多採用寄履歷表、或親自前往公司應徵等,在內部方面通常經主管同意後提出申請;其三,人才庫查尋的方法:外部方面包括:離職、退休、曾應徵過和就業輔導機構等的人才庫,內部方面則為公司員工的人才庫。

　　在各種招募來源與方法中,如何作適切的組合,使之能在省時、省錢和省力的情況下,獲得足夠的應徵者,是件複雜的工作,牽涉的因素很多,例如:公司的特性、文化、職位空缺類別、人力資源資訊化與制度化的程度,以及使用招募方法的能力等,均會影響招募來源與方法搭配的選擇。

　　在招募來源與方法的選擇上,雖然彈性很大,但通常有下列趨勢:在外部招募的來源上,基層人力大部份由當地就業市場獲得;專業技術和中高階層的管理人才,則傾向於從全國性的就業市場來獲得,此可從社會流動理論來理解,因專業人員學歷高、又累積了專業資本,故較易流動。至於外部招募的方法,很難單

獨說那種方法絕對優於其他方法，但在高階主管或特殊專業人才方面，有利用獵人頭方法的傾向。一般最常用的方法則爲員工推薦、自我推薦、報紙廣告和一般仲介等方法（Magnus,1987; Schwab, 1988）。

在內部招募方面，公司職位空缺的公布與其規模以及作風有關，通常僅公布基層人力的空缺，較少公布中高階人力的空缺（Mills, 1985b）。有關資料庫的查尋，可透過人力資源單位提供合格人選，供需要人才的單位參考。此外，在內部晉陞或轉調至其他單位時，表現優異的人才反而不易獲得其主管的同意而造成困擾。

在招募過程中，需將應徵者或申請者依所定的工作規範／資格予以審核或篩選，去掉不合格者，若應徵者人數過多時，爲了節省遴選活動的花費，可作進一步的篩選，然後再建立遴選名單。審核或篩選的工作，基層人員部份可由人力資源部門的承辦人員擔任；專業或高階主管部份，可由任用單位的主管、人力資源主管或高級幕僚等組成的委員會來擔任。

遴選

遴選活動是要從應徵者中挑選出有能力的合適人選，此種能力主要依據工作規範／資格的需要來決定，亦即認爲具備了此種能力，對日後的工作表現與滿意程度有密切的關係，從研究和統計的觀點，這些能力或條件即稱之爲預測變項（predictor），遴選者再依預測變項選擇適當的遴選工具，例如：個人基本資料、面試、測驗(人格、性向、興趣、工作知識或技能的成就等測驗)

、評估中心、推薦信函、背景調查和身體檢查等，從而獲得預測分數，作為遴選決策的依據，並可與實際工作表現求相關，藉以瞭解遴選工具的效度。

遴選工具的選擇除效度外，尚需考慮其公平性、可應用性、成本、易於取得、使用的能力和可接受的程度等(Robertson ＆ Smith, 1989)。此外，對遴選工具的相關理論若能有所認識，當有助於工具的靈活運用。以下針對四種重要工具略作說明。

個人基本資料

個人基本資料(biodata)係組織依據遴選需要的資訊，設計出空白的表格，由應徵者填答，作為遴選決策的重要參考。採用此項工具首先需瞭解個人基本資料中的項目，究竟要測量什麼？以及為何它能預測以後的行為？此可由三個理論性的觀點來說明(Ashforth ＆ Mael, 1989; Macl, 1991)。

歐文斯觀點 歐文斯(W. Owens)認為最基本的測量定律中，最好的預測是：個人未來會做什麼，乃基於他過去做過什麼。諸如：學校中的表現、課外的活動以及與親朋同事的人際關係等，均是重要的背景經驗。

生態學的觀點 認為遺傳與環境的不同決定了個別的差異，並經由學習以適應環境，而且個人係依其需要與價值，及其對生活的信念來選擇有利的情境。由此可知，選擇會反應個人的特性。為了達成目標，選擇之後仍需再適應，個人即在選擇、發展和適應的不斷循環過程中，尋求各種能滿足其需要與價值的情境，而發展出選擇的組型。因此，可以由個人以前的各種行為來預測以後的選擇與工作表現。

社會認定理論　認爲個人有把自己和其他人歸到各種社會類別的傾向，例如：某團體的會員、宗敎歸屬、性別、年齡群等。社會歸類的功能有二：一是提供個人用系統的方法來界定他人；其次是使個人能在社會環境中定位或界定自己。根據此理論，自我概念有兩個部份：一是個人的認定(personal identity)係指個人天生和特殊的屬性，包括：生理特性、能力、心理特質和興趣等；另一個部份爲社會的認定(social identity)包括個人方面所有的自我界定，心理上歸屬於某一社會類別。由於社會認定理論認爲個人以前的各種經驗，對個人和社會的認定均有重大的影響，因而影響日後的行爲。此理論可補充生態學的觀點，對使用個人基本資料提供概念性的合理說明。

面試

此乃組織的代表(面試者)與應徵者面對面的交換資訊。面試有結構和非結構兩種方式，面試的目的有三：其一，搜集應徵者的能力、動機等資料；其二，讓應徵者對工作與組織有所瞭解；其三，應徵者也可利用面試來展現個人的才能(Heneman　III, Schwab, Fossum, & Dyer, 1989)。關於面試可由四個理論的觀點來瞭解(Eder & Buckley, 1988)。

內隱的人格理論　(implicit personality theory)：認爲每個人都有獨特的「內隱的人格」，面試者係依據應徵者凸顯出來的特質，用以聯想到應徵者是否具有其他的特質。甚至面試者會發展一種刻板的標準，用來評斷所有的應徵者。此理論可協助瞭解面試者間會有顯著差異的原因。

認知／資訊過程論　認爲資訊的處理是依照獨特的認知「基

模」(schema)，面試的資訊依此基模予以歸類和合併。此理論在探討認知的過程，從資訊的獲得、編碼、到儲存以及記憶的檢索，並說明會影響面試效度的各種資訊處理的誤差。此理論可用來瞭解面試者的判斷和其間的差異，並降低認知過程中所產生的誤差。

歸因論　此乃試著去解釋別人行為產生的原因。通常面試者使用有限的資料，將先前工作上成功或失敗的原因，歸之於個人因素或情境因素。歸因的偏差乃因面試者採用了錯誤的資料，此亦是造成面試效度偏低的部份原因。

互動論　此理論有四個基本的論點：其一，行為是個人與其情境交互活動的結果；其二，在互動的過程中，人是活動的主體，主導行為和環境；其三，情境的心理意義，對個人是重要的決定因素；其四，認知因素是個人行為的重要因素。互動論強調個人與情境因素的同等性，面試時千萬不可忽視情境的因素，例如：政治、法規、面試場地等。

測驗

個人受遺傳、環境、成熟和學習等因素影響，存在著各種差異，主要表現在生理與心理兩方面。測驗是一種有系統，採用標準化的過程來搜集資料，藉以瞭解個別差異現象的方法。測驗的編製、使用、記分和解釋等，均有一定的程序與原則。一份好的測驗必須具備效度、信度、客觀性和標準化等特性。

評估中心

此種方法是一套標準化的評估過程，首先需經出工作分析，再設計或選擇模擬狀況或測驗，然後由多位有經驗和受過訓練者

予以評估，並將各項資料有系統的整合，作成評估報告，供遴選人才之用，特別適用於管理人才的遴選。換言之，此法是讓應徵者表現工作所需技能的評估方法，採用多種遴選工具，例如：與工作相關的模擬、面試和心理測驗等。

遴選工具的效度是選用時的重要考量，研究結果雖不一致，但大體而言，評估中心、工作知識與技能測驗、結構性面試以及個人基本資料的效度較高；人格、性向、興趣和非結構式面試的效度較低；至於履歷表、推薦信函、背景調查和身體檢查的效度，很少有實證的研究。其中最常用的是效度較低的非結構式面試；評估中心效度較高，但成本亦高，以致影響其使用率；較有爭議性的工具是人格、興趣、性向等測驗(Campion, Pursell, & Brown, 1988; Eder & Ferris, 1989; Heneman Ⅲ, Schwab, Fossum, & Dyer, 1989; Landau, Fogel, & Frey, 1988; Mael, 1991; Tett, Jackson, & Rothstein, 1991)。

遴選工具各有其適用範圍與優缺點，依照羅伯森(I. Robertson)的看法，預測未來工作行為的工具可歸為三類(Robertson & Smith, 1989)：

*1.*根據過去行為預測未來，例如：個人基本資料、考績。

*2.*根據目前的行為預測未來，例如：面試、工作知識與技能測驗、人格、興趣、性向等測驗。

*3.*根據未來導向的行為預測未來，例如，情境式面試、未來的生涯規劃等。

總之，工具的選擇需考慮的因素很多，但可大略歸為組織方面，例如：職位種類、可行性(成本、時間、能力)等；工具方面

，例如：效度、信度、容易編製或取得和公平性等因素。在有衆多考慮條件的情況下，組織不再選擇最好的工具，而是應選擇「最合適」的一種或多種工具合併使用。

遴選與招募相同，基本上可分爲外部遴選與內部遴選兩種。由於招募來源不同，遴選過程亦有不同。外部遴選係遴選新進人員，通常包括下列過程：

1. 填寫基本資料，同時介紹公司的狀況。
2. 舉行初步面試。
3. 較高階層人員的面試。
4. 背景調查，如品德、資料的眞實性等。
5. 身體檢查。

內部遴選方面，由於係公司的員工，某些基本表格、背景調查、和身體檢查等，當可省略，在過程上有兩種方式：當競爭人數較多，或專業、技術與管理的職位空缺時，通常採用初步面試或測驗，然後再經較高階人員的面試；至於職等的晉陞，一般經由人評會來決定。此外，當職位空缺時，外部人員與組織內人員均可參與遴選時，其過程比照外部遴選的方式進行，惟內部人員可省去背景調查和身體檢查等程序。

遴選過程的繁簡，主要受遴選人數的多寡、對應徵者資格要求的嚴謹度以及組織任用人才的作風、職位類別等的影響。因此，組織可依據本身的狀況與需要，對遴選過程的先後順序，以及遴選過程的多寡與嚴謹性，作適當的調整。

在整個遴選過程中，接待以及對工作實況的說明，對應徵者是否願意接受組織所提供的工作，和對日後工作的滿意度，均有

直接或間接的影響。在接待方面，應注意的事項有：是否能將應徵者視為「顧客」，給予應有的尊重；遴選工具是否適當，亦即是否有效度；安排的時間是否能準時和恰當；面試者是否有足夠的能力從事面試；遴選的程序是否公開，標準是否明確等(Rynes, Bretz, Jr., & Gerhart, 1991; Smither, Reiley, Millsap, Pearlman, & Stoffey, 1993)。至於工作實況的說明(realistic job previews)，包括：工作環境、性質以及內容等，在遴選過程中，應作接近事實的說明，如此可降低應徵者的過度期望，有如「預防針」的效應，可增加爾後的工作適應與就業穩定，並提高工作滿意度和降低離職率(Vandenberg & Scarpello, 1990; Wanous, 1980)。

關於遴選過程的看法，黑瑞特(Herriot, 1989)採社會心理學的觀點，從組織與個人的關係，認為是一種社會的過程，兩者有著相互的關係，亦即組織對應徵者有期望，應徵者對組織也有期望，彼此存有「心理的契約」，當任何一方有不滿意時，就會脫離此種關係。因此，組織遴選個人，個人也要選擇組織，在招募時就得考慮雙方的配合，特別是在遴選的過程，雙方均應本著誠信的原則，不要過度膨脹，以免造成期待的偏差。

遴選者如何依據遴選所獲得的分數或結果來作決策，基本上有三種方式(Heneman III, Schwab, Fossum, & Dyer, 1989)。

跨欄式(multiple-hurdles approach)　應徵者需通過前面的關卡，才有機會參與下一關卡的遴選，認為如果缺乏這些能力或動機，將無法勝任日後的工作。

補償式(compensatory approach)　應徵者需參與所有遴選的過程，不會因某一關卡的失利而被淘汰，最後以加權總分或

總結果來遴選。

混合式(combined approach)　應徵者需通過前面關卡的基本標準，才能參與其餘關卡的遴選，最後以加權總分或總結果來遴選。此方式兼具上述兩方式的特點。

整體而言，遴選活動的內涵與過程雖有彈性，但也有一定的要求和效標，以及一些隱含的效標或因素。以內部晉陞而言，正式的遴選效標可能是年資、能力、學歷、過去的表現(考績)；但在作決策時，非正式的效標，例如：年齡、性別、社會背景、聲望、人際關係、組織的政治等，有許多實證性的研究，證實這些因素對遴選亦具有影響(Markham, Harlan, & Hackett, 1987; Ferris, Buckley, & Allen, 1992)。此外，無論是內部或外部遴選，造成遴選決策產生差異的因素，尚可由四個觀點來瞭解。技術觀點：由於工作所需智能與技術的複雜性與不確定性；控制觀點：選擇符合組織價值或社會化的人；制度觀點：依組織的認定來執行；政治觀點：組織中的利益團體、次級團體、工會等的介入(Cohen & Pfeffer, 1986)。

遴選活動在做成決策之後，得通知應徵者是否被錄取，同時將所有的資料建檔，即使未被錄取者的檔案資料，其他部門或日後也許還可使用，故不宜丟棄。

安置

　　應徵者無論經由外部或內部遴選錄取後,在任用上組織得從事安置的活動。所謂安置即是指派員工從事新的或不同的工作,包括新進員工接受初次的工作指派,或是內部員工晉陞或轉調至不同職位的工作,通常要經由一段時間的試用,使其熟悉工作的知識與技能,瞭解組織的過程、政策,進而能瞭解和接受組織的價值、規範和信念等,此即是社會化。通常可透過職前講習、公司內部的刊物、各種集會活動、工作崗位訓練等方式來進行。

　　社會化是一種持續不斷的過程,從心理學觀點,有效的社會化是新進人員能改變一些基本的態度與信念,是對組織的內在承諾,而非僅歸順於它。許多研究顯示,有效的社會化對個人與組織均可導致正面的效果。在員工的態度方面,包括:工作滿意度、內在動機和工作參與等;在行為表現方面,包括:降低離職率,對例行指派的工作較有績效,較樂於從事非本份職責的工作、創新與同事合作等(Baker III & Feldman, 1991)。

　　社會化過程分法並不一致,魏納斯(Wanous, 1980)以整合的方式提出四個階段:

　　　*1.*面對和接受組織。
　　　*2.*獲得角色澄清。
　　　*3.*在組織的環境中安身。
　　　*4.*體會成功社會化的結果。

由此可知，社會化的過程需要時間，新進員工在短時間內不易由外在的接受步入內在的承諾，但由內部晉陞或轉調的員工，則可節省部份社會化的時間。

經由試用階段之後，個人能適應組織，組織認爲個人能勝任工作，且符合組織的規範，在雙方都滿意的情況下，即具備正式任用的條件，然後正式的指派工作。

任用經由招募、遴選、到安置，這一連串的過程與活動，其效果如何，得從事任用的成效分析，包括雇用一個人要花多少經費，應徵者從申請到安置要花多少時間，從錄取到正式指派工作人員的比例，員工的離職率、缺席率，員工與主管的滿意程度，以及工作績效、工會抗議活動和法律訴訟等。至於分析時，可針對整個過程，也可將各個過程分開來分析；也可針對不同的招募方法、或遴選工具來分析；亦可依不同職位類別來分析。透過成效分析的結果，可作爲下次任用改進的依據。

結語

本章主要從個別差異，以及個人與組織的配合，依時間發展的先後來探討任用的理論基礎，其次從整體性與策略性的觀點，說明任用與人力資源規劃以及經營策略的關係，最後提出任用的模式，並分成招募、遴選、和安置三個部份加以探討。

由於任用的體系龐雜，牽涉的因素又多，加上組織間的狀況與條件差異性頗大。因此，本章僅探討一般的狀況，未能顧及不同狀況的說明或比較，主要以學理的探討爲主，實務的運作爲輔

，偏重整體性的探討，未能針對某一部份或方向作深入的分析。

經由本章的探討，提出值得思考與進一步研究的問題：

1. 在經營策略與任用的關係上，對經營策略的定義應加以釐清；管理人員的能力和特質，與不同經營策略的關係，需有進一步的研究。

2. 應發展較精密和有效的遴選工具，目前國內這方面的研究不多，如陳彰儀(民78)從事情境式面試研究，宜再增加其他工具的研究，如個人基本資料等。

3. 招募方法的探討，可針對不同招募來源、不同產業和不同職位，該如何選擇適當的招募方法來探討。

4. 可探討國內員工對晉陞的看法標準如何，及其決策過程。

5. 在個人與組織的配合上，宜針對進入組織前、目前的工作和未來的生涯發展來探討兩者的配合。

6. 對整個任用過程宜作泛文化的比較與分析；並探討中國人特有的行為和思想，例如：人情、面子關係等，對任用過程的影響。又如李長貴(民77)的研究，認為可從美日的作法，擇其優點，發展出適合國內使用的模式。因此，任用的本土化研究，是未來努力的目標。

本章提出的任用模式，可瞭解任用過程中各項活動的關係，並作為任用的參考。如果公司規模小、條件不足，亦可作為努力的方向。在實務上欲使任用做得好，除時間與金錢的花費外，應由受過專業訓練者來從事，開始時可先選擇重要的職位，依本章所提模式的過程來做，然後再逐步推展；招募時宜認清對象何在，再決定採用的方法；當勞工不足時，寧缺勿濫，否則經濟不景

氣時，易造成管理上的問題；安置中的職前講習，不可流於形式，該用心安排，踏實去做，以達社會化的目的。

個案研討

任用個案一：雄大電腦股份有限公司

公司背景

雄大電腦實業股份有限公司為一家上市國資公司，成立於民國七十三年，現有員工一千五百人，資本額新台幣二十億四千萬元。公司之產品以筆記型電腦、桌上型電腦、自動處理機和光學閱讀機為主。產品行銷全球五大洲六十八國。

為有效掌握資訊並支援產品服務和擴展業務，過去十年來，分別在美、德、英、法、南非及東南亞各國陸續成立分公司或辦事處；五年前也在大陸成立華南、華北和華中分公司，短時間內公司已成為大陸地區筆記型電腦知名廠商，營業額僅次於日商東芝佔第二位。內銷方面，在品質受肯定和有效行銷策略配合之下，經銷商數量已達三百二十家，除加強經銷商訓練和技術支援外，於總公司研發處成立系統業務部，負責政府、企業等大型專案之規劃和執行。除桌上系統之外，公司已成為國內筆記型電腦的領導品牌。

爲了兼顧營運成長及獲利率，公司訂定了「三：六：一」的產品銷售策略，即三成來自自有品牌，六成來自OEM產品，一成來自ODM產品，主要OEM客戶爲HP和SHARP。產能方面現有兩條SMT(Surface Mounting Technology)生產線，每月生產五萬台，高雄廠擴建後增爲四條SMT 生產線，每月產能可達十萬台。去年營業額爲新台幣一百七十五億元，每股稅前盈餘三點四五元；今年擴廠後年營業額可達二百三十二億元，每股稅前盈餘三點六七元。堅持「不斷突破，不斷創新」的經營理念，每年均維持營業額之百分之三點五於研發費用上，以提昇產品之品質和創新。無疑地，公司將朝更挑戰性的二十一世紀邁進。

　　公司採扁平化組織，以精簡人力且提昇效率。總公司位於台北，設有海外事業處、研發處、物料採購處、人力資源處、財務處、業務處等單位。業務處下設國內、外業務部，國外業務部負責國外業務，國內業務部以地區別，在台北、台中、高雄三區設立辦事處，其下有三百二十家經銷商；工廠分別設於高雄和新竹，爲兩個事業部門；海外事業處負責子公司之聯繫與管理。人力資源處依功能設任用、薪資、勞資關係和人力資源發展課，並於高雄、新竹兩事業部分別設立人力資源執行單位。公司組織如下圖所示。

經營策略

　　外部環境之機會方面，資訊產業爲我國提昇國家競爭力之關鍵性產業，全球電腦需求大幅成長，台灣擁有高素質的科技人才和管理專家，交通、電訊和全球服務之基礎設備完善，產業垂直分工完整；無論就政府政策、科技水準、人力資源、經濟發展等

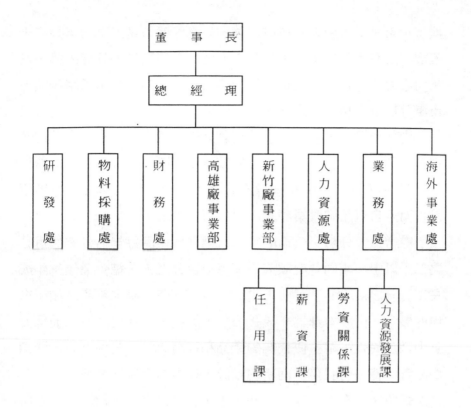

雄大公司組織

因素，公司擁有許多外部環境之機會。

　　外部環境之威脅方面，公司面臨鄰近日本、韓國之強勁的競爭對手。國內同業產能急速擴充，易造成削價競爭。智慧財產權不受重視，產品生命週期甚短；國內工資過高不具國際競爭力；而且資訊產業易受經濟景氣影響，以致企業決策風險甚高。

　　內部環境之優勢方面，公司是一家自動化程度很高的公司，

擁有一百多位研發人員形成堅強的研發團隊；員工平均年齡二十五歲，具有衝勁且未雇用外勞；人性化管理和員工分紅入股，員工向心力強，且已形成良好的企業文化；國內外行銷通路暢通，市場分散且產銷配合良好。

內部環境之劣勢方面，公司產品線廣度不足，單一產品比例過高；資金不足且金融操作能力較差；國際行銷人才缺少；關鍵性零組件LCD、CPU和硬碟機自國外進口，成本與交貨控制不易；而且自有品牌營業額比率只有百分之三十。

綜合以上分析，公司的經營目標為新產品每年佔營業額百分之二十以上，國內營業額成長率每年百分之十，總營業額每年成長率百分之二十。產品與市場採前瞻性策略以尋求新產品和新市場的機會。由於本身為一成長公司，開創重於獲利。組織競爭優勢則採差異化策略，使企業的產品和服務與競爭對手不同，強調高品質、特別的服務、創新的設計，以提高市場佔有率。

總體經營層次採成長策略，重視產量擴充、行銷地區擴充與產品垂直整合。國際管理採本土化策略，鼓勵子公司發展當地特色，掌握變動的國際環境，創造行銷和研發之利基，以提高每年外銷金額。

綜合前瞻性、差異化、成長性和全球本土化策略，追求新產品和新市場的機會，經由研發與創新活動獲致差異化利益，發展全球各地不同需求之產品與服務，追求未來長期的成長，較不強調短期的獲利。

公司的任用

公司的企業識別體系為一個雙人頭標誌，是公司企業文化的

表徵，代表高人一等的產品、研發和市場行銷。由於人力資源管理與企業文化相互呼應，構成公司團隊、智慧、創新和人性的特色。茲從直接員工、間接員工、主管和海外子公司人員等方面，說明公司的任用。

直接員工的任用　直接員工的招募以外部來源為主。由於大環境基層勞工之供給仍然不足，招募來源以學校、員工推薦、仲介公司協助為主。招募方法為在校園、公車、鄉鎮看板張貼求才廣告，同時以建教合作方式獲得部份基層勞工。由於工廠均位於純樸的農村附近，婦女就業人力豐沛，且公司的工作環境優於其他公司，作業員工招募並不困難。

作業員工的初步遴選由人力資源部門負責表格的填寫，並由人事專員做初步面試，再經用人單位課長面試。兩次面試之遴選標準採消極能力要件，亦即刪除體格不適合、行為異常、頑劣凶暴等應徵者。面試合格的應徵者由人力資源部門安排健康檢查，合格之後呈報部門經理核准即可錄用。

作業員工需接受三天的職前訓練，試用期為四十天，依勞工的特性安置工作。高職畢業且擁有基本技能的勞工安排於測試站，年輕且手腳靈活的勞工則安排於輸送帶的插件工作，年紀大的勞工則安排於生產線外搬運或加工作業站。

為鼓勵作業員繼續任職，能力高且資深的作業員可晉陞為全能工，全能工除協助製作報表、領材料之外，並需遞補生產線員工請假之工作，以免影響生產線之正常運轉。生產線的最基層主管為領班，領班一律由全能工晉陞，因為公司認為內部晉陞方式可以培養基層員工之團隊意識，進而降低員工的離職率。直接員工最渴望有機會晉陞為間接員工，公司也提供全額獎學金，鼓勵

作業員就讀二專夜間部或進修專校，作業員在取得專科學歷後，透過內部人評會評核，有機會晉陞為間接員工。因此領班不是直接員工最後的晉陞職位，直接員工經由年資、在職進修、工作績效，亦可以晉陞公司重要職位。暢通的陞遷管道使公司不需引進外籍勞工，仍能維持業務量所需的直接員工人數。

間接員工的任用　間接員工包括技術員、工程師、事務員等人力，除少部份由直接員工透過人評會遴選晉陞外，招募來源包括：學校和同業。招募方法大部份透過媒體廣告、青輔會推薦、配合大專院校畢業活動舉辦求才說明會，也接受員工推薦和自我推薦等方法。由於間接員工來源充足，招募尚稱順利。

間接員工的遴選分兩個階段實施，第一階段由人力資源部門主導，智力測驗達九十分以上，學經歷符合職務所規定之標準，且個人屬性和一般印象均合乎公司基本需求者，即可參加第二階段之遴選。第二階段由部門經理和課長組成二至三人遴選小組，應徵者需接受測驗和面試。測驗根據職務需求，由用人單位決定測驗科目，以瞭解應徵者的專業知識和能力，總分為一百分；面試以自由交談方式進行，考核項目包括：團隊精神(百分之二十)、在校成績(百分之十五)、穩定性(百分之十五)、積極進取(百分之十)、勤奮(百分之十)、誠實(百分之十)、外語能力(百分之十)和領導能力(百分之十)，總分為一百分，測驗和面試成績總計二百分，依成績高低決定任用之順序，並擬定備取人員的名單。兩階段遴選合格後，呈報協理核准後才能聘任。報到前需繳交身體檢查合格表。間接員工之職前訓練由各用人單位自行規劃，必要時委請外部機構做短期的訓練，試用期為三個月，依該期間之表現決定是否聘任為正式員工。

由於公司為一高科技公司，在任用條件中特別重視員工之外語能力、忠誠度、穩定性、專業基礎能力和本公司現有人員技術之互補性等。期望透過新血輪的加入，對未來新的研發與行銷拓展能有所助益。

　　有經驗的技術員離職率較高，跳槽到其他公司之情況很嚴重，人力資源單位提出的因應策略，係透過工作輪調方式，豐富其工作內容。公司對研發人員、品管或製造工程師之間做水平調動，除考慮培養未來主管，也避免技術斷層造成公司之損失。另外，公司也採取員工入股分紅方式，包括每年增資中百分之十五由員工認股，員工任職期間不得轉賣公司股票，員工也是股東，員工與組織形成利益共同體，慢慢地培養了良好的企業文化。

　　主管的任用　公司主管級職務以內部晉陞為主，過去三年來，百分之九十以上的主管均由內部員工晉陞，儘量減少空降的可能性，這是公司維持人性管理及和諧的企業文化的重要因素。晉陞來源通常由主管推薦，方法有公佈職位空缺，接受員工自我推薦，或從人力資源處建立的人才庫查詢。

　　各部門經理和協理組成人評會遴選主管，評分項目包括：過去三年考績(百分之三十)、領導能力(百分之二十)、團隊能力(百分之十)、外語能力(百分之十)、協調能力(百分之十)、規劃能力(百分之十)和組織能力(百分之十)等，滿分一百分，合格分數為七十分。人評會評選結果呈報總經理核准後，即正式指派擔任主管的工作。

　　培養主管人才是一項困難的工作，公司採用主管——幕僚——主管的輪調制度，做為培育主管的方式，且由人力資源處建檔，並配合公司政策做員工生涯規劃。對於行銷、研發主管必要時

也有輪調機會，以維持研發人員具有市場的敏感度和行銷人員對產品的熟悉能力，這些輪調方式皆可增廣研發和行銷人員的視野。明顯地，高科技公司的主管在研發和行銷功能上扮演較重要的角色，對於其他部門例如：製造、品管、管理等適當人選，也不排除在職務上做水平的調動。因此，公司主管的離職率每年均低於百分之三，有助於公司目標的達成。

公司的主管幾乎由內部晉陞，這方面和其他高科技公司之主管經常以外聘或挖角方式聘用有明顯的不同。總經理雖然認為主管由內部晉陞對公司創新或有不利影響，也較易形成封閉式的思考模式，但仍排除萬難，透過員工不斷的學習與訓練，消除主管由內部晉陞的缺點。當然，總經理在推動任何組織變革時內部阻力很小，顯然主管觀念與決策方式並未老化，這是公司能維持內部晉陞制度的最大理由。

海外子公司人員的任用　公司為一家中型企業，在國外設有六十八個辦事處或子公司，為達到國際企業本土化之目標，總公司希望子公司以任用當地人員為主，而子公司負責人由總公司就現有員工中擇優升任。公司國際行銷人員非常不足，造成總公司內部晉陞政策很大的挑戰。早期派任國外負責人往往因能力不足、語言障礙，或業績不佳而離職，造成海外子公司業務失控，或人才斷層之現象。總經理乃決定海外單位增設本國籍副主管，如此，國外管銷費用增加許多，但問題並未獲得改善而且造成正、副主管工作上之摩擦。無疑地由內部遴選海外單位負責人的政策正面臨嚴酷的考驗。

總經理曾聘請三位大學人力資源管理教授對公司進行診斷，教授們提出海外子公司人員任用的兩個可行方案，第一個方案是

海外子公司人員可考慮外聘人選，甚至可任用外籍人士擔任，對國際市場的開拓較有幫助；第二個方案是維持公司內部晉陞的傳統，自行培養海外子公司人才，但需於總公司增設海外事業處，負責子、母公司間的協調與管理，同時海外人員恢復只派一位負責人即可。

總經理爲貫徹公司內部晉陞的政策，選擇了第二個方案，自行培養國際子公司人才且增設海外事業處，明確地劃分總公司與子公司的權責，使海外子公司也接受總公司適當的管理，而子公司在授權範圍內發展本土化策略。公司也擬定海外子公司人員任用辦法，由總經理、副總經理、協理和人力資源經理組成遴選小組，並於總經理室增設專案經理若干名，由部門經理調任，賦予專案經理工作，以瞭解公司整體運作，並長期接受外部訓練機構研發、行銷和外語訓練。海外子公司出缺時，由遴選小組依專案經理人員之平時表現，考核其外語能力、領導能力、國際行銷能力、健康情形、國際觀、社交能力等因素，選派適當人員晉陞爲海外子公司負責人。

三年來，由於海外子公司人員任用方式制度化，海外人員的素質提昇很多，且總公司與子公司協調管道暢通無阻，子公司人員之工作士氣大爲提高，同時取消副主管的職務，公司的人力成本也降低許多，更重要的是維持公司海外負責人由內部晉陞的政策。以美國子公司爲例，一位總公司派駐之負責人外，其餘八十位均爲美國籍員工。

無疑地，公司是以國內中小企業傳統任用觀念管理國際企業活動，但經營策略卻符合高科技產業的特性，而其任用方式與一般高科技產業採能力主義或挖角方式有所不同，而員工的向心力

、繼續改進和學習動機已成爲公司的重要資產。

當公司由中型企業邁向大型國際企業之際，爲因應內外在環境的變遷，公司的經營策略和任用模式，如何透過組織成長與變革，發揮人力資源綜效，答案不在教科書中。誠如公司人力資源經理的分析，成長中的雄大公司，正面臨更大的挑戰，公司的經營策略與任用模式不可能一成不變，公司正以台灣企業文化爲主體，參考美、日高科技產業的經營管理方式，試圖建立公司邁向國際大型企業的獨特任用模式。

問題討論

1. 依雄大公司背景和內外在環境，其任用是否能配合經營策略作有效運作？

2. 中小企業轉型爲國際企業，由內部人員晉陞爲部門主管和海外子公司負責人，試分析此種任用方式之利弊？

3. 高科技公司不同層級的人員，其招募的來源、方法和遴選方式，與傳統企業應有何不同？試討論之。

任用個案二：高欣電子股份有限公司

　　高欣公司為一家上市半導體公司，成立於民國六十八年。近年來，由於台灣高科技產業蓬勃發展，研發人員被同業挖角非常嚴重，特別是新進人員第一年內離職率高達百分之三十八，影響研發工作之進行。總經理察覺事態嚴重，於是召集人力資源和研發部門兩位經理，探討新進人員離職原因，並謀求解決的對策。

　　研發部經理認為公司的任用制度有待改進，人力資源部門為了招募過程順利，經常提供誇大不實的廣告，只提供公司正面的資訊，對公司或工作負面的資訊未能完整地提供給應徵者，甚至對應徵者薪資、福利和陞遷機會均誇大其詞。這些未具誠信的招募資訊，使新進員工任職後，產生期望與實際的落差，是新進人員離職率高的主要原因。

　　人力資源經理認為招募過程中，最後任用的決策者為研發部經理，該部門只考慮應徵者的專業技術能力，未能將應徵者的團隊合作、穩定性等做為任用決策考慮因素，甚至人力資源單位提出應徵者任職後可能有不穩定的訊息，研發部門也未予重視，這種僅以專業技術能力做為任用的標準，亦是新進員工離職率高的主要原因。

　　經過冗長的討論後，總經理裁示人力資源部門在招募過程中應儘量公開正確的資訊，避免與應徵者產生認知上的差異；研發部門除重視應徵者的專業能力外，也應考慮其他因素；同時指示以後新進人員試用合格後需簽約兩年，簽約的員工每月薪資提高三千元，沒有意願簽約者不予考慮任用為正式員工。

問題討論

1. 在招募過程中，人力資源部門對應徵者提供正確的資訊，是否可降低新進人員的離職率？為什麼？
2. 任用決策考慮因素除專業能力外，還應考慮那些因素？這些因素如何在面試過程中測知？
3. 公司以簽約方式防止新進人員離職，其利弊為何？

8

績效評估

■績效評估為何是人力資源管理的核心？

■績效評估如何配合經營策略？

■如何建立員工的工作績效指標？

■為了控制用人成本，如何決定員工的考績？

■主管在評定部屬考績時，為何會有偏差？

■部屬會如何塑造自己的形象，企圖影響考績？

■主管與部屬進行績效評估面談的用意何在？

企業要在競爭的經營環境中生存，並取得優勢，必須有效的掌握經營績效，此乃有賴組織控制活動的發揮。績效評估即爲其中重要的方法和工具，亦是人力資源管理的一項功能，並與人力資源管理的其他功能有密切的關係，有著核心的地位和功能。換言之，績效評估的良窳，將影響人力資源管理的整體表現。

　　績效評估是一種過程，是組織用來衡量和評鑑員工某一時段的工作表現，與協助員工的成長。評估的結果可作爲薪酬、職務調整的依據，提供員工工作的回饋，決定訓練的需求，用以改進工作和規劃生涯，以及協助主管瞭解部屬等。由此可知，績效評估做得好，可以增強員工工作動機，提昇員工自尊，員工更能瞭解自己和其工作，有利於主管與部屬間的相互瞭解和溝通，以及組織目標將更爲清楚和被接受等。這些效果對企業的發展與個人的成長，均有正面積極的作用。

　　如果績效評估做得不好，會導致員工的離職、自尊心受損、工作動機低落、與主管的關係惡化以及時間與金錢的浪費等不良的後果，對企業與個人均是潛伏性的危機，隨時都有爆發的可能，怎能不加以重視(Mohrman, Jr., Resnick-West, & Lawler, 1989；張火燦，民82)。

　　爲了對績效評估作較爲深入的探討，本章擬分成三個部份加以說明：

　　1.績效評估的演進。
　　2.績效評估與人力資源規劃的關係。
　　3.績效評估的模式。

時　　　間	1920	1930	1950	1960	1970	1980	1990
重要組織理論	科學管理→人群關係→ 系統理論→權變理論———————————————→						
重 要 事 件	美 研 國 究 陸 軍	杜拉克(1954)　肯德與史密斯(1963) 藍迪與華(1980) 麥克里格(1957) 公民權利法案(1964)					
評 估 方 法	主觀評估 (特質)—————————————————————→ 　心理計量———————————————————→ 　　目標管理—————————————————→ 　　　行為定向量表———————————→ 　　　　評估者認知過程———————→						
評 估 目 的	行政————————————————————————→ 　　發展與諮商——————————————→ 　　　政府法規————————————→						

表8-1

績效評估的演進

績效評估的演進

　　工業上使用績效評估可能始於十九世紀初期，由歐文用於蘇格蘭的棉花廠。正式的績效評估則可能是卡斯(L. Cass)將軍於一八一三年用於陸軍。

　　廿世紀初時，績效評估系統主要用在軍中和政府機構，到第一次世界大戰後，工業界才普遍的用來評估員工，直到第二次世界大戰後，才廣泛的應用於管理人員的評估。

　　績效評估的演進過程深受組織理論以及重要事件的影響，在評估的方法與目的上，均有所不同，如 表8-1 所示 (DeVries,

Morrison, Shullman, & Gerlach, 1986)。以下即依據組織理論發展的先後,加上重要事件來說明績效評估的演進狀況。

　　績效評估在講求科學管理之前,大多以主觀的方法來評估,例如:評估人格特質,有正直、合作、創新、忠誠等,作為行政上報酬的依據。隨著組織重視科學管理,強調組織內部的有效運作,透過觀察與實驗的方法,找出最佳的工作途徑,並訂出客觀的績效效標與標準,因而促使績效評估的方法漸趨客觀與細緻,再加上心理測驗的發展,例如:「美國陸軍甲、乙種量表」等,使評估的方法朝心理計量的方向發展。

　　人群關係的組織理論起於一九三〇年代前後,至六〇年代左右,將研究的重心由組織「結構」轉向組織中「人」的因素之探討,偏重員工行為與非正式組織的研究,重視員工在組織中的互動和參與。杜拉克(P. Drucker)受此學派的影響,於一九五四年即提出「目標管理」的理念,強調主管與部屬共同合作與協商的重要,此是一種經營管理的工具,亦影響日後採用目標管理作為績效評估的一種方法。麥克葛里格(D. McGregor)於一九五七年提出「Y理論」,對人性持性善的觀點,認為人可以從工作中獲得滿足,當其對工作目標有所體認時,即可自動自發的擔負起使命。因此,管理者應提供員工成長的環境,發揮其潛能,滿足其需要,進而達成組織的工作目標。此種論點,支持了目標管理的方法,而且麥克葛里格亦於一九五七年,首先提出績效評估可作為員工諮商與發展之用的主張。

　　由於科學管理與人群關係學派的組織理論均有所偏,因而在一九六〇年左右,學者主張組織的研究應兼顧兩者之長,同時注意組織與外在環境的關係,使得組織理論有新的面貌,進入系統

理論的探討，兼顧組織靜態與心態的層面，正式組織與非正式組織，以及組織目標的達成與成員需要的滿足等。換言之，組織不僅在探討員工個人或群體，而且要包括員工間、員工與組織、組織與環境間的關係。

受系統理論的影響，對目標管理的理論有著重大的衝擊。目標管理採用了許多系統理論的觀念與方法，講求整體的思考與運作，對日後目標管理方法的推動貢獻良多。此外，肯德和史密斯(L. Kendall & P. Smith)一九六三年提出的「行為定向量表」(Behaviorally Anchored Rating Scales-BARS)，用以評估員工的工作行為，此可改進心理計量的缺失。美國於一九六四年通過公民權利法案，在績效評估方面，除考慮公正、公平等的問題之外，其結果可作為新進人員的雇用、員工的晉陞、解雇等的依據，以免遭到訴訟。

由於組織中的變項會相互影響，加上外在環境的變化與衝擊，使得組織及其管理在面對許多「不確定」的狀況或條件時，必須視實際的狀況，設計和應用「最適當」的方法，而非找尋「最佳的方法」。因此，自一九七〇年以來，權變理論即為組織理論的研究重點。展望目前及未來的環境，變化更加劇烈與快速，也更加的不確定和不連續，以致更需具備權變的能力，方能有效的從事企業管理。

績效評估因權變理論的發展，應用權變的概念與精神，同樣須隨著環境的變動與需要而有所因應，在評估目的與方法上更為靈活，以充分發揮其功能。藍迪與華(F. Landy & J. Farr)於一九八〇年提出比較有結構，重視評估者認知過程的績效評估架構，對促進評估的正確性頗有助益。

組織理論對績效評估目的與方法的影響，從美國的發展狀況得知，通常約晚廿年左右。而且過去的評估方法與目的，均沿用至今，新的並非取代舊的，而是累加進來，並隨著時代的需要，不同方法與目的所佔的比例或重要性有所不同而已。評估的目的、方法、重要事件等，尚有很多，本節僅述及美國發展狀況中較爲凸顯的部份，以及大致的發展經過，希望能由瞭解過去的脈絡中，針對目前與未來的環境，尋得更好的發展方向。

績效評估與人力資源規劃的關係

　　人力資源規劃是人力資源部門的首要工作，亦即人力資源管理中的各項功能，例如：績效評估、任用、薪酬、人力資源發展和勞資關係等，在實際作業前需先經由人力資源的規劃，從整體性和策略性的觀點將各項功能予以整合，並與經營策略相配合以發揮綜合的效力，其間的關係如圖 *8-1* 所示(張火燦，民81b)。

　　由於績效評估是人力資源規劃中的一部份，並在規劃中與經營策略、以及人力資源管理的其他功能相整合，彼此間是相互關聯的，其中經營策略與績效評估的關係，如圖 *8-2* 所示。

　　當經營策略制定後，可分析出達成經營策略的重要成功因素（critical success factor），亦即達成經營策略的重點工作項目。績效評估乃依據成功因素擬出評估的效標與標準，並發展出評估系統。績效責任即在確定達成效標的責任歸屬。由此可知，經營策略與績效評估有先後的關係，在組織其他各部門的相互配合中，藉以達成或者維持競爭優勢（Schneier, Shaw, & Beatty,

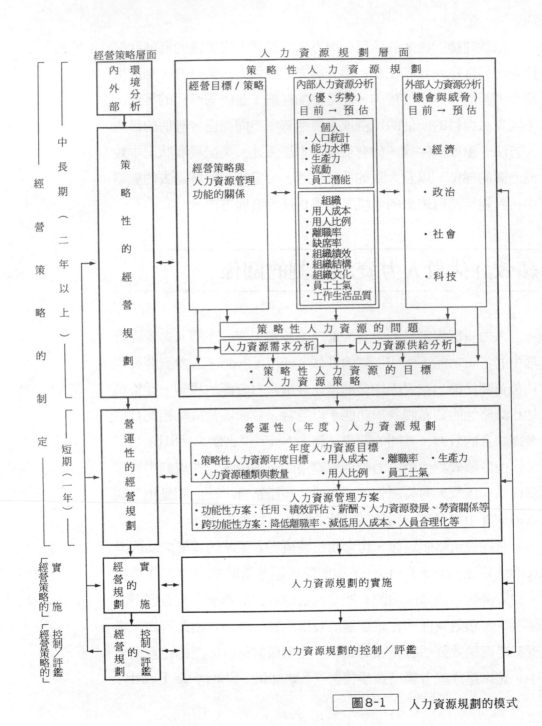

<table>
<tr><td colspan="2">經營策略層面</td><td colspan="3">人 力 資 源 規 劃 層 面</td></tr>
</table>

| 經營策略層面 | 人 力 資 源 規 劃 層 面 |

內外部 環境分析

策略性人力資源規劃

經營目標/策略

內部人力資源分析
（優、劣勢）
目前 → 預估

外部人力資源分析
（機會與威脅）
目前 → 預估

策略性的經營規劃

經營策略與
人力資源管理
功能的關係

個人
・人口統計
・能力水準
・生產力
・流動
・員工潛能

組織
・用人成本
・用人比例
・離職率
・缺席率
・組織績效
・組織結構
・組織文化
・員工士氣
・工作生活品質

・經濟

・政治

・社會

・科技

策略性人力資源的問題

人力資源需求分析 ⟷ 人力資源供給分析

・策略性人力資源的目標
・人力資源策略

營運性的經營規劃

營 運 性 （ 年 度 ） 人 力 資 源 規 劃

年度人力資源目標
・策略性人力資源年度目標 ・用人成本 ・離職率 ・生產力
・人力資源種類與數量 ・用人比例 ・員工士氣

人力資源管理方案
・功能性方案：任用、績效評估、薪酬、人力資源發展、勞資關係等
・跨功能性方案：降低離職率、減低用人成本、人員合理化等

經營規劃的實施

人力資源規劃的實施

經營規劃的控制/評鑑

人力資源規劃的控制/評鑑

中長期（二年以上）

短期（一年）

「經營策略的」實施

「經營策略的」控制/評鑑

經營策略的制定

圖8-1　人力資源規劃的模式

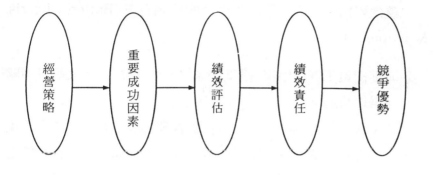

圖8-2

績效評估與經營
策略的關係

1991)。許多企業的經營策略可能不夠明確,此時可依其經營目
標或重點來擬定成功因素。

經營策略的類型有各種不同的分法,如依生命週期來劃分,
有開創期、成長期、成熟期和衰退期的經營策略;如依產品與市
場的變動率來劃分,有防衛型、前瞻型、分析型等的經營策略(
Miles & Snow, 1984a):如依企業欲取得競爭優勢來考量,則
有創新經營策略、提高品質經營策略和低成本經營策略等類型(
Schuler & Jackson, 1987)。經營策略不同,對績效評估的含意
與做法也就有所不同,其差異主要在評估效標與標準的衡量上。

在分析與決定成功的因素,以及經營策略對績效效標或標準
的含意後,用來擬定效標與標準的主要向度有:

*1.*長期或短期的目標。

*2.*以個人、團體、部門、或公司為單位的績效。

3. 著重結果或過程的評估。

4. 與同行業競爭者或與自己過去的績效作比較。

績效評估需與經營策略相整合的原因有三(Butler, Ferris, & Napier, 1991)：

1.促使員工表現出經營策略所需的行爲與結果，使經營策略得以實施。

2.績效評估可協助其他人力資源管理功能的推動，主要爲策略性資料的獲得，如目前員工的能力，未來需要何種能力的人員等，以利經營策略的推展。

3.績效評估可瞭解公司人力資源的優缺點，作爲擬定新經營策略的參考。

雖然兩者需整合的理由非常充分，事實上，卻不易達成，失敗的原因很多(Schneier, shaw, & Beatty, 1991)，主要的有：

1.績效的效標與標準大多未能依據經營策略來擬定。

2.管理人員不認爲績效評估是其責任。

3.評估員工的績效通常是有困難的。

績效評估的重要性無庸置疑，但在經營策略的規劃、實施、與控制／評鑑的過程中，均容易被忽略，特別是規劃時。目前在績效評估的探討上，大多限於學理的架構，甚少有實證性的研究，因此，仍有待進一步的努力。

績效評估的模式

績效評估的模式如 圖8-3 所示。績效評估是人力資源規劃中

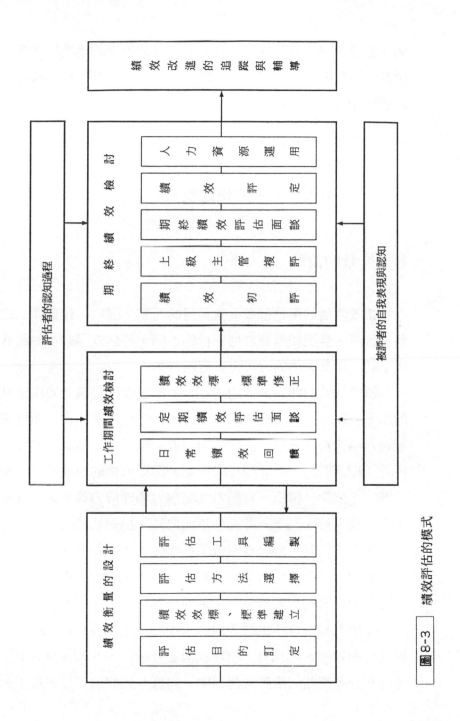

圖8-3　績效評估的模式

的一部份，與經營策略以及其他人力資源管理的功能相結合，是規劃中的首要工作，其間的關係已說明如上。以下針對績效評估的過程加以探討，說明如下：

1. 績效衡量的設計。
2. 績效檢討與改進。
3. 評估者與被評者的認知過程。

績效衡量的設計

績效評估的用途很多，就其目的而言，通常可作為員工的加薪、晉陞、發展和解雇之用。目的不同，評估效標的重點跟著有所不同，而其評估的方法也會有所差異。

績效的效標即為評估的內容，至於標準則是績效效標應達到的水準。在績效的效標方面，一九四〇年代之前，由於領導理論強調人格特質，著重一位成功的領導者應具備何種人格特質，有所謂「偉人理論」，受此理論的影響，即以人格的一般特質與能力，例如：創意、積極、判斷力、洞察力和理解力等，來評估管理與非管理人員。到了一九五〇年代之後，由評估成功的員工應具備何種人格特質，轉而重視員工應該做什麼和完成什麼，此即重視員工的工作行為與結果。換言之，評估重視的是績效評估期間，個人所從事的活動或表現出來的行為，以及工作上的產出。

採用人格特質作為績效效標的優點，是在區分員工的表現是否具有績效時，它具有一般性或稱之普遍性，亦即擁有某項特質，可在許多不同的活動或行為中，同樣有良好的工作表現；另外

，認爲一項工作行爲通常係受多項人格特質的影響，因此，具備了某些人格特質，即可預測其工作行爲。其間的關係是具備某些人格特質，可以產生有效的行爲，而有較好的工作績效(Wexley & Klimoski, 1984)。

主張以工作行爲當作績效效標的理由有（Wexley & Klimoski, 1984）：

1.可以用來說明較複雜的工作。
2.與員工的實際工作有較直接的關係。
3.比以人格特質來衡量，較不會含混與主觀。
4.比以結果來衡量，可減少非員工所能控制的因素。
5.可以包括與成本相關的衡量。
6.明確說明工作上所需的行爲，可降低員工的角色模糊。
7.提供明確的績效回饋與目標設定，可使主管與員工討論其優缺點較爲具體。

至於主張以工作結果作爲績效效標的理由，認爲以人格特質或是工作行爲來評估，都會牽涉到評估者的判斷。事實上，有許多工作可以直接獲得績效資料，不需要透過評估者的認知過程來取得。其次，高階主管或與公司利益有關者，例如，股票持有者，較關心公司的營運狀況，例如：投資報酬率、生產力等。因此，主張管理者與非管理者均需依工作結果來評估其績效(Wexley & Klimoski, 1984)。

不同的績效效標各有其所持的理由，究竟該如何作選擇，歐奇(Ouchi, 1977, 1979)在探討組織控制時，曾根據知識轉換過程的完整性，亦即工作行爲的掌控程度以及衡量工作產出的能力，

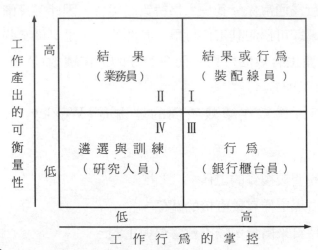

圖8-4

李 (Lee) 的工作類型
與績效效標的關係

亦即工作產出的可衡量性，由此兩個向度構成四種情況，建構其選擇工作行為或產出作為組織控制的方式。李 (Lee, 1985) 即依據歐奇的架構，應用於績效效標的選擇，四種工作類型與績效效標的關係，如圖8-4所示。

　　當工作行為的掌控性，以及工作產出的可衡量性均高時，屬類型Ⅰ，其效標可採用工作的結果或行為來衡量，例如，裝配線上的員工。類型Ⅱ，當工作行為的掌控性低，但工作產出的可衡量性高時，應以工作結果為效標，例如，業務員。類型Ⅲ，當工作行為的掌控性高，但工作產出的可衡量性低時，則以工作行為當作效標，例如，銀行櫃台員。類型Ⅳ，此乃工作行為的掌控與工作產出的可衡量性均低時，例如，研究人員，由於工作不確定，效標的建立不易，故人員的遴選與訓練就顯得格外重要，至於效標則可採用一致性認同的方式來建立。由圖8-4可明顯的看出

，李(C. Lee)仍然從組織控制的觀點著眼，僅論及與工作有直接相關的行為和結果的效標。事實上，人格特質的效標也有其優點，是不容忽略的。

　　績效的效標可依工作類型來選擇，主要採用工作行為或結果為效標，前者著眼於工作過程，後者是其產出。考慮的向度除工作行為的掌控性，以及工作產出的可衡量性外，當工作行為的明顯性不夠，或觀察的機會與能力不足時，亦以結果為效標較為合適，但若全以結果來評估，在情境無法控制，例如：預算、經濟不景氣、材料等問題，以及在可能獲得短期利益，卻會傷害公司的長期利益等情況時，就不宜採用結果為效標。此外，管理人員的領導風格也有密切的關係，例如：重視Y理論者，會偏向以結果為效標，重視X理論者，會偏向以行為當作效標，這些均會影響效標的選擇。

　　至於績效標準的建立，通常可與自己過去的表現，或與同行業競爭者作比較，也可採用客觀的科學方法，例如，作業研究的方法等。無論採用何種方式來建立，均需經由討論獲得共識後形成。

　　總之，在建立績效的效標與標準時，不宜一成不變，應隨實際的狀況與需要而有所更換。換言之，不要採用單一和固定的效標，應用時可調整人格特質、行為和結果三種效標所佔的比例，而標準則可隨時段而有所不同，惟有靈活的加以運用，才能發揮效標和標準的功用。

　　在績效的效標與標準設定後，接下來是選擇評估的方法與編製評估工具。常用的評估方法有排序、交叉排序、配對排序、強迫分配、敘述或評語、圖表評等、重要事件、行為定向、目標管

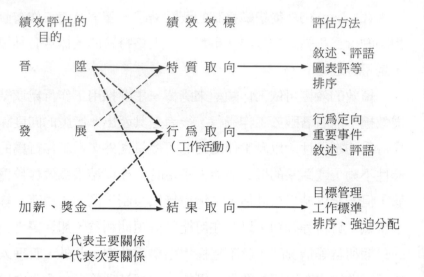

績效評估的 目的	績效效標	評估方法
晉　　　陞	特質取向	敘述、評語 圖表評等 排序
發　　　展	行為取向 （工作活動）	行為定向 重要事件 敘述、評語
加薪、獎金	結果取向	目標管理 工作標準 排序、強迫分配

━━━━▶代表主要關係
╌╌╌▶代表次要關係

圖8-5

績效評估的目的、
效標與方法之關係

理、工作計畫、工作標準等方法。每種方法各有其優缺點，適用
的範圍，包括：公司的大小、制度完整與否、部門的類別等，以
及適用的對象，例如：管理或非管理人員、專業或非專業人員等
。因此，評估方法的選擇需考慮的因素很多，除評估的目的與效
標外，方法本身的性質，可由客觀性、經濟性、實用性和困難度
等來考量。通常評估時，不限於採用單一方法，可以同時採用兩
種以上的方法。至於績效評估的目的、效標和方法間的關係，許
多學者均強調彼此間密切配合的重要性(DeVries, Shullman,
Morrison, & Gerlach, 1986; Hall & Goodale, 1986; Lawler
III, 1990; Murphy, 1991; Wexley & Klimoski, 1984; Wil-
liams, DeNisi, & Blencoe, 1985; 曹國雄，民81)，大致上，其
間的關係如圖8-5所示。

績效評估的目的除晉陞、發展、加薪之外，尚有解雇等其他目的，由於在國內人力資源管理上所扮演的角色較輕，為求簡化，故未列入。在效標方面也僅列出特質、行為和結果三種效果。事實上，國內不少規模較小，制度尚未完備的企業，採用的是以粗略的、一般性的整體表現為效標，以排序或分配的方法來評估，由於較不客觀易造成問題，所以未列入。圖中所列的評估方法，僅是較具代表性的部分，而非其他方法不可採用。

　　當績效評估的目的欲作為員工晉陞之用時，主要需考慮員工的潛能。在晉陞後職位雖然不同，但工作程序與產出是類似的情況下，當然可採用行為與結果為取向的效標，如果未來職位的工作性質和狀況與目前職位不同時，若以目前的行為或結果來預測未來的表現，則可能會有所偏差，例如，由非管理人員晉陞為管理人員，此時最好採用特質效標，以其一般能力、專業能力和經歷等來評估，方法則以敍述、評語、圖表評等、和排序等較為合適。

　　績效評估的目的在作為員工的發展之用時，應讓員工明瞭目前的工作狀況而知所改進，主管也應依其狀況提供具體的工作回饋，故宜採用行為效標來評估。若採用結果效標將無法得知應如何改進；若採用特質效標，又因不夠客觀，易造成反彈或防衛的心理，均不易說服他改變目前的工作狀況，但可作為生涯規劃時，瞭解自我之用。行為取向的績效評估可採用行為定向、重要事件、敍述、評語等方法。

　　績效評估的目的在作為加薪、核定獎金之用時，宜採用結果效標，可瞭解員工對公司的直接貢獻，相當的具體，但有些工作結果不易衡量，而且有些情境非當事者所能控制，故宜同時考慮

行為取向的效標。若認為特質與工作有關，欲採用特質效標時，宜將特質轉化為工作行為或結果來衡量，如可將「可靠性」的人格特質，轉換為「準時交貨」等的工作行為。結果效標評估適用的方法，對管理、專業的職務，可採用目標管理或工作計畫的方法；對一般基層或作業人員，可採用工作標準的方法；至於考慮加薪或獎金的多寡時，則可採用排序與強迫分配的方法來評估。

　　績效評估的目的作為解雇之用時，通常可綜合結果、行為和特質三種效標來評估。在特質方面可考慮其年資、品德、習慣以及身體狀況等。

　　上述係以評估的目的逐項說明其適用的效標與評估方法，在實際應用時，宜針對不同的目的，效標的比例也應有所不同，例如，加薪時，結果效標的比例可最高，但不要僅使用一項效標，其他效標也應同時列入考量。換言之，評估目的不同，各項效標所佔的比例就應有所差異。目前雖然有許多企業未將效標分開來使用，卻以一總分說明個人的總體表現，並將之用於各種不同目的上，此種籠統的作法，模糊了評估的目的，也就無法發揮評估應有的功能。

　　當評估目的、效標與方法決定後，即需著手編製評估工具。工具係指評估的格式或量表，亦即同樣的方法，可採用不同的工具來衡量。通常一份標準化的評估工具，編製的過程相當複雜，至少應具有信度(評估者內與評估者間)和效度。此外，在編製過程中相關部門的人員均應參與，在集思廣益與共識的情況下，可減少推行時的阻力，而且工具宜定期的修正，以符合實際的狀況與需要。

在編製評估工具時，尚需考慮到被評者、評估的次數以及由誰來評估等問題。被評者當然是公司的全體員工，可分為管理人員、專業技術人員與一般或基層作業人員等。在實際運作中，總經理常不納入被評對象，有些甚至連其他高階主管亦不納入公司的績效評估制度內。在評估次數方面，與薪資、獎金和晉陞，組織的穩定性，以及完成一項工作或計畫所需的時間等有密切的相關，但在成本、時間和行政處理等的考量中，通常以年為評估的單位(Alpander, 1982; Lawler III, 1990)。至於由誰來評估，主要牽涉到評估的對象、目的、組織的型態、管理的風格等，可由主管(包括：直屬、專案和相關部門的主管)、同儕、部屬、顧客、自評、人力資源部門以及委員會等，採用單一評估者，或多種評估者來評估。通常以直屬主管為主，若考慮到團隊、合作時，同儕及相關部門的人員亦需參與評估，至於顧客、自評、部屬等的評估，有時僅能作為員工發展參考之用(Mohrman, Jr., Resnick-West, & Lawler III, 1989)。

績效檢討與改進

績效檢討主要可分為兩個部份，一是工作期間的績效檢討，係指日常與定期的檢討。日常的檢討較不具形式，屬於非正式或隨時隨地均可進行的檢討；定期檢討則較為正式，通常以一個月、三個月或半年進行一次，檢討整個工作計畫進展的情況。另外一個部份為期終績效檢討主要在評估整個工作時段的績效，可以是工作告一段落或是以季、半年、一年為一個時段。在期終績效檢討後，接下來即為追蹤與輔導力求員工的績效能確實改進。

在工作期間的績效檢討中，主要的工作爲根據員工的工作表現，給予日常的績效回饋，讓員工明瞭自己工作進行的情況，藉以激勵和教導員工。除日常績效回饋之外，每隔一段時間應有較爲正式的定期績效評估面談，此乃針對工作計畫作整體性的檢討，主要在瞭解計畫執行的程度、遭遇到的困難、需要那些協助以及公司或部門經營方向調整的配合等，藉以協助員工工作計畫的進行，或是工作目標的調整與重新設定。定期績效評估面談需以日常績效回饋爲基礎，兩者在性質上有相通之處，應密切的配合。經過定期績效評估面談之後，若發現績效的效標或標準不適當時，即需加以修正，以符合實際的工作狀況與需要，而且連帶的需回過頭去檢討或修正評估的方法與工具。

　　在期終績效檢討部份，通常以年爲時段，由單位主管或相關部門主管等來從事績效初評，一般在評估工具設計時即已考慮到該由誰來評估。初評後交由被評者的上二級主管予以複評。若沒有重大差異，複評者會尊重初評者的意見，有的則以初評和複評各佔多少比例來計算。複評後可請被評者自評，並約定期終績效評估面談的時間。

　　期終績效評估面談主要在檢討過去一個時段的整體表現，探討未來努力或改進的方向，提供生涯規劃的諮商，告知考績並聽取意見以及討論績效與薪資的關係等。在面談中若發現考績與事實有所出入時，雖可略作調整，但要主管承認錯誤是相當困難的事，因此面談後很少會更動複評的結果(Lawler III, 1990)。

　　期終績效檢討若以季或半年爲單位，年終時可將各季或半年的表現，以累計、加權或比例的方式算出年終總考績。此外，值得注意的是「發展」與「評鑑」兩種不同目的的面談宜分開進行，因

「評鑑」的面談，其中考績會影響加薪、晉陞、獎金等問題，易造成被評者的心理防衛或辯解，此時若要協助其發展，勢必難以兼顧，以致徒勞而無功。因此，績效評估面談可以分幾次完成，如先從事發展性的面談，再進行評鑑性的面談，比較能達成面談的目的(Lawler III, 1990; Murphy & Cleveland, 1991; Wexley, 1986)。

績效評估面談後，公司規模較小者，即以此評定績效等級，呈上核定僅是形式上的手續。規模較大的公司，為了公司用人成本的問題，通常需作部門內或部門間的比較，常會採取強迫分配的方式，規定全公司和各部門績效等級的人數，然後再依此作成各員工績效等級的評定。

績效評估的目的在促進人力資源的有效運用，可作為加薪、獎金、晉陞、培訓、職位調整、個人與公司人力資源的評估、員工生涯規劃以及解雇、資遣和提早退休等的參考。評估的結果宜輸入電腦，建立檔案，以利人力資源各部門的運用。

績效評估的最後一個步驟是績效改進的追蹤與輔導，此可根據期終績效評估面談時所擬定的工作改進計畫來執行，在追蹤與輔導過程中，主管應不斷的提供協助，並隨時和定期的予以激勵、教導和諮商，確實掌握計畫執行的狀況。當然，部屬也應主動積極的去解決問題，並尋求主管的支持。

由上述的說明，可以瞭解績效評估面談無論在工作期間、或是期終的績效檢討之中，均是一項重要的工作，有必要針對面談的方式、影響選擇面談方式的因素、及其過程作進一步的探討。

績效評估面談的方式，梅爾(N. Maier)於一九五八年時，即已提出三種方式：

*1.*告知與推銷(tell and sell)：告知部屬績效，並說服他依
　工作計畫去執行與改善。

*2.*告知並傾聽(tell and listen)：告知部屬績效，並傾聽其
　意見。

*3.*解決問題(problem solving)：主管與部屬共同討論解決
　問題的方法與步驟。

晚近許多的學者在三種方式之外，增加了「混合式」，綜合解
決問題與知告的方式，可分為三個步驟(Wexley, 1986;Wexley
& Klimoski , 1984)：

*1.*開放式的探索問題。

*2.*解決問題的討論。

*3.*結束面談，並告知看法。

這四種方式最大的差異在於部屬參與程度的不同，前兩種方
式偏向指導式，後兩種方式則屬參與式。

影響選擇面談方式的因素主要有四。

部屬的特性　對年輕、新進、缺乏經驗、依賴型的員工，可
採用告知和推銷的方式來面談。工作表現佳的可採用解決問題的
方式，表現中等者採用混合式，表現較差者可採用告知的方式。

主管的特性　領導風格上喜歡員工參與的，自然會偏向於採
用解決問題與混合的方式，反之，則會採用指導式的面談。主管
具權力需求者，會偏向採指導式，若願協助員工改進者，則會採
用參與式的面談。

主管與部屬的關係 如果主管對部屬越有信心,越會讓員工參與討論,並設定目標;溝通開放程度越多,越樂意與部屬交談和傾聽;主管對「圈內」的部屬會採用參與式,對「圈外」者會採指導式,而且面談時間亦較短;主管會對態度、價值相近者,偏向採用參與式,對差距較大者,則傾向採用指導式的面談。

組織的特性 組織的領導、溝通、激勵、決策、控制等方式,均會影響主管選擇面談的方式。

在萊克(Likert)四個組織系統的分類中,主管在系統Ⅲ和Ⅳ組織中,會傾向採用參與式的面談,如果在系統Ⅰ和Ⅱ時,則喜歡採用指導式的面談(Wexley & Klimoski, 1984)。事實上,在複雜的組織環境中,面談方式的選擇不是簡單的事,宜採用「權變」的原則來加以選擇。

績效評估面談前的準備是非常重要的。

主管方面:

*1.*安排適當的時間與地點。
*2.*搜集並填好部屬的績效表格。
*3.*規劃如何進行面談。

部屬方面:

*1.*搜集與績效有關的資料。
*2.*填好自我評估表。

績效評估面談在開始時,通常需先建立良好的面談氣氛,並說明面談的目的,然後進行面談,除指導式面談外,要鼓勵參與和表達對績效的看法,要討論與工作有關的問題,儘量少批評,

宜建立具體的工作改進目標或計畫，並表示支持等。此外，「評鑑」與「發展」的目的不同，宜分開進行。

組織制度上如果沒有硬性規定主管需從事績效評估面談時，對績效表現不佳者，主管安排面談的意願就不高，可能會拒絕或延遲面談，即使面談，也有可能只談正面部份，而不談負面部份；如果部屬的工作表現與主管的報酬有關時，則會較主動與經常的與部屬進行面談(Benedict & Levine, 1988; Klimoski & Inks, 1990; Larson, 1986)。

評估者與被評者的認知過程

評估者和被評者是績效評估過程中兩個最主要的角色，一九八〇年代早期之前，大多著重於「評估工作」的過程，較少注意到兩者的「認知」過程，將其視為黑箱來處理。因此，在改進績效評估的品質上，僅從評估工具和評估者的訓練著手。事實上，造成評估偏差的原因很多，評估工具只是評估過程中的一部份，評估者的訓練，雖可降低心理計量上的錯誤，例如：暈輪效應(halo effect)、中間趨向等，但許多研究顯示，對評估過程缺乏顯著性的改進(DeNisi & Williams, 1988; Ilgen, Barnes-Farrell, & McKellin, 1993; Ilgen & Feldman, 1983; Jolly, Reynolds, & Slocum, Jr., 1988)。

由於上述兩種方式對增進績效評估的正確性幫助有限，因此有必要採取新的研究取向，藉以瞭解評估者與被評者的認知過程，可用於改進其評估過程。以下先探討評估者的認知過程，再說明被評者的自我表現與認知。

評估者的認知過程

　　許多學者曾針對評估者的認知過程，提出評估過程的認知模式，其中費瑞(R. Wherry)的模式於一九五二年時即已提出，認為被評者的績效主要受本身的能力、隨機的誤差以及許多環境因素的影響。進而考慮到評估者一般和特殊的偏見、基模以及對被評者的觀察和績效資料回憶時的偏差。因此，主張若能將評估的工作分為觀察(編碼)和回憶(解碼)兩個階段來思考，將有助於評估品質的理解。

　　評估者的認知過程在一九八○年代開始受到重視，藍迪與華(Landy & Farr, 1980)在廣泛研讀相關的文獻之後，認為探討評估者的認知特性，將會有助於評估過程的理解。費德蒙(Feldman, 1981)亦從社會認知的觀點，發展出個人知覺的模式，認為評估者在完成評估之前，必須先經由下列的認知過程：

　　1. 認知和注意相關的資訊。
　　2. 組織並儲存資訊，以利日後取出。
　　3. 評估時有系統的回憶訊息。
　　4. 統整資訊，並作綜合判斷。

　　此模式的特點在於考慮到資訊處理的自動性與控制的過程，指出評估者的認知歸類，可能是在無意識或有意識的控制之中來進行。不久之後，余爾晉與費德蒙(Ilgen & Feldman, 1983)提出修正的模式，特別強調組織情境的重要性，認為評估要考慮到它的目的、觀察的機會與工作團體有關的問題以及報酬的有限性等。換言之，績效評估的過程應包括三個系統：

*1.*組織的情境。

*2.*評估者資訊處理的過程。

*3.*被評者的行為系統。

　　迪奈西、卡佛提、麥格利諾（DeNisi, Cafferty, & Meglino, 1984）的模式與余爾晉和費德蒙的模式非常相似，但特別強調評估者資訊的獲得和資訊儲存類型的重要性。

　　至於評估者認知過程的階段，有許多學者提出看法（DeNisi & Williams, 1988; Murphy & Cleveland, 1991; Wexley & Klimoski, 1984），雖然階段的數目與名稱略有不同，但整個過程的先後次序均極為相近。余爾晉、巴尼士－費勒和麥克卡林（Ilgen, Barnes-Farrell, & McKellin, 1993）綜合歸納一九八〇年代績效評估認知過程的實證研究，將之分為三個階段：

*1.*注意與觀察。

*2.*儲存與記憶。

*3.*回憶與評鑑。

　　其中每個階段均受被評者、評估者、評估工具和情境四個因素的影響。此外，認為此種認知取向的評估系統，對提昇績效評估的品質有所助益。

　　以上略述了多位學者對評估者認知過程的看法及主張，雖然強調的重點有所不同，但若能加以整合，當可形成較完整和周延的評估者認知過程的模式。以下採用資訊處理的理論，將評估者的認知過程分為六個步驟，如圖*8-6*所示。

　　在資訊處理的過程中，評估者個人的認知結構，也就是所謂

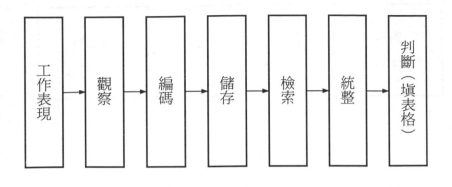

圖8-6

評估者資訊處理
的過程

「基模」，指的是個體既有的認知經驗，是個人所瞭解到的世界事物的知識，可用來組織和簡化多樣和複雜的資訊。因此，評估者均擁有自己的建構系統，用來搜集、儲存與判斷事物，對資訊處理的每個步驟均有影響。以下將六個步驟歸為三個階段來說明。

　　觀察　觀察或注意是評估者的首要工作，評估者要有充分的時間與機會來觀察，而且觀察前要先瞭解評估工具或量表，對被評者的工作也應有所瞭解，如此才能掌握重點，清楚的去觀察。觀察時通常是看個大概，會受一般或整體印象的影響，而且評估者對被評者先前的印象，也會影響到觀察。當工作表現非常突出時，自然會引起評估者的注意，通常評估者僅對被評者的某方面有興趣，如偏重技術而忽略人際。觀察時可依同意的程度、獨特性和一致性來判斷訊息，同時評估目的不同，觀察的重點亦有所差異。

　　編碼與儲存　評估者會根據個人的認知結構(基模)，將觀察到的事物予以歸類，而非將原始資料直接儲存，此可將複雜的資訊予以簡化，減少資訊量，以達認知的經濟性(cognitive eco-

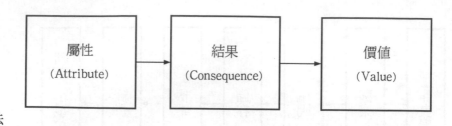

圖 8-7

加特門的方法
目的理論

nomy)和便於儲存。在評估時，評估者常根據一般印象來歸類
，例如：將部屬的表現歸爲正確或不正確、勤勞或懶惰、最好或
最差，中間部份會較模糊。加特門(Gutman, 1982)曾解釋評估
者如何從事歸類，提出方法目的論(means-end theory)，如圖
8-7 所示，說明歸類的原因，主要爲「屬性—結果—價值」三個步
驟的關係鏈。屬性是資訊的特質，結果是屬性的個人意義，價值
是對個人的重要性。例如，部屬具有可靠的屬性，其結果可降低
任用上的問題，其價值是在工作上會有好的表現。當然，觀察到
的資訊或行爲，通常並不立即評估，而先予以儲存，隔一段時間
(例如：季、半年、一年)再檢索出來。

　　檢索、統整、和判斷　這是評估者認知過程的最後階段，須
將儲存於記憶中的資訊檢索出來，加以統整，再作判斷。通常心
情好時的檢索和判斷會趨向正面的資訊，心情不好時卻較正確，
如果判斷的結果不公開也會較正確。評估的動機和目的也會影響
判斷，例如，判斷正確時是否有報酬，爲了晉陞、提高薪資會評
得鬆些，如需進行績效面談，會評得高些，作爲諮商和發展之用
時會偏低。主管將部屬的分數評低，也有可能是將其視爲對手，
爲鞏固自己的地位和展現自己的能力所致。此外，評估的表格也

應與一般的歸類方式相近，可增加評估時的清晰度和正確性。由於編碼時最好和最差的較易區分出來，量表設計時可採兩階段的設計方式，先分出三大類(包括：有待改進、普通和優異表現)，再由各大類細分為幾個小類，並說明各小類代表的意義，如此可增加評估的客觀性。

被評者的自我表現與認知

在績效評估的過程中，何者主動？何者被動？是值得探討的。關於個人知覺的研究，在知覺者的社會環境中，被觀察者常被視為被動者，但在工作環境中，被觀察者所呈現出來的績效訊息，卻很少是被動的，而是主動的在管理與績效有關的訊息，以便獲得較好的印象。因此，欲瞭解績效評估的過程，必須考慮到被評者是如何表現自己，亦即需瞭解被評者的自我表現，即是被評者有關自己資訊的掌控。

自我表現可透過口語與非口語的行為以及人為的裝飾，例如：穿著、辦公室的佈置等方式，以達到迎合、威脅、自我促銷、模範、哀求等的目的，藉以塑造成隨和、危險、有能力、有道德、可憐等的形象。在使用的方法中，最常用的是口語的方式，主要有自我表白、辯解、道歉、邀功、諂媚和施以恩惠等方式(Gardner & Martinko, 1988)。再以迎合為目的而言，可採用的方式有自我增強的溝通、意見的順從以及提供恩惠等。

無論是工作期間或期終的績效檢討，自我表現均貫串其中，特別是評估績效和面談時，會表現得更為顯著(Wayne & Kacmar, 1991)。此外，再從溝通的觀點，在績效評估面談的過程中，個人對面談的知覺會牽涉到三個主要的因素：

1. 傳送訊息者的特性。

2. 接受訊息者的特性。

3. 訊息本身的正確性。

由此可知，一個良好的績效面談，必須注意到被評者對績效面談的認知過程，此可分成四個階段（DeVries, Morrison, Shullman, & Gerlach, 1986）：

1. 知覺階段：此階段會牽涉到被評者是否能正確的知覺到關於自己績效的說法。

2. 接受階段：對績效說法相信的程度。

3. 想要反應：對自己的績效是否想要有所說明。

4. 意圖反應：對自己的績效作有意的說明。

在此過程中，每一階段都會牽涉到影響知覺的三個主要因素，而且前一階段的成功，將有助於後一階段的發展。

結語

績效評估的過程已如上述，這些過程亦可視為評估的主要工作，可作為改進績效評估品質的參考。目前在績效評估的過程中，經常會遭遇到許多的困難或問題，值得進一步的思考與改進，略述如下。

評鑑重於發展 此乃績效評估著重於員工過去的表現，較少注意目前工作的改進，以及員工未來的生涯規劃。評估時係由「

主從關係」來考量，較少與部屬針對問題，面對面的共同商議。亦即主管大多採取專斷的態度，而非協助或輔導的方式；部屬則偏向被動的配合，未能主動的參與，兩者間缺乏互動與溝通。此外，認為評估工作是人力資源部門的事，而非主管份內的職責，而且評估工作每年僅做一次、二次，未能以經常性的持續工作來處理。

評估的效標與標準不明確 此項困難可能由於公司的經營不夠穩定，工作常有變動，加上外在環境競爭激烈，人員流動率高，有時一人身兼數職等，以致工作職責不易釐清，評估的效標與標準也隨之模糊。另外的情況是效標未能依評估目的不同，作適當的配合，而且效標通常一年才檢討一次，未能隨工作變動而調整，以致缺乏彈性。

部屬不知評估的內容，主管不知如何評估 評估常會出現「黑箱作業」的情況，部屬不知主管的要求，事先既不知評估的內容，事後就容易造成抗拒或不滿。有些主管未接受評估的訓練，不知該如何作回饋，也不善於面談的技巧，對於績效評估的認知過程亦不清楚，甚至不知如何評估績效，以致易造成評估的偏差，例如：中間趨向、仁慈或嚴苛傾向，易受近期工作表現的影響，量輪效應等。

評估結果未能有效的運用 評估結果未能與人力資源管理的其他制度相結合，例如，加薪或晉陞另有一套制度，與評估結果的關係偏低，即使有激勵作用，其幅度也相當有限，以致評估易流於形式，或是存檔了事，失去評估的實質意義。

「價值中立」不易 在績效評估的整個過程中，無處不涉及價值的判斷，而且易受少數人的主導，如評估效標與標準的決定，

以致有所偏頗。因此，在績效評估制度的建立中，應採理性的分析和各部門人員的參與，在科學化的過程中，將個人的主觀降至最低，以達客觀合理的要求。

　　上述績效評估的一些現象或問題，有的較易解決，有的則相當困難，除可經由制度來改進外，適當的訓練與溝通是不可缺少的。任何制度的建立均屬不易，也無法全盤移植，需隨公司內外環境的變動不斷的調整，能適合公司發展狀況的就是好的制度。

　　至於績效評估的研究趨向，可約略的分為四個方面：

　　影響績效評估品質的相關因素　主要的有外在環境，組織的變項，例如：經營策略、國際化、多角化、科技導向、扁平化、企業文化等；個人的變項，例如：員工的信賴與投入、評估者的動機以及績效評估目的、效標與工具的配合等。

　　認知取向的績效評估　過去這方面的研究大都在實驗室或較理想的情境中進行，與組織的實際狀況有差距，而且未能隨機取樣，以致研究結果的解釋受到相當大的限制與質疑，有必要更客觀的研究評估者與被評者的認知過程，以及如何將研究結果應用於績效評估的設計上。

　　人文主義為核心的績效評估　在人文主義受到重視的情況下，員工參加與工作有關的決策，被認為是其權利，而且在工作上扮演更為積極的角色，同時亦希望獲得尊重與滿足個人的需求。因此，在這方面的研究有待加強。

　　本土化的績效評估　國人的習性在績效評估中常會表露出來，如情重於理，如何瞭解國人的習性，以及摒棄不良的習性，建立既適合國情又合理的績效評估制度，將是重要的工作。

個案研討

績效評估個案一：家庭股份有限公司

公司背景

　　家庭股份有限公司屬連鎖經營的便利商店，成立已近二十個寒暑。剛創立時，一般民眾對便利商店在觀念上尚未完全接受，傳統零售店也未能覺醒零售通路革命的即將到來。公司就在這種混沌環境下，在各種制度、規範都不很完整，一切靠邊做邊學的嘗試錯誤中艱苦奮鬥。秉持著美、日成功案例之信念，勇往直前，終於在虧損了六、七年後，轉虧為盈，胼手胝足，踏出台灣便利商店的一片天。

　　對便利商店而言，食品(百分之四十)、飲料(百分之二十～百分之三十)、日常用品(百分之十～百分之十五)、報章雜誌(百分之十)是主要的販賣商品。公司的商品大都是市場上領導品牌的前三名商品。有百分之三十之商品係公司關係企業所提供，百分之二十係自創品牌的商品，其餘為精挑細選的供應廠商之商品。依不同商圈之需要，商品分成核心商品與選擇性商品兩種，各店商品數約二千五百項，國產品百分之七十、進口品百分之三十。商品選擇標準為高利潤、高週轉率、知名度及差異化。各店之商品採標準化，即統一商品、統一陳列，陳列方式先依商品分類(即餅乾、糖果、飲料……等類別)，於類別下再分尺寸(即大、

中、小)等。商品之進貨須經品管課加以檢驗。

除有形商品的販賣外,更積極開發多元化的服務,以提高顧客之來店率,例如:擴充自動提款機、代售郵票、車票、球賽與演唱會入場券、代繳電費、瓦斯費、影印、傳真、快遞、分類廣告等服務項目。

公司自草創起,隨著台灣經濟的發展、社會文化的變遷,不斷地致力於變更組織與策略,以有效因應環境的快速變遷。經過數次的組織變更,目前之組織如圖所示。

經營策略

民國六十年代,由於國內通路配送體系的長期缺乏效率,加上國內市場的競爭日益激烈,國內多家廠商自六十年代末期起,先後跨足通路系統的經營。至今,各家無不卯足了勁,在台灣各處搶攻地盤,展開生死存亡之爭。其間,引發了國內二度的通路革命。

民國七十二年,味全為因應「加盟店」的快速增加與配送需要,在林口設立了「配送中心」,即現今「康國行銷公司」之前身,負責味全流通體系之配送業務,此即國內「第一次通路革命」,開啟了國內「物流」領域之疆場。民國七十七年十月,味全之「安賓商店」首家在台北市基隆路成立,採用「POS銷售時點管理系統」與「EOS電子訂貨系統」之自動化經營方式,引發國內「第二次通路革命」,即「商店自動化」時代的開端。

民國七十年代經濟的快速成長,帶動了社會文化的改變,講究商店清潔、明亮、舒適的氣氛。單身貴族、年輕婦女上班族以及夜貓族的增加,更加速對商店便利之需求。民國七十七年初,

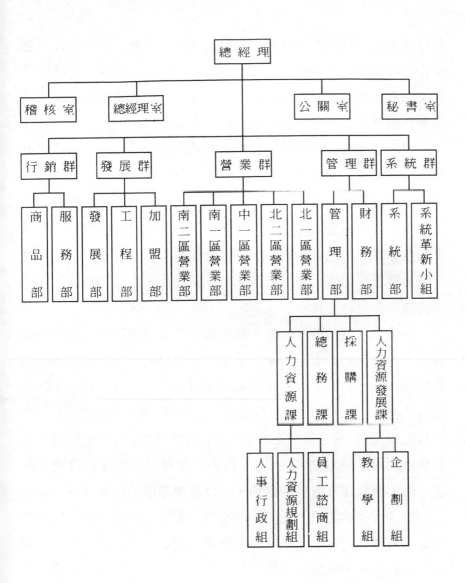

家庭公司組織

發行多年的愛國獎券因被大家樂賭博所利用，被迫停止發行，造成許多原本販賣獎券的「三角窗」空出來，租金又不貴，正好給予便利商店店數擴張之機會。蓋因便利商店之經營，損益平衡之商店數約為二百二十家，故店數擴張是重要策略之一。

現今便利商店已廣為一般大眾所熟知與接受，雖然都會之重型戰區已漸成熟，然大型醫院、學校、住宅、遊樂場等尚待開發之處猶多。便利商店之觀念既已被接受，其開發的容易度自是非二十幾年前所可想像比擬的，加上目前無論在軟體、硬體的建設上都已標準化，開發商店的速度自是很快；何況，通路既已建立，商品或服務之項目自可更多元化、彈性化，以增加利潤，此為便利商店業者的機會。

自從二次通路革命以來，便利商店的新競爭者進入的困難度減小，造成市場的激烈競爭。早期進入者有的已成為產業中的領導廠商(統一超商)，有的在初期就瓦解消失了(青年商店)。後期的進入者，有來勢洶洶的(豐群OK超商、國產全家超商)，有的店數不增反減(味全安賓超商)，也有易主經營的(日光超商，已改為泰山福客多超商)。因此，同業間之競爭可說達到白熱化程度，無不積極尋求店數的擴張，以達經濟規模的地步。

除了同業的競爭，面對超級市場、量販店等如雨後春筍般的興起，便利商店的生存空間備受威脅。因此，便利商店如何與超市、量販店與傳統雜貨店作市場區隔，針對本身的目標市場，開發新賣點之商品與服務，同時擴張營業據點，做好市場定位、產品定位、訂定促銷策略、價格策略等，將是今後競爭優勢之首要課題。

對便利商店本身而言，約需做到每月一百萬的營業額，才能

達到損益平衡點。在成本上，人事費用約佔百分之四十，店面租金費約佔百分之二十～百分之三十五，這兩項主要費用，近年來在薪資與租金節節上升情況下，經營面臨很大的壓力。

公司是市場早期進入者之一，經過十餘年之摸索與努力，不但在市場攻防戰上取得有利之佔有率，而且內部之管理、規範也已建立一套標準化、規格化之制度。在人力資源管理上，擁有足夠的經營人才，是流通業得以迅速擴張與穩定成長最重要之條件，公司對成員之教育訓練不遺餘力，所投入的教育訓練經費，與競爭對手比較，總額是十比一，以員工每人教育訓練費用比較是六比一。不但如此，在組織內部也建立了「內部學院」，設有內部課程、講師與教材，不但訓練費用比外部訓練經濟很多，而且能有效傳遞公司經營管理理念，能分享組織的經驗，以及有利人際網路溝通系統的建立，對往後工作的推展有莫大的助益。

由於公司已達規模經濟，因此在採購、運輸、資金成本上佔有絕大優勢，而生產與零售的整合，亦帶來銷售與間接費用的節省。更重要的是，透過許多公益活動來增強良好的企業形象，已深植顧客心中，為公司奠定了一強大的、無形的優勢地位。

公司初期，為因應環境之變遷而採取不同之擴張策略，形成今日直營店比例約百分之四十，加盟店比例約百分之六十之局面。與美、日以加盟店為主(百分之八十)，直營店為輔(百分之二十)之連鎖店加盟化之趨勢，尚有一段距離。在薪資、租金高漲之情況下，需背負沉重之固定成本。因此，如何推展以委託加盟為主、特許加盟為輔之策略，把加盟店當成是一種商品，加盟主是顧客，實為今後之難題，如加盟條件之彈性化，以適應不同地區之需要等。

公司受國外合作廠商之輔導，但本土環境畢竟與外國環境有異，不能全盤接受其建議，早期發展得很艱苦，未能本土化是一原因。如今，仍需支付合作廠商權利金，且經營方針亦受其牽制，如赴大陸投資必須經其同意等。

公司的經營目標設定為「三一」目標：

1. 商店數總和第一。

2. 市場佔有率第一。

3. 企業及商店形象第一。

在此目標下，公司之經營理念強調「顧客至上」，要充分瞭解、掌握消費者之需求，並能預測消費者需求之改變。

基於上述之經營目標與理念，公司之經營策略為成長與品質兼具之策略，而其行銷策略為：

1. 委託與特許加盟為主。

2. 以幹道線、三角窗為立地選擇。

3. 顧客定位於18～35歲之年輕上班族與學生。

4. 商店一致化、標準化、規格化。

5. 推動商店自動化。

6. 維持商店形象和服務品質的一致性。

7. 批發商場、超市、超商物流之整合。

公司的年度營運目標有三項：

1. 營業額達400億。

2. 稅前盈餘達18億。

3. 商店數突破1800家。

公司的績效評估

基於成長與品質的經營策略，公司的人力資源策略為：

1. 全方位的組織學習。

2. 才品兼具，人盡其才。

3. 後勤與前線並肩作戰。

4. 標準化與績效評估的結合。

5. 內部晉陞與員工分紅。

充沛的人力是快速擴張與穩定成長之條件，除了完整且落實之人力資源發展體系外，因人員流動一直是零售業最困擾之問題，故降低人員離職率，以累積組織之知識至為重要，此可由領導階層的認知改變與組織的制度設計來著手。認知改變上應將組織成員視為長期合作的夥伴，重視彼此互信的長期關係與組織承諾。至於制度設計，則有關目標管理與任用、績效評估、分紅、以及加薪等人力資源管理制度之建立。

目標與實際績效(實績)差距在百分之十以內，表示主管認真在做事情；如果實績超過百分之十，表示目標預算不正確，太保守了；實績低於目標百分之十，表示努力不夠或是能力不足。超過與不足百分之十以上者，都應加強教育訓練以及重新考慮運作之策略，例如：超商地點之「位移」、或「關店」，或人員依「工作興趣調查」結果調動，因做有興趣的工作，才會做得好。

對於目標的設定與達成，公司非常注重溝通，採用的方式包括：《門市作業手冊》、《店長管理手冊》、《區組長手冊》等各類文件、各部門交流、總部月會、經營革新會議、群月會、群週會、以及日常一對一面談等。在整個績效努力的過程中，主要

靠人員不斷地確認、解決、追蹤問題，才能達成卓越的績效。每週的店長會議和兩週一次的經營革新會議，透過報告、討論、建議等，由老店經驗傳承給新店，不斷從事溝通與問題解決研討之教育訓練，以建立企業內工作知識與技能的標準化，並以此修正目標與達成目標之策略。

對於店面的輔導除了區顧問每週至少二次至店溝通、討論、監督外，總經理等高階主管還會不定期至店指導、視察與關懷，一方面瞭解問題與幫助店長達成其目標，一方面給予激勵。

公司之績效評估制度是採目標與績效結合的一種管理方式。由部屬與主管於每年年底共同訂定來年之目標，包括：業績、利潤、商店形象、人員、商品管理、顧客服務等。有了明確的目標，部屬可以很清楚地知道考核績效的內容，以及應努力之方向。此種可以客觀衡量之部份，即屬於「結果取向」之績效效標，佔考績總分之百分之七十；另外百分之三十比較主觀之部份，即屬於「特質取向」與「行為取向」之績效效標，依不同職務(分基層、專業、與管理人員)而有不同之效標。不管何種職務之績效評估均為每半年評估一次，年度分數為上下兩個半年之平均。上半年之評估結果可以作為下半年目標修正之參考，亦是主管部屬正式意見溝通之時機、人力資源發展之檢討與規劃與作者員工本身目標管理與努力之明確指標。「績效評估表」各項欄位及其說明如下：

第一部份：「結果取向」之績效效標(百分之七十)

*1.*績效效標(依據職位說明書中的職責，與主管共同決定其效標，例如：業績、利潤、商店形象、人員、商品管理、顧客服務等)。

*2.*上半年度之績效目標(一月～六月，前一年年底與主管共

同訂定）；下半年度之預定目標（七月～十二月，前一年年底與主管共同訂定）；下半年度之修正目標（七月～十二月，年中與主管共同修訂）。

3. 權數：A（即該項績效效標所佔比重，與主管共同訂定，所有效標合計20。如有五項效標，其權數可分別爲6,5,4,3,2或5,5,4,3,3或……，有八項效標其權數可爲4,4,3,3,2,2,1,1或……）。

4. 期中評估（文字說明上半年該項效標執行之結果）；期末評估（文字說明下半年該項效標執行之結果）。

5. 績效評定：B（員工自評）。

執行結果遠超過目標──該項得5.00分
執行結果超過目標───該項得4.75分
執行結果符合目標───該項得4.50分
執行結果低於目標───該項得4.25分
執行結果遠低於目標──該項得4.00分

6. 績效指數：A×B（員工自行核算，上一階直屬主管初評簽章，上二階直屬主管複評簽章）。

第二部份：「特質取向」與「行爲取向」之績效效標（百分之二十）

經由上一階直屬主管初評並簽章，上二階直屬主管複評並簽章。

1. 基層人員：組長（不含）以下職員專用。

■ 工作態度（二十分）：分爲服從指揮、勤勉負責、人際關係、合作協調四項。

- 工作實績(二十分)：分爲工作數量與工作品質兩項。
- 敬業精神(二十分)：分爲主動性與問題反應時效兩項。
- 適應能力(二十分)：分爲適應環境與應變能力兩項。
- 品德(二十分)：分爲奉公守法與誠實苦幹兩項。

上述第一部份每項可得4.0、4.3、4.7、或5.0分；第二至五部份，每項可得8.0、8.6、9.4、或10.0分；一至五部份得分總和爲特質行爲指數。

2.專業人員：一級以上之專員

- 工作能力(二十分)：分爲專業知識與任務達成兩項。
- 創新改進(二十分)：分爲創新能力與改善效率兩項。
- 工作態度(二十分)：分爲主動性與勤勉負責兩項。
- 人群關係(二十分)：分爲人際關係與團隊精神兩項。
- 學識品德(二十分)：分爲學習精神與誠實苦幹兩項。

上述第一至五部份，每項可得8.0、8.6、9.4、或10.0分；一至五部份得分總和爲特質行爲指數。

3.管理人員：組長(含)以上之職員專用

- 領導能力(二十分)：分爲發展員工潛能與達成組織目標兩項。
- 管理效益(二十分)：分爲資源的應用與單位工作效益兩項。
- 組織策劃(十五分)：分爲計劃能力與組織能力兩項。
- 分析判斷(十五分)：分爲分析能力與判斷正確性兩項。

- 協調能力(十五分)：分爲人際關係與協調成果兩項。
- 學識品德(十五分)：分爲學習精神與品德操守兩項。

上述第一至二部份，每項可得8.0、8.6、9.4、或10.0分；三至六部份，每項可得6.0、6.5、7.0、或7.5分；一至六部份得分總和爲特質行爲指數。

第三部份：後續評估

*1.*績效與缺失：依第一部份所顯示的結果，表示被評估員工之主要績效與缺失，及其實際的明顯事蹟。

*2.*員工之發展：表示員工所需之主要訓練與發展計劃，分爲目前工作需要與未來發展需要之訓練發展方案。

*3.*員工及主管意見：此即績效評估面談，依第一部份所顯示的結果，提出被評估員工擔任現職之意見，包括：員工意見、初核主管評語、複核主管評語、以及人力資源部門註記。

年終績效分數＝〔上半年(績效指數×百分之七十＋特質行爲指數×百分之三十)＋下半年(績效指數×百分之七十＋特質行爲指數×百分之三十)〕／2

年終績效分數最低爲八十分，最高爲一百分。其間分爲四等級：優等(一百～九十七分)、甲上(九十六～九十二分)、甲等(九十一～八十八分)、甲下(八十七～八十四分)和乙上(八十三～八十分)。

績效評估結果，作爲加薪、晉陞與人力資源發展之依據。表現佳者薪級可向上調升，同一職等之職級(分爲五段，每段約有十五職級)愈低者，此項調升級數愈大，反之則愈小。優等可獲

升六～十級，甲上可獲升四～八級，甲等可獲升三～七級，甲下可獲升一～五級，乙上則為零～二級。至於晉陞，一位大學畢業的新進員工，表現佳者約三年後可升任副課長，再三年升至課長，再經三～四年可升至襄理，五～六年再晉陞襄理以上的職務。陞遷管道依新進人員→職員→店長（一級專員）→組長（二級專員）→課長（三、四級專員）→部級主管（襄、副、經理、五、六、七級專員）→群級主管（協理、副總經理），往上晉陞。若學歷在大專以下，則時間會久一些。

　　為確保未來績效之達成，後續之人力資源發展可依績效評估結果，由直屬主管建議施以包含助理店長、儲備店長、副店長、店長、組長、副課長、儲備課長與其他專業方面等之教育訓練。

　　企業應鼓勵員工求新求變，以自我啟發之精神配合公司各個成長階段，不斷追求績效表現。公司除提供完善之作業標準與訓練體系外，有效的績效評估及激勵制度是不可或缺的，才能有效鼓勵成員思考，並勇於嘗試與追求卓越。

問題討論

　　1. 公司的績效評估，是否能配合其經營策略作有效之運作？

　　2. 公司績效評估之程序，如自我評估與主管評估併用、每半年評估一次、以及目標訂定與修正之方式，有何優缺點？

　　3. 公司之績效評估是否能充分而適當地發揮其功能？

績效評估個案二：資優股份有限公司

　　資優股份有限公司是一軟體設計公司，成立已有三年。目前有總經理一人，專案經理四人，每位專案經理帶領系統分析師三人及程式設計師五人為一組，每組負責三～八個專案不等。經理對每一部屬績效評估之項目共有八項，分為三類：

1. 工作品質、工作數量(此二項各可得十三～十八分)。
2. 工作智能、理解服從、進取精神(此三項各可得八～十三分)。
3. 合作、出勤、安全整潔(此三項各可得三～八分)。

　　一年一度公開的績效評估結果，將作為調薪、晉陞與人力資源發展之依據。以下為新的一年，員工李正平、王國華等人向其經理訴苦：

　　李正平：「為什麼吳志昂私生活不檢點，性情孤癖自大，本組成員都不願意與他一起工作，而其考績卻是最高的？實在無法令人信服！」

　　經理：「吳志昂理解力強又有創意、工作也很賣力，故工作數量與品質都是一流的，總不能因他私生活不佳或較難溝通，就抹煞其工作上的優越表現啊！」

　　王國華：「可是大家都不喜歡他，他的考績居然是最高的，這對講求團隊合作的專案工作而言，一定會影響我們的工作情緒。不能只考慮他一個人，使整組的人都無心情工作，豈不因小失

大。聽說隔壁公司之績效評估制度，還包括部屬相互評估，我們是不是也可以比照辦理，這樣就不會有今天的情況發生了！」

經理：「怎會因小失大呢？如果不依績效評估制度給予評估的話，有制度不遵循，破壞制度那才是因小失大呢！我很瞭解你們的心情，我也很重視這個問題。我會找適當的機會向總經理報告，是否修正我們的績效評估辦法。另外，我也會建議增訂人事規則，對員工私生活之不檢點，明訂罰則。若他仍不改善，我們即可依法予以處罰。」

問題討論

1. 如果你是該經理，你會如何建議公司修正績效評估辦法？
2. 員工私生活是否應列入績效評估之評估項目？如果採用員工互評，有何優缺點？
3. 如果你是該公司經理，在績效評估實施之前與之後，你應有那些具體作法，以避免部屬有不滿之情緒發生？

9

薪酬

本章思考問題

■企業該給員工多少薪酬？

■高科技公司與傳統的公司，在薪酬給付上有
　何差異？

■薪酬如何配合經營策略？

■爲什麼要採用團體爲單位的方式來發績效獎
　金？

■採用彈性福利制度的用意何在？

■爲了降低用人的固定成本（經常性給付）該
　如何調薪？

■在競爭的經營環境中，爲什麼需要建立多套
　的薪酬制度？

薪酬對個人、組織和社會的意義雖有所不同，但都非常重要。就個人而言，薪酬不僅是工作的回饋，亦代表個人的能力或成就的肯定；對組織而言，不僅是成本或花費，也是爭取競爭優勢的利器；對社會而言，不僅影響財富的分配，亦是社會公平與正義的表徵。由此可知，薪酬含意的多樣性與影響力的深遠。

　　薪酬通常係指雇主付給員工財務性、有形或具體的報酬，是雇用關係中的一部份。薪酬的給付主要包括：基本薪資(base pay)、獎金(incentives)和福利(benefits)。前兩者大都以現金採直接方式給付，福利則以非現金間接方式給付居多，其中各部份所佔的比例常隨國情、公司、職位等的不同而有所差異。

　　薪酬是人力資源管理中的重要功能，常是企業內員工關注的焦點，薪酬的設計與管理若能得宜，可協助企業吸引人力、激勵員工和留住人才，在控制勞動成本、員工滿意以及符合政府法規的情況下，當可提高生產力，達成企業經營的目標。

　　為了對薪酬作較為深入的探討，以下分三個部份加以說明：

　　1. 薪酬的理論基礎。
　　2. 薪酬與人力資源規劃的關係。
　　3. 薪酬的模式。

薪酬的理論基礎

　　薪酬的理論主要根源於社會學、經濟學、心理學和政治學的觀點，早期有公平理論、新古典勞動市場理論等，隨著時代與環

境的變遷，早期的理論不足以解決薪酬的問題，新的理論乃應運而生。以下分別略述薪酬的各種理論。

公平理論

公平理論又稱為社會比較理論，與社會交換理論、認知失調理論，在基本看法上是一致的。員工在企業組織是否受到公平的對待，會影響到工作的動機與意志，而顯現在工作的行為和績效上。亞當斯(J. Adams)認為員工應經常檢討自己與雇主的交換關係，其中即牽涉到所交換事務價值的公平。就薪酬而言，交換乃針對工作給予金錢或非金錢的薪酬。

在公平理論中，有所謂「分配的正義」(distributive justice)原則，意指在交換關係中，所有的人的輸出與輸入的比例是相同的，此乃分配的正義之由來，即可稱之為公平。

當員工所獲得的薪酬與其所付出的價值是相同時，即為公平。在公平的比較中，與組織內其他員工所作的比較，稱之為內部的公平；與組織外的員工所作的比較，稱之為外部公平。有關公平的知覺，會影響員工許多的決定，例如：是否繼續留在公司，工作上努力的程度等，這些對公司的績效必有所影響。因此，達到內部與外部的公平，是薪酬制度追求的至高典範，它係發生在社會情境中，而非獨立事件。

新古典勞動市場理論

公平理論中薪酬公平性的觀點，可由新古典勞動市場理論再加以說明。此理論認為薪酬的變化係受勞動的供給與需求兩個因素相互牽制的影響。亦即薪酬的決定，可由經濟學中供給與需求兩曲線的交叉點來求得。當公司依勞動市場的現行價格來支薪時，即達到所謂的外部公平，此種市場價格也可反應出不同工作類型勞動市場的供需狀況。

勞動需求係由市場對公司產品或服務的需求來決定，而且可說是勞動邊際產出的函數；勞動供給則依賴從事某項工作現有可以利用的技能、訓練成本和工作的需要性來作決定。換言之，勞動需求是所有雇主需求的總合；勞動供給則是所有工作者的總和(Gomez-Mejia & Balkin, 1992)。

新古典勞動市場理論應用在薪酬上，公司若要吸引和留住勝任的工作力，就必須確認每項工作的市場薪酬，而且此種勞動市場的現行薪酬即為決定工作價值的重要因素。但由於勞動市場的訊息不夠流通或欠缺，員工間擁有的條件、經驗、教育程度以及對工作的需求等的個別差異，還有轉換工作的代價、雙生涯的工作問題、歧視、再加上工會的影響等因素，均會影響到勞動市場的薪酬(Gomez-Mejia & Balkin, 1992; Wallace, Jr. & Fay, 1983)。

新古典勞動市場的供需模式雖有其限制，但公司的薪酬確實不可偏離市場薪酬太遠，否則不易雇用到適任的員工，或因勞動成本過高，失去產品或服務在市場上的競爭力。

代理理論

代理理論主要在探討本人(principal)與代理人(agent)的關係，認為公司擁有者可利用監督和激勵的機制，促使管理者和他的部屬為其增加財富。由於將擁有者與管理者分開，可使公司的經營更有效率，在此情況下，擁有者授與管理者使用公司資源的決策權力。當然，管理人員的雇用係依據其能力，而非財富，或是否願意承擔風險(Eisenhardt, 1989)。

代理的關係可以說是一種契約關係，存在於擁有者、管理者(包括：部屬)、供應商、顧客以及組織內的其他團體之間。由此可知，代理關係涵蓋的範圍很廣，並非祇限於擁有者與管理者而已，在管理者與部屬之間，業務員與顧客之間等，均存有代理關係。

在代理的關係中，必然會產生代理的成本，主要由於合作時，彼此會各自追求自我的利益，通常採用契約的方式來界定權利與義務。

一個成功的公司，為了資源上的競爭，可透過對代理者的監督系統，以及激勵的機制來降低代理的成本，薪酬即是激勵機制之一，因管理者很清楚，如果無法達到擁有者最好的利益時，勢必影響其薪酬。因此，薪酬可使擁有者與管理者的利益連結在一起(Gomez-Mejia & Balkin, 1992)。

結構理論

結構就生物學觀點而言，係指有機體所有部份的一種特定安排；從社會學的觀點，結構可說是文化因素或文化特質的某種系統化的安排。因此，結構可說是一種建立的關係，為某種目的而存在。

人類的社會組織，並非散漫而無秩序的，社會的各部份彼此均有密切的關係，是一個有系統的實體。社會組織的成分，依不同的組合，可就其橫的或縱的劃分為不同的身分或地位，此種依層次的劃分稱為社會層次。一個社會結構內的層次，通常可依其責任、知識、聲望、財富、權力等的不同，分為不同的等級。

企業組織為達成其目的，分工即是基本方法之一。在組織結構的分化中，垂直分化的結果，會形成組織的層級體系或階梯體系，將組織由縱面而分為若干層次。在垂直範圍內的職位，通常就決定了在位者的權力、影響力、聲望、地位和待遇等。在組織的層級中，一般的假設是職位越高，知識與權力越大，貢獻也越多，因而所獲得的薪酬也就越多。

薪酬的結構理論即根源於社會學的觀點，認為在組織結構中的層級越高，薪酬亦越高，薪酬是組織層級數的函數。至於層級間薪酬的差異，並非決定於經濟因素，而是透過文化的過程，產生社會階層化的相關規準，差異不是絕對的，而是一種比例。換言之，組織各階層的薪酬，是一種組織內「逐級而上」的自然結果 (Gomez-Mejia & Balkin, 1992)。

人力資本理論

資本是經濟學的重要概念,傳統上與土地、勞工被視為生產的三大要素。在資本方面,人力資本有別於物質資本,於一九六〇年代初期,由休茲和貝克等人相繼提出後,人力資本的概念才逐漸為人所重視。

貝克從實際現象的觀察發現:個人的收入隨著年齡的增加而增多,但增加率會隨年齡而減少,其中的增加率和遲滯率與技能的水準有正的相關;收入的分配會呈正偏態,特別是專業和技術人員;有能力者較其他人接受更多的教育和訓練;人力資本的投資者通常要比物質資本的投資者,擔負較大的風險與易犯錯誤等(Becker, 1967)。這些發現說明了人力資本的一些作用與特性。

人力資本理論認為個人在勞動市場上的價值,與其為獲得工作所需技能而投入的金錢、時間以及個人的資源有關(Wallace & Fay, 1983)。通常個人係經由長時間的學習來累積人力資本,主要以教育、訓練和經驗等方式來達成,學習的結果會影響其對公司的貢獻,雇主也將依此來決定其薪酬。因此可由教育程度、專業領域、工作經驗等變項來衡量人力資本的質與量(Agarwal, 1981)。

人力資本理論主要從個體的觀點來分析,認為個人擁有人力資本的多寡會影響其能力,能力會影響工作績效,而此績效會影響其薪酬。簡言之,個人的薪酬是其人力資本的函數,道出了投資在人身上的資本是最有價值的。

資源依賴理論

組織中的權力主要基於相互依賴的關係,依賴的程度越高,對方的權力越大,也只有當對方有你想要的資源時,才能對你有控制的權力。資源依賴理論即在說明組織與個人如何運用權力,以獲得所需的資源。

組織內所有的工作對組織生存的重要性,在組織分工的情況下,並非都是相同的,遂有不同的權力。對組織而言,能提供重要資源協助其達成經營策略目標的工作,就是重要的工作。當然,重要的工作亦控制著組織的重要資源,包括:財務資源、專業技能或是能幫助組織處理不確定性問題的資訊(Gomez-Mejia & Balkin, 1992)。

資源依賴理論將組織視為聯盟的性質,包括組織內與組織外共同利益團體的聯盟,當聯盟的結構改變時,聯盟的目的與方向亦隨之有所不同。費佛和史連斯克(Pfeffer & Salancik, 1978)相當重視組織的外在聯盟,認為組織不僅是政治系統,也是與環境互動的開放系統,然而各種不同的外在利益團體,對公司的價值並不相同,但提供組織最需要或最渴望的行為、資源和能力者,對組織就有較多的影響力和控制權。因此,組織中的部門或個人,較能協助組織因應外在環境變動,解決重要問題者,就擁有較大的權力與影響力。

由上所述,資源依賴理論認為居於重要工作職位者,控制著組織的重要資源,即能運用其權力影響薪酬的決策,而其薪酬自然也就較組織內非重要工作者為高。費佛和戴維新—布烈克(

Pfeffer & Davis-Blake, 1987)從資源依賴理論探討組織的薪資結構，研究結果認爲職位重要性的程度，可用以說明不同職位薪酬的差異。此項研究支持資源依賴理論的基本論點。

符號理論

符號可用以代表事物，包括：概念、信念、價值、習俗和體制間的相互關係等。符號的使用增加了認知、思考和解決問題的能力，並可超越時間、空間和其本身，從事形而上的探討。至於符號的意義，則會隨著社會文化，以及個人的價值、背景和當時的情境而有所不同。

企業在從事人力資源管理時，常運用符號來建立組織內的共同意念，並藉此導引組織的策略性活動，使組織內的成員有共同的活動，以達成組織的任務。符號的價值在於傳達一種意義，對組織而言，是一種非物質的資產，可藉由它與員工溝通，並激發員工的動力與產生對組織的凝聚力(Berg, 1986)。

從符號理論的觀點，薪酬並非依據公司規模的大小、公司或員工的績效以及市場的價值來決定，而是將薪酬視爲一種強而有力的信號，並將符號的訊息傳送給他人。例如，在組織中居較高職位者的薪酬，就如同遊戲過程中優勝者的「獎盃」，可用來激勵人們更加的努力向上。此外，行政主管亦是一種符號，代表需周旋於公司擁有者、政府、員工團體和一般大衆之中，居於樞紐的地位，因而可由其象徵「露臉」(figureheads)的角色來瞭解其薪酬(Gomez-Mejia & Balkin, 1992)。

從上述各種薪酬理論的說明中，可以瞭解薪酬是一複雜的現

象或問題，不易由簡單的觀點或理論來瞭解。上述各項理論雖根源於不同的學術領域，但彼此間並不衝突，而係由不同的角度或看法來探討薪酬。

就薪酬的分析層次而言，上述各項理論可歸納爲三個層次：其一，新古典勞動市場理論；其二，組織層次：代理理論、結構理論、資源依賴理論和符號理論；其三，個人層次：公平理論和人力資本理論。不同的分析層次彼此有交互作用，有些則是重疊的，但無論如何，很難以單一的分析層次或理論來瞭解薪酬的全貌。

有關薪酬的決定，過去很長一段時間均受公平理論和新古典勞動市場理論的影響，主要以工作評價和市場調查的方式來決定薪酬，但每家公司薪酬的決策各不相同，薪酬的問題皆是獨特的，組織的變動既快速又不確定，而且此種方式也不適用於管理及專業的職位，加上缺乏彈性以及評價因素的不公平、對市場界定的困難等問題，以致需追求新的典範，以解決薪酬的複雜問題，略舉如下。

組織的屬性不同，決定薪酬的因素亦不相同，例如，知識密集的產業或公司，組織結構趨向扁平化，就不宜採用結構理論的觀點來決定薪酬，而應偏向人力資本理論的觀點來建構其薪酬。此外，一個組織要取得競爭優勢，某些特殊團體就特別重要，例如，科技導向的公司，其研發人員就很重要；多層傳銷公司，其行銷人員就很重要，此即可運用資源依賴理論來建立其薪酬。

薪酬與人力資源規劃的關係

　　人力資源規劃是人力資源部門的首要工作，亦即人力資源管理中的各項功能，例如：薪酬、任用、績效評估、人力資源發展和勞資關係等，在實際作業前，需先經由人力資源的規劃，從整體性和策略性的觀點，將各項功能予以整合，並與經營策略相配合，以發揮綜合的效力。其間的關係如 圖9-1 所示(張火燦，民81b)。

　　薪酬與經營策略相結合的重要性，在於能增進企業的績效與競爭力，以及可以促使管理者去思考較為長期的目標(Butler, Ferris, & Napier, 1991)。在薪酬的研究上，目前已由過去強調技術性的微觀傾向，邁向更寬廣的領域，著重策略性和整合性的觀點。薪酬如果能與經營策略相整合，可使員工表現適當的策略性行為，在共同努力中達成組織的策略性目標。

　　薪酬的策略性觀點強調的是對組織績效具有重要影響的決策，薪酬的策略性決策需考慮的向度很多，許多學者(Balkin & Gomez-Mejia, 1990, 1992; Butler, Ferris, & Napier, 1991; Carroll, 1987; Gerhart & Milkovich, 1990; Gomez-Mejia & Welbourne, 1988; Haigh, 1989; Hall & Goodale, 1986; Lawler III, 1986; Rabin, 1994; Risher, 1983; Salter, 1983)提出不同的看法有的依據薪酬的對象，例如，僅針對管理人員或是全體員工；有的依據基本薪資的結構或設計；有的依據薪資管理型態或過程。其中有的僅是概念性的觀點；有的是實證的研究結果。

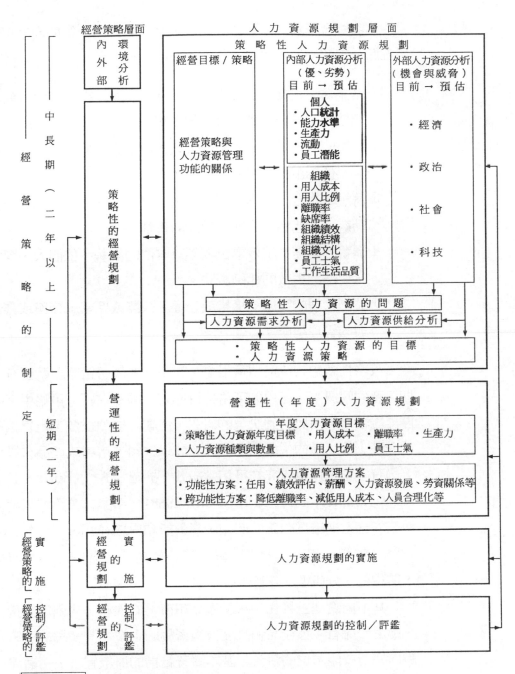

經營策略層面　　　　　人 力 資 源 規 劃 層 面

策 略 性 人 力 資 源 規 劃

經營策略層面
內外部環境分析

經營目標／策略

內部人力資源分析
（優、劣勢）
目前 → 預估

外部人力資源分析
（機會與威脅）
目前 → 預估

中長期（二年以上）

經營策略的制定

短期（一年）

實施〔經營策略的〕

控制／評鑑〔經營策略的〕

策略性的經營規劃

經營策略與
人力資源管理
功能的關係

個人
· 人口統計
· 能力水準
· 生產力
· 流動
· 員工潛能

組織
· 用人成本
· 用人比例
· 離職率
· 缺席率
· 組織績效
· 組織結構
· 組織文化
· 員工士氣
· 工作生活品質

· 經濟

· 政治

· 社會

· 科技

策 略 性 人 力 資 源 的 問 題

人力資源需求分析　　　人力資源供給分析

· 策 略 性 人 力 資 源 的 目 標
· 人 力 資 源 策 略

營運性的經營規劃

營 運 性 （ 年 度 ） 人 力 資 源 規 劃

年度人力資源目標
· 策略性人力資源年度目標　· 用人成本　· 離職率　· 生產力
· 人力資源種類與數量　　　· 用人比例　· 員工士氣

人力資源管理方案
· 功能性方案：任用、績效評估、薪酬、人力資源發展、勞資關係等
· 跨功能性方案：降低離職率、減低用人成本、人員合理化等

經營規劃的實施

人力資源規劃的實施

經營規劃的控制／評鑑

人力資源規劃的控制／評鑑

圖9-1　人力資源規劃的模式

作者綜合學者們的看法，認為策略性薪酬的決策的向度可歸為五個，每個向度內可包括幾個重要的決策項目：

1. 基本薪資的結構：工作本位(job-based)或技能本位的薪酬結構，薪酬結構層級數的多寡。
2. 薪酬的市場定位：內部公平或外部公平，薪酬高於、等於、或低於市場水準。
3. 薪酬的組合：基本薪資、獎金、與福利的比例，固定與變動薪酬的比例；長期或短期的薪酬。
4. 調薪的基礎：績效本位或年資本位的調薪，依個人、團體、與部門績效的比例調薪。
5. 薪酬管理的型態：集權或分權，公開或保密，參與或非參與的管理型態。

策略性薪酬的決策項目很多，在不同的經營策略對薪酬有不同含意的情況下，適用的策略項目亦有不同。在經營策略中，有關總體經營策略與薪酬決策的研究，影響的變項很多，定義也不夠明確，如組織的生命週期，究竟該以公司、市場或產品來界定，仍有爭議，以致研究結果相當紛歧，缺乏一致性(Butler, Ferris, & Napier, 1991; Milkovich，1988)。事業經營策略對薪酬決策的含意則較為明確。例如，麥爾斯和史諾(Miles & Snow, 1984a)依產品和市場的變動率，將經營策略分為四類：防衛型、前瞻型、分析型、反應型。

其中前瞻型主要在尋求新產品和市場的機會，開創重於獲利，應用於擁有多種產品和高度技術密集的企業，其薪酬的決策宜趨向採用技能本位的薪資、基本薪資結構的層級宜較少，著重外

部公平性和市場導向的薪資，獎金佔的比例宜較高、變動薪酬與長期薪酬較防衛型為高，可依賴績效獎勵或調薪、兼顧個人與團體的績效，可採用分權式、公開式和參與式的管理型態。至於防衛型的經營策略，其薪酬的決策與前瞻型的相反；分析型與反應型可兼採前兩者的做法，彈性較大。

從上面的說明中可知，人力資源規劃時需與經營策略相配合，其中不同的經營策略對薪酬有不同的策略性含意，薪酬決策時宜審慎考量決策的項目，方能與人力資源規劃作緊密的結合。

薪酬的模式

薪酬的模式主要在說明薪酬的制定過程及其內容，如圖9-2所示。以下針對此模式分為六個部份加以說明：

1. 工作(職位)／技能評價。
2. 薪酬調查。
3. 基本薪資結構。
4. 獎金。
5. 福利。
6. 薪酬調整。

工作(職位)／技能評價

薪酬的制定主要有兩種方式，一是依據工作(職位)來支薪，

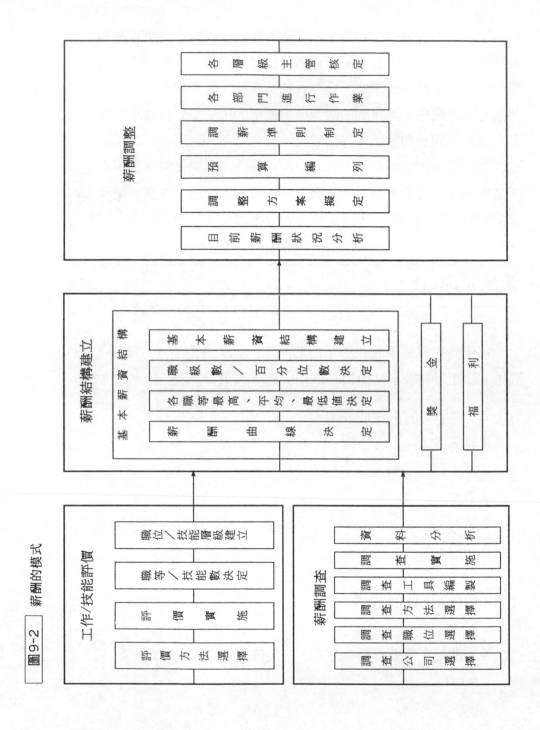

圖9-2 薪酬的模式

薪酬調整
- 各層級主管核定
- 各部門進行作業
- 調薪準則制定
- 預算編列
- 調整方案擬定
- 目前薪酬狀況分析

薪酬結構建立
基本薪資結構
- 基本薪資結構建立
- 職級數／百分位數決定
- 各職等最高、平均、最低值決定
- 薪酬曲線決定

獎金

福利

工作／技能評價
- 職位／技能層級建立
- 職等／技能數決定
- 評價實施
- 評價方法選擇

薪酬調查
- 資料分析
- 調查實施
- 調查工具編製
- 調查方法選擇
- 調查職位選擇
- 調查公司選擇

稱之爲工作本位的薪資(job-based pay)；另一種是依據個人或技能來支薪，稱之爲技能本位的薪資(skill-based pay)。前者較適用於傳統的層級組織中，但當企業處於競爭、動態和全球化的環境時，組織需更具彈性、創新和成本效益，以獲取競爭的優勢，組織結構會漸趨扁平化，著重團隊的工作，以及講求品質。因此，技能本位薪資的典範因應而生。

　　無論採用工作本位或技能本位來制定薪酬，均需講求組織內部的公平性和外部公平性。爲達內部公平性可採用工作評價或技能評價的方法；爲達外部公不性則可採用薪酬調查的方法，然後再據以設計基本薪資的結構，及作爲獎金與福利建立的參考。

　　工作或技能評價方法的主要目的，在決定工作或技能於組織中的相對重要性或價值，亦即在建立工作層級的結構，作爲基本薪資結構的依據，其過程可分爲四個步驟，簡要說明如下：

　　*1.*選擇評價方法。
　　*2.*進行評價。
　　*3.*決定職等／技能數。
　　*4.*建立職位／技能層級。

工作評價乃是採用系統的程序來決定工作在組織中的相對價值。早在十九世紀末，泰勒(F. Taylor)倡導科學管理時已開始使用，但至第二次世界大戰，企業界的使用才逐漸的增加。
　　採用工作評價的目的主要有四(Plachy, 1987)：

　　*1.*確認目前組織的工作結構。
　　*2.*建立工作間關係的順序與公平性。

3. 建立工作價值的層級，用以發展基本薪資結構。

4. 促進管理者與員工對工作與薪酬獲得共識。

工作評價常用的方法有四種：

1. 工作排序法：依照工作的困難度、價值或貢獻，從高到低
排列。

2. 工作分類法：將工作歸入事先已規劃好的類別或職等中。

3. 因素比較法：比較各種不同重要工作在每個組成因素上相
對的價值。

4. 點數法：依照組成工作的各種因素，例如：技術、努力、
責任和工作環境等，逐項評定點數。

在方法上，前兩種屬於非量化的方法，後兩種屬於量化的方
法；再就比較的標準而言，工作排序法和因素比較法是與其他工
作相比較，工作分類法與點數法是與預設的標準作比較。

在選擇適當的工作評價方法時，可以依據下列三項效標來考
量(Hills, 1989)：

1. 複雜程度與費用：排序法最簡單，花費亦最低，適用於小
型企業；點數法較複雜，花費亦高，適用於大型企業。

2. 合法性：工作排序法的爭議性較大；點數法較理性，較有
系統，爭議亦較少。

3. 理解性：點數法最易理解；工作排序法與因素比較法較難
理解，也較主觀，而不易被接受。

此外，選擇方法時尚需顧及組織本身的特性，通常企業組織

內會有許多不同的工作群，例如：生產、行銷、人力資源等，很難找到共同或普遍性的評價因素。因此，企業大多根據不同的工作群，採用不同的工作評價法，或用不同的工作因素來評價，以多元的工作評價方式來運作。換言之，每個工作群可依各自的評價方法，按排序或點數的高低，然後依照所設定的職等數，通常劃分為十到十五個職等數，再建立工作層級(job hierarchies)，作為擬定基本薪資結構的基礎。

至於技能評價則是有系統的檢定員工個人所精通技能的廣度或深度，用以決定個人技能的等級。當然，在評定員工技能等級之前，首先得決定組織內的技能群(skill block)，以及技能群中包括的技能，然後據以建立技能進階的結構，作為檢定之用。

技能進階結構的類型主要有兩種，一是依據技能的簡單到複雜或困難來排序，其中技能群和技能之間，均有複雜度或困難度深淺的差異，以此建立技能進階的層級；另一類型則是技能群之間沒有層級的關係，但技能群內的技能則是有相關的，技能進階即以精通技能項目的多寡來決定(Bunning, 1992; Lawler III, 1990; Ledford, Jr., 1991; Tosi & Tosi, 1986)。換言之，技能進階結構的類型，大致可區分為依照技能的深度(垂直)或廣度(水平)來建立其結構，但實際運用時，方式很多，例如：有主修─選修方式，技能點數方式，累積方式等。

在技能進階的過程中，企業可依本身的需要，劃分幾個技能群，通常每年以進階一個技能群居多，從入門到最高階通常得花三至五年的時間。在中途若無法通過某一階層時，大都會給予再檢定的機會；有些公司甚至對已通過檢定者，每隔一段時間之後，仍需再檢定，如果無法通過時，即予以降級。公司內的技能檢

定工作，一般係組成檢定小組來執行，小組人員包括：部門主管
、資深同僚、人力資源部門人員等。檢定的方法可採用筆試、操
作、口試等方式。檢定間隔的時間以三個月到一年者居多。

綜上所述，工作評價和技能評價的方法均爲求得組織內基本
薪資的公平性。工作評價方法較適用於高層級的組織，目前以採
用點數法居多，但其中因素間的模糊、重疊、不夠具體，以及因
素的加權數無法反應其價值，因素和次因素的向度不一致，重視
男性導向的因素，心理計量上信度的偏低和效度的不易衡量等問
題，均值得重視(Arvey, 1987; Hills, 1989; Weiner, 1991)。技
能評價方法較適用於團隊和參與式的組織，特別是製造業或服務
業的基層技術工作，亦可推展至專業性的工作。技能評價方法是
近十年來才較爲盛行，以致缺乏較爲正式和有系統的評價過程，
包括：如何建立技能進階的結構，以及技能檢定的公平性與客觀
性等問題，如部門間檢定標準的不一致，有的容易通過，有的則
較難；檢定工具的信度與效度的問題等(Lawler Ⅲ, 1990; Led-
ford, Jr. , Tyler, & Dixey, 1991)。

薪酬調查

在制定薪酬的過程中，爲達外部公平性，通常採用薪酬調查
的方法，用以決定薪酬的水準，使組織具有外部競爭力，主要目
的在吸引人才和留住人才。

欲從事薪酬調查時需考慮的事項很多，例如：重要工作(職
位)的選擇，相關勞動市場的界定，適當公司的選擇，調查內容
、方法的決定，以及資料的運用等，其過程可分爲六個步驟，簡

要說明如下：

1.決定調查公司。
2.選擇調查職位。
3.選擇調查方法。
4.編製調查工具。
5.實施調查。
6.分析資料。

在相關勞動市場方面，主要考慮勞動力供給的來源，一般可分為地方性、地區性、全國性和國際性的勞動市場，而且職業不同，勞動市場亦有差別。通常基層人力主要來自當地的勞動市場，職位越高、或越專業性的工作，人力的來源將擴及至全國性的勞動市場，甚至有些工作，例如：飛行員、跨國企業的經營人才，則可由國際性的勞動市場來考量。一個組織在多樣化工作的情況下，其勞動市場必屬多元性，而非單一的勞動市場。在選擇適當的調查公司方面，應選擇在市場上產品或服務具有競爭力的公司，其薪酬制度相似，例如：基本薪資、福利、獎金的比例，以及組織結構相似等，均應列入考慮。此外，調查的對象應包括各種規模大小不一的公司，以地方性勞動市場為主者，調查的公司數可以少些；若作全國性調查時，公司數要加多，使之具有代表性，以增強其效度。

在從事薪酬調查時，並非對組織內所有的工作或職位都需加以調查，而是選擇其中某些工作來調查，此乃因有些工作比較特殊，其他公司未必會有，而且若每項工作都要調查，會因費時而遭拒絕，又何況在建立基本薪資結構時並不需要所有工作項目的

資料。因此，選擇重要工作的條件有(Milkovich & Newman, 1990; Wallace, Jr. & Fay, 1983)：

1. 工作內容是大家所熟悉的，而且較爲固定的。
2. 許多公司都有這種工作。
3. 每個基本薪資的職等均有代表性的工作
4. 工作必須隨著教育、經驗等不同而有差異。
5. 通常以選擇二十五～三十項重要工作來調查較爲適當。
6. 重要工作當然也可包括組織內較難招募得到，或是離職率高的工作。

在搜集資料的方法方面，最常採用的方法有三種。

問卷調查法　可搜集到較多和較完整的資料，而且可同時搜集許多公司的資料，省時又經濟，但搜集到的資料有些不易理解，或明瞭其差異性。

訪問法　若採用電話的方式，雖可立即獲得資料，但不宜太多，而且有些資料也不易由電話中獲得；若採用面對面的訪問，費時又不經濟，調查的公司數不宜太多，較適用於調查地方性的勞動市場。

小組討論法　經由面對面的小組討論和交換意見，可立即確認資料的差異性，同樣的適用於地方性勞動市場的調查。

調查工具的編製，內容方面可大略分爲四部份(Wallace,Jr., & Fay,1983)。

基本資料部份　主要有二，首先是公司的屬性，包括公司的地址、電話、連絡人、經營項目、規模(員工數、營業額)、組織圖、每週工作時數、工會狀況等；其次是工作或職位的屬性：每

項工作或職位的人數、離職率、平均年資與年齡等。

　　基本薪資部份　包括：工作評價系統和基本薪資結構，每項工作或職位的最高、平均和最低基本薪資，及其全部薪酬的最低、平均、和最高薪，以及調薪的方式與時間等。

　　福利部份　包括：保險、事病假、假日、休假、教育補助、認股和退休制度及其他福利等。

　　獎金和紅利部份　包括：種類、數額、發放的方式等。

　　薪酬的資料可由公司經調查獲得，亦可向顧問公司購得，在運用資料之前，首先得將搜集的資料加以整理和分析，並列成表格，例如：建立研發人員、管理人員的平均薪酬線，基本薪資與獎金在薪酬中的比例，各公司福利種類或項目的統計表，目前及未來調薪的幅度等。通常薪酬曲線係根據基本薪資與獎金的總數來建立，但也可僅由基本薪資來建立，亦可將福利量化為錢的單位，由基本薪資、獎金、福利三者的總數來建立。

　　在資料整理與運用時需注意：有些工作或職位的名稱雖然相同，但工作內容可能會有差異；各公司薪酬的重點常略有不同，比較時需從整體的觀點來考量，以免有所偏差；所獲得的資料可能有時效性，或已過時了，運用時需加以調整。總之，薪酬調查的結果可建立公司的基本薪資結構，亦可用以制定獎金與福利制度，作為調薪的參考。

基本薪資結構

　　基本薪資通常是員工薪酬中最基本和重要的部份，組織常利用此來說明工作或技能在組織中的重要性，亦可用來吸引人才，

以及瞭解員工的工作績效。基本薪資屬於公司的固定成本或經常性給付，獎金與福利常受其影響而有所變動。根據美國商會的報告指出，福利成本佔基本薪資與獎金的百分之三十七點八，其中百分之二十七點四會隨基本薪資與獎金的調整而變動(U.S. Chamber Research Center, 1990)。

基本薪資主要係指本薪與津貼(加給)。本薪通常依工作者的職位、工作條件、服務年資、學經歷等為依據，按月或按日支付。津貼(加給)可分為與工作和與生活有關的津貼(加給)兩種，與工作有關的津貼(加給)有主管、專業技術、技術證照、危險工作、偏遠地區、出差、加班、夜班等津貼(加給)；與生活有關的津貼(加給)有交通、伙食、房租、水電、眷屬等津貼(加給)。在津貼(加給)部份，應使之具有激勵作用，並力求簡化，特別是與生活有關的津貼(加給)項目不宜過多，使基本薪資能更具以工作或技能為核算依據的公平性。

基本薪資結構是管理上一種控制的方法或設計，作為員工起薪、晉陞加薪和調薪等的準則，用以控制勞動成本(Balkin & Gomez-Mejia, 1987)。基本薪資結構可採用工作本位或技能本位的方式來建立，一般採用工作本位方式的居絕大多數。

首先說明工作本位的基本薪資結構。小型企業由於規模較小，大多採用工作評價中的排序法，排出工作或職位的高低，經由簡單的薪酬調查後，以基本薪資(本薪加津貼)為依據，訂出每項工作或職位的最高與最低薪。中大型或有制度的企業，大多採用工作評價中點數法所建立的工作層級，再參照薪酬調查的結果，建立其基本薪資結構，其過程可分為：

1. 畫薪酬曲線。

2. 決定各職等最高、平均、最低值。

3. 決定職級數／百分位數。

4. 建立／修正基本薪資結構。

其中需考慮的事項如**圖*9-3***所示，略述如下。

職等的數目

職等的設計係依工作評價的結果，將工作困難度、職責等類似的工作職位予以歸類，有利於組織內人力的調動與運用，例如，工作輪調時職等不必更動，基本薪資也無需隨之作大的變更，同時可使員工瞭解同一職等內各項工作的薪資。如果職等的數目太多，往上晉陞到頂點需時太久，若數目太少，晉陞機會就有限，需要很久才能晉陞。因此，職等數目的多寡沒有一定的法則，可視組織的層級及晉陞制度而調整，一般劃分為十至十五個職等居多，不過，考量未來組織的扁平化，以五至十個職等為宜。

薪酬水準

在薪酬調查後，可依基本薪資和獎金的總和，或僅由基本薪資，亦可加入福利，由三者的總和，依各職等的重要工作或職位的平均數或中數，劃出市場的薪酬曲線，再依公司的政策是要領先或落後，或是與同業的薪酬同步，訂出公司的薪酬曲線。若薪酬水準領先同業相當的程度(百分之十五以上)，較易吸引人才和留住人才，但勞動成本將會增高，大多用於講求創新的組織。市場的薪酬水準通常是動態的，組織的基本薪資結構在年度預算內常是固定的，而且選擇年度開始、年中或年終與市場薪酬水準作

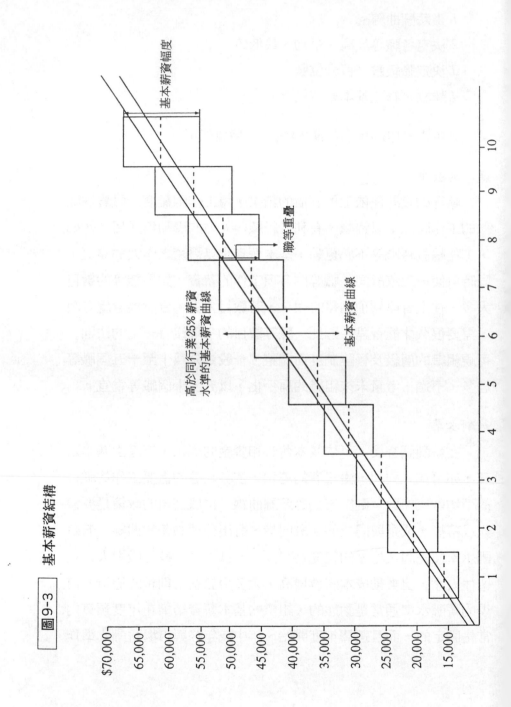

圖 9-3　基本薪資結構

基本薪資幅度

職等重疊

高於同行業 25% 薪資
水準的基本薪資曲線

基本薪資曲線

比較，會影響比較的結果是領先或落後(Fay, 1989)。

基本薪資幅度

　　通常以基本薪資(本薪加津貼)或經常性給付來建立基本薪資幅度。建立各職等基本薪資幅度的原因，係因剛擔任該職等工作時較不熟悉，經過一段時間的學習會漸趨熟練與勝任。因此，入門者與資深又有能力者的基本薪資有所不同是合理的。基本薪資幅度的設立係依據組織各職等基本薪資的中數或平均數來計算，通常在其上下百分之十至百分之五十，再決定職等的最高和最低薪。至於基本薪資幅度值的計算，係由最高薪減最低薪，再除以最低薪來表示。通常職等越高，基本薪資幅度越大，基層的職等在百分之二十至百分之二十五，中階職等在百分之三十五至百分之六〇，高階職等在百分之六十至百分之一百二十之間(Milkovich & Newman, 1990)。基本薪資幅度除可由最高、平均與最低薪來呈現外，同時需建立員工在職等內的百分位數。國內許多企業將每一職等細分為幾個職級，一般在十個職級以內，作為晉級調薪之用。

職等的重疊

　　係指相鄰職等間，低職等與高職等基本薪資幅度的重疊，考慮的重點在低職等資深者的貢獻多過於高職等的新進人員，但重疊過多會失去激勵作用，一般以不超過三個職等的重疊為原則。

　　在建立基本薪資結構的過程中，內部公平性常與外部公平性有所衝突，通常會著重外部市場的薪酬水準，以主觀的經驗作判斷予以調整；同時企業在面臨競爭的環境，常需擁有多套的薪酬制度，以獲取其所需要的人才。

至於技能本位的基本薪資結構，不是針對某一技能給予基本薪資，而是依據精通技能群多寡的數量決定其基本薪資。此外，技能本位的基本薪資不易經由薪酬調查的結果來設定，因為採用此種方法的企業不多，而且各企業的技能群也未必相同。因此，很難在市場上找到適當的參照標準，一般的做法係以勞動市場中類似技能群的工作或職位為參照，訂出其最高和最低薪，然後再依技能進階的層級來劃分基本薪資的級數，據此建立基本薪資結構。

　　總之，無論工作本位或技能本位的基本薪資結構，均需隨外在勞動市場和組織的變動而調整，使之具有彈性，以配合企業發展的需要。

獎金

　　獎金在性質上與基本薪資不同，獎金屬變動的成本，基本薪資則是固定的成本。獎金主要作為員工某一時段工作績效的獎勵，而且可彈性的適應經營環境的變動，例如，當經濟狀況不景氣時，公司可運用變動的薪酬降低獎金的方式，而非利用解雇員工降低用人成本，如此可減少反彈或負面的影響。

　　獎金的方式很早就用於業務人員、按件計酬的基層員工等，現今則擴及於研發、電腦程式設計等人員，而且在競爭與變動的環境中，獎金會趨向於獎勵團體的績效，講求員工與組織合夥的關係，強調員工分享組織的成果。

　　獎金可採個人和團體的方式來發給，在團體方面，可從二人以上至整個組織，基本的單位有小團隊、事業部門、組織三種類

型。有關獎金的理論，在個人獎金部份，主要有三種。

公平理論　認為個人的工作績效對組織是最重要的貢獻，故獎金應依個人績效來分配。

期待理論　為激勵員工的努力或行為的改變，需將獎金與工作績效相結合。

目標理論　個人的行為是目標導向的，如果目標明確，獎金又能配合目標的達成來給付，則可經由目標的設定來改進個人的工作績效。

採用團體獎金的主要理由分述於下(Gomez-Mejia & Balkin, 1992)。

心理計量理論　認為在團體中彼此的工作均會相互影響，很難單獨來衡量個人的工作績效，而且從衡量的觀點，在多數的工作狀況下，團體的績效較為精確和有效。

社會凝聚理論　大部份的工作均需透過擁有不同技能或背景的員工共同來完成，故團隊與合作是達成高度工作績效的必要條件。

現金流通理論　就組織而言，在經濟景氣的循環中，變動成本的比例越大，組織經營的彈性就越大，當不景氣時，組織也可更有效地運用有限的資源。

分配正義的觀點　認為公司經營的利潤，應由員工與企業擁有者共同來分享，才能符合公平正義的原則。

在運用上，個人獎金適用於工作較為簡單，而且彼此間相依性小，以及個人的工作績效易於衡量，同時個人可以掌控的；通常採用的方式有按件計酬、提案獎金、業務獎金等，尚有並非純以工作績效來考量的年終獎金、全勤獎金等。團體獎金則適用於

工作較為複雜，而且具有相依性，以及講求團隊合作與承諾的工作，通常以降低成本、提高生產力、利潤分享等方式來衡量，計算的方法可採用史坎龍(Scanlon)、羅克(Rucker)、應普羅謝爾(Improshare)等人所提出的公式，或公司自己擬定的公式來計算。事實上，可以用來衡量獎金的內容還有很多，例如：財務比例、品質改進、顧客滿意的程度等。

獎金發放的時間，大多採每月、每季或每年的方式居多，亦有按特殊節日來發放的。至於獎金與基本薪資搭配的方式有：

1. 在基本薪資之外，另給予獎金。
2. 將基本薪資(固定成本)略為調降，將之轉換成獎金(變動成本)。
3. 將欲調整薪酬的幅度，均分到基本薪資與獎金中。

通常可依公司財務、環境的競爭以及員工接受變動薪酬的準備狀況等來決定採用的方式。當公司財力越好，越有能力時，可採用第一種方式；處在競爭激烈、員工已有接受的準備時，可採用第二和第三種方式。

福利

福利乃是組織提供給成員的報酬，但與基本薪資和獎金有所不同，並非依工作績效來給與，只要是組織中的成員，即可享有相同的福利，而且可一直的享有。雇主可運用福利來增加員工對組織的承諾，藉以吸引人才和留住人才並增加對組織的滿意度。

福利在過去常被認為是額外，或是很少部份，對雇主和員工

都不是很重要，隨著福利在基本薪資和獎金中所佔的比例逐漸加大，美國一項調查顯示佔百分之三十六點二至百分之三十九點三(U.S. Chamber Research Center, 1990)，再加上外在環境競爭激烈，福利乃躍居薪酬中重要和不容忽視的地位。

福利可由心理契約來說明，因員工相信他對組織有所貢獻，而且為組織所接受，組織理所當然提供福利以滿足其現在及未來的需要，用以交換其作為組織一份子的回報(Lucero & Allen, 1994)。

在福利面臨的問題之中，剝奪理論(deprivation theory)認為長期經濟繁榮的結果，人們的期望會隨之增高，當期望與經濟的景氣無法一致時，人們就會感受到被剝奪和不滿意，而導致不安，特別是當事實與渴望的結果，得到與認為應當獲得的結果之間有差距時就會有忿怒或悲傷的感覺(Lucero & Allen, 1994)。

福利包括的範圍很廣，主要的項目有醫療、保險、貸款、休假、事假、病假、婚、喪、教育、生活等的補助，以及退休金等。在目前福利成本逐漸高漲之際，可採用雇主與員工共同分擔，以及彈性的福利等方式來降低成本。

所謂彈性福利就是員工有機會選擇福利的項目，組織則提供彈性的福利以滿足員工不同的需要，同時控制福利的成本，而且員工有機會影響福利方案的設計和參與決策的情況下，會感到較為滿意。此外採用彈性福利的原因尚有(Schuster & Zingheim, 1992)：

1.員工常低估了福利的成本，而此可使員工重新思考福利的成本。

2. 員工可選擇對自己較爲重要的福利，可使福利更有價值。

3. 彈性福利給員工較多的自主性，象徵管理人員對員工的信任，可強化員工與組織合夥的關係。

4. 可以讓員工知道福利的選擇會影響到福利的成本。

5. 彈性福利可以用來重新界定對組織的特別貢獻。

福利的支出已成爲組織很大的負擔，再加上經營環境競爭激烈，造成財務上的壓力，在未來許多不確定的情況下，組織可朝共同分擔以及控制成本的方向努力，同時不要僅依年資來考量，可加入工作績效、對組織的貢獻等其他因素，使福利措施更能與組織的經營相配合。

薪酬調整

在薪酬的調整中，獎金一般從項目或金額上作定期的檢討與調整，使之具有激勵的作用；福利則常依政府的規定、同業的競爭、和員工的需求等，調整其內容與金額。通常薪酬的調整主要針對基本薪資而言，以下說明其過程並簡要敍述其內容：

1. 分析目前薪酬狀況。

2. 擬定調整方案。

3. 編列預算。

4. 擬定調薪準則。

5. 各部門進行作業。

6. 各層級主管核定。

影響薪酬調整的因素很多，包括組織外部與內部的許多因素，在外部方面，主要有同業競爭者調薪的幅度、就業勞動市場的供需狀況、公務人員調薪的幅度和消費者物價指數等；在內部方面，主要是公司的獲利狀況、公司財務的負荷能力以及工會的力量等。

在基本薪資的結構中，有工作本位和技能本位的薪資，技能本位薪資的調整較為簡單，通常係依市場狀況調整技能群的基本薪資；工作本位薪資調整的方式較多，主要有四種。

依年資調薪　此乃隨年資的增加而調薪，可加強對組織的忠誠度；在同一職等內年資越久，基本薪資越高，但調整的比例可能較低。按年資來調整，對員工亦具有保障的作用。

依考績調薪　乃依個人的工作績效來調薪，績效差者不調薪，中等者可依消費者物價指數來調，績效傑出者可依適當激勵幅度來調整；若職等內有若干職級者，績效好的晉陞級數可較多，差者不晉級；如果基本薪資只有金額幅度，沒有職級者，可用百分比來調整。通常在職等中百分位數(percentiles)越高者，基本薪資的調幅越低，可用以激勵居於百分位數較低者。

整體調薪　係指組織中所有的成員均按照基本薪資的百分比來調薪。

職位變動的調薪　此乃因職位晉陞而調薪，亦有因更換工作，雖在相同職等內，但因工作內容、場所、地區等的不同，基本薪資也會有所調整，此外，尚有試用後改敍的調薪。

企業界在薪酬的調整上，通常並非採用單一的調薪方式，而是依組織的狀況，綜合的予以運用。換言之，薪酬的調整不要僅依照消費者物價指數、或是年資來調整，尚可依同業競爭者、工

作績效等來調整，使之更有意義。至於調整的薪酬可納入基本薪資結構之中，亦可依年度一次發給，或是部份納入基本薪資結構，部份一次發給。當然，薪酬的調整既要能反應勞動市場競爭的狀況，也儘可能不要成為固定的成本，以增加彈性的空間。

薪酬調整方案決定後，首先得編列預算，以及擬定調整準則，如不同員工的調整幅度、作業進度等。然後各部門主管即可依準則作業，最後經各層級核定後就可生效。

結語

薪酬是人力資源管理中一項重要的功能，亦是員工關注的重點。基於薪酬是一複雜的現象或問題，可由不同的學術領域，從不同的角度或觀點來探討，而有各種不同的理論，但彼此間並不衝突。

薪酬與經營策略相結合，可增進企業的績效與競爭力，並可促使管理者去思考較為長期的目標。薪酬制度的建立其過程與內容，主要包括：工作(職位)／技能評價、薪酬調查、基本薪資結構、獎金、福利和薪酬調整六個部份。此外，薪酬的設計與管理可採保密或公開的方式。若採保密的方式，易造成員工的不信賴，也易扭曲真正的報酬；如果採公開方式，可鼓勵員工發問、分享資料和參與決策，但需投入相當的時間與努力來建立薪酬制度。因此，制度未建立好，採用保密的方式為佳，若採用公開方式，可能會造成反效果。至於員工是否參與薪酬的設計與管理，與組織的管理型態有關，在參與式的情境，知識密集的組織，使用

參與式的設計為宜；在傳統式的組織中，薪酬的設計係由上而下，屬於非參與的方式。

　　未來薪酬的研究可從幾個方向來探討。

　　薪酬變革的方向　為使薪酬更具彈性、更有激勵作用、以及降低成本，以因應競爭激烈的環境，組織可嘗試新的思考方向，使薪酬能配合新的經營方向。

　　影響策略性薪酬的相關因素　經營策略：如多角化、生命週期、國際化等；組織的內部環境：組織型態、獲利狀況、組織規模等；組織的外部環境：同業的競爭狀況、勞動市場的供需狀況等；組織的績效：是否能吸引、激勵和留住人才。員工個人的因素：如員工的需求、偏好等。

　　技能本位薪資制度的研究　美國目前已成功的應用於基層技術人力上，可探討在臺灣採用的可行性，對象亦可擴及到專業人員，如工程師等，特別是高科技公司，當組織扁平化後，專業人員的薪酬可朝此方向努力。

個案研討

薪酬個案一：冠軍房屋仲介公司

公司背景

冠軍房屋仲介公司為國內著名的冠軍企業集團旗下的投資事業，創立於民國七十七年，為一股票公開發行之公司，主要從事房屋仲介與土地仲介服務。成立初期在全省設有八個連鎖直營仲介店，員工約有一百五十人，登記資本額為新台幣五千萬元。一年後開放員工認股成為公司的股東，資本額增加到一億元，直營的仲介店增加到三十家。

四年後公司資本額成長到六億元，直營的仲介店增加到六十五家，就連鎖店數而言，排名居全國第四名，該年公司決定申請股票上市。為配合政府對股票上市公司的規定，公司決定成立建設事業部門，以便介入建設營造市場，並擴大營業範圍，爭取上市成功的機會。

民國八十二年為因應內部員工創業的壓力，以及結合外部有意創業的同業員工的意向，決定採行當時房屋仲介業首創的直營店與加盟店並行制度，以便吸收有意創業的人成為公司經營的合夥者，並達到快速佔有市場的策略目標，該年直營仲介店已達八十家，連同二十家加盟店，在全省已有一百家的連鎖店，成為房屋仲介業第三大的店數體系。

接著幾年為了增加房屋仲介店開發大樓住戶，以及提供自建大樓完整的售後服務，並配合公寓大廈管理法通過後的龐大商機，乃與日本住宅公司合資成立冠日大樓管理公司，正式邁向房地產建立垂直整合體系的目標。此外，又轉投資冠信代書事務所，以確保房屋仲介交易過程中的代書作業品質。

近年來公司決定以快速的加盟擴展來達到第一品牌的策略，乃全面將直營店轉成加盟店，使得去年的店數已達一百五十家，直逼原來以一百五十五家排名第一的住住公司。今年店數已快速擴展到一百九十四家，一舉超過住住公司成為全國最大的房屋仲介體系。另外，最近幾年公司在房地產方面亦有所發展，成為國內著名的建設公司。公司現行的組織如下圖所示。

經營策略

公司的經營理念為：「服務專業化、管理現代化、經營國際化」，為落實此理念，定期舉辦專業訓練，建立員工專業的服務能力，並設有完整的全省電腦連線作業，各項人事、銷售、財會、資材等作業，均已納入電腦化管理；此外並採取全方位管理、建立合理化制度、力行績效管理、貫徹人性化參與管理、落實決策集體化、強化高階幕僚功能等六大管理方向；同時更積極規劃成為跨國性企業的目標。

公司發展加盟業務的優勢方面，因房屋仲介業具有中間媒介的產業特質，加上買賣交易服務期間長且手續繁瑣，因而消費者的信賴是促成交易的重要因素，公司在發展加盟業務就具有下列的優勢：

*1.*企業集團資產已超過二千億元，實力受肯定，可使加盟者

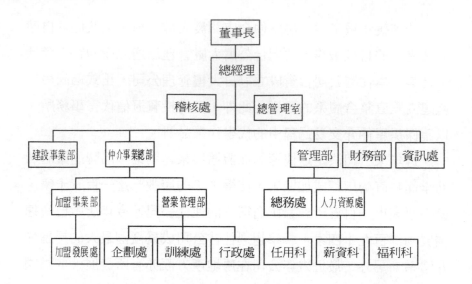

冠軍公司組織

馬上享有大企業的形象。

2. 公司電腦內累積的物件資料庫已超過一萬件，加盟者可迅速取得資訊，縮短開發產品時間，並且首創「萬屋通」電腦影像交易系統，使買賣成交機會大增，增加加盟店之獲利機會。

3. 有完整的企劃、教育訓練、廣告、電腦連線、業務輔導、法律諮詢等制度，並有多年實際從事房屋仲介之經驗，可充分應付加盟者之需。

4. 已經擁有建設、代書、大樓管理等一貫性的體系，可強化服務之廣度，加上公司永續經營的長程規劃，更可建立消費者對企業集團的信任度。

公司發展加盟業務的劣勢方面，略述如下：

1. 企業集團在具有一定規模之後，考慮會較多，使得加盟條件較爲僵化無法充分因應仲介加盟業務開展之彈性需要。
2. 公司組織龐大，所屬事業差異較大且複雜，導致決策效率比較差。

公司發展加盟業務的機會方面，由於相關法令，例如：房屋仲介業管理條例、建築業管理條例等陸續通過後，對具規模之房屋仲介公司較爲有利，因而公司發展加盟業務的機會有：

1. 企業集團規模龐大，物件開發來源較具多元化管道。
2. 所屬事業可相互提供教育訓練的專業知識，不必假外界力量。
3. 房屋仲介業管理條例通過後，對從業人員的嚴格規範，將有利於大型企業集團的發展。
4. 建築業管理條例通過房屋必須先建後售，將嚴格壓縮預售代銷業的生存空間，有利房屋仲介業的整體發展。
5. 由於單一仲介店已漸漸不具經營的經濟規模，有助於公司進一步的擴大發展。

公司發展加盟業務的威脅方面，由於公司在短短幾年內的迅速發展，造成原已發展加盟的同業，例如：力巴公司、佳佳公司、有屋式公司等之極大壓力，紛紛採低價競爭的策略來搶客戶，而原本經營直營店的大西洋房屋公司、和平房屋公司等，也有意介入此一加盟市場，簡言之，公司發展加盟業務的威脅有：

1. 加盟同業不擇手段的採低價競爭策略，對加盟店提出各項優惠，甚至有不收加盟權利金的作法，將造成公司拓展加盟業務利潤之減少及開發新客戶不易。

2. 原直營仲介公司也有意投入加盟市場行列，更是一項大的潛在威脅。

3. 因投資加盟店可在半年至一年回收，導致公司面臨內部業務、輔導、管理人員受到同業的挖角，或是直接自己去開加盟店等的人員流失。

4. 相關行業，例如：代書事業的結盟，預售代銷業的轉型，建設公司自行成立銷售公司、大樓管理公司等，陸續投入中古屋買賣市場，搶食市場大餅，也將帶給公司拓展市場之競爭壓力。

由於加盟總部的主要收入來自加盟者的加盟權利金和每月繳付之月費，因而加盟店數開得越多對加盟總部越有利。因此，公司近期的經營策略是以拓展加盟店數的方式，迅速搶奪市場，以建立經濟規模。經由數年努力，公司經營的店數規模已經由原來全國排名第四名，躍升為全國第一名。未來公司將積極追求服務品質的提昇，使目前客戶知名度排名第三名的地位，能跳到第一名，確保在仲介業龍頭的地位。

公司的薪酬

本公司人力資源採取內外並重，利潤分享的策略，加盟店 (recruit) 人員的任用，除了內部調升外，並爭取仲介加盟同業展店人員帶槍投靠，以達迅速拓展店數的目標。另外，幕僚人員的晉用也採取同樣的方式，除了歡迎同業高階主管加入外，也重

視本身資深人員之培養與訓練。

公司增資時，會開放員工及加盟者認股成為公司股東，以共享公司之經營成果及未來股票上市上櫃後的股票增值利益。

公司要面對仲介同業挖角及內部有意加盟創業的壓力，使得公司人員的離職率高達在百分之三十左右。此外，由於公司大力拓展加盟業務，薪酬管理採取高獎金的策略，使得業務人員的用人費率達百分之五十八，較一般同業的百分之五十二為高。

在人力資源工作的分工方面，由總管理處人資組負責規劃公司整體的人力資源政策；管理部人力資源處負責執行公司的任用、薪資、福利等工作；業務行政部訓練處負責執行公司的教育訓練，及協助各加盟店招募仲介經紀人的工作。

基本薪資的制度方面：

*1.*各級員工之基本薪資為：本薪＋加給＋津貼

- 本薪
- 加給：分為職務加給和特支加給。

—— 職務加給：各級人員按其職稱，每月發給二千元至兩萬元不等之加給。

—— 特支加給：部門主管按其職稱，每月發給五千元至三萬元不等之加給。

- 津貼：分為伙食津貼、駐區津貼和油料津貼。

—— 伙食津貼：每人每月一千八百元。

—— 駐區津貼：派駐外地之業務人員及主管，按其職稱

每月發給五千元至三萬元不等之駐區津貼。

- 油料津貼：加盟業務人員每月每人油料津貼為兩千元，需檢據報銷；加盟業務主管則按其職稱每月檢據報銷六千元至一萬元不等之油料津貼。

2. 公司員工基本薪資薪等共分成十三職等，其中各職稱與各薪等之關聯性分別為：辦事員(一職等)、副股長(一、二職等)、股長(二、三職等)、副科長(三、四職等)、科長(四、五職等)、襄理(五、六職等)、副理(六、七職等)、經理(七、八職等)、協理(八、九職等)、首席協理(九、十職等)、副總經理(十、十一職等)、執行副總經理(十一、十二職等)、總經理(十三職等)。其中每一職等均含有四十個級數。

3. 各職等之本薪(不含各項加給、津貼、獎金)之上下限為：

- 一職等：一萬七千～二萬四千八佰元(每級級距二百元)
- 二職等：二萬～二萬九千七百五十元(每級級距二百五十元)
- 三職等：二萬四千～三萬五千七百元(每級級距三百元)
- 四職等：二萬八千～四萬零六百五十元(每級級距三百五十元)
- 五職等：三萬五仟～五萬零六百元(每級級距四百元)
- 六職等：四萬五千～六萬四千五百元(每級級距五百元)
- 七職等：五萬四千～七萬七千四百元(每級級距六百元)
- 八職等：六萬三千～九萬零三百元(每級級距七百元)

- 九職等：七萬五千〜十萬一千零一百元(每級級距九百元)
- 十職等：八萬七千〜十二萬六千元(每級級距一千元)
- 十一職等：十萬〜十四萬八千元(每級級距一千二百元)
- 十二職等：十一萬〜十九萬三千七百元(每級級距一千二百元)
- 十三職等：十二萬〜二十二萬零五百元(每級級距一千五百元)

4. 公司原則上於每年的八月一日調整薪資，調整幅度主要考慮：公司的獲利情況、公務人員的調薪幅度、物價變動情形。最近三年對考績優等的員工(約百分之十〜百分之十五)平均每年調整幅度為百分之十；對考績甲等的員工(約百分之七十〜百分之八十)平均每年調整幅度為百分之六；對考績乙等的員工(約百分之十〜百分之十五)平均每年調整幅度為百分之四。平均調幅略高於公務人員的百分之三〜百分之五，少數表現特優的同仁則超過百分之十。

5. 公司員工的晉陞，原則上年度在調薪時一併考慮，但表現優異的員工則不在此限，由單位主管視情況簽報。

目前公司的薪資水準，在基層部份與同業大致相符，但較之其他高科技產業則偏低，導致基層人力補充不易；在高階主管部份則略優於同業之一般水準。

獎金制度方面：公司的獎金大致分成四種類別

年終獎金　年終會根據公司獲利、同業情況發給年終獎金。

此外，再根據該員工及所屬部門之考績結果，發給績效獎金。以最近三年為例，考績優等者可拿到三個月，考績甲等者可拿到一點五個月，考績乙等者則只有一個月。

員工紅利　每年股東會後，根據公司獲利情況，提撥稅後盈餘的百分之二作為員工紅利。分配方式為百分之五十以平均方式分給全體員工，另百分之五十則依據員工的職級分配。

獎懲獎金　依員工獎懲辦法規定，凡記大功一次者加發一個月薪資，記小功一次者加發十天薪資，記嘉獎一次者加發三天薪資。不過，記大過一次者扣發一個月薪資，記小過一次者扣發十天薪資，記申誡一次者扣發三天薪資。

業務獎金　在加盟部份的獎金可分成：

- **招商獎金**：每完成一家加盟店即發給招商獎金五萬元，分配方式為部門主管百分之十、組長百分之十五、業務員百分之五十、幕僚人員百分之二十五。
- **達成獎金**：加盟業務處各組完成該組年度目標時，另發達成獎金，當達到百分之百到百分之一百一十四發七萬五千元的獎金；達成百分之一百一十五以上加發十萬元的開發獎金。獎金分配方式為加盟業務處百分之八十，幕僚單位百分之二十。
- **團體獎金**：當加盟事業部完成年度開店目標時，另發給團體獎金三十萬元，分配方式為部門主管百分之十五、各組主管百分之十五、全體業務人員百分之四十五、幕僚單位百分之二十五。

目前公司並沒有員工分紅入股的辦法，但在公司辦理現金增

資時，會依公司法之規定提出百分之十至十五的股份給員工，分配方式是根據職稱認購股票。對工作表現優異之主管及重要幹部，董事會於年底年終獎金發放前，會私下發給該等人員特別獎金，以資獎勵其一年來之辛勞及貢獻。

在薪資部份，一般員工的基本薪資約佔百分之八十、獎金約佔百分之二十，而在業務人員部份則薪資約佔百分之四十五、獎金約佔百分之五十五。

福利制度方面：

1. 公司依法成立職工福利委員會，福利金來源有五：

- 由公司創立時就資本總額提撥百分之一。
- 每月營業收入總額提撥千分之一。
- 每月職工個人薪資內提撥千分之五。
- 自下腳變賣收入中提撥百分之四十。
- 其他收入，如收購公司增資股票時之畸零股獲利所得。

2. 職工福利委員會的組成：

- 設委員十九人，除總經理為當然委員外，其餘人員由各部門自行推選。
- 主任委員由委員互選，綜理職工福利委員會一切會務。
- 對委員之任期規定，除當然委員不受限制外，其餘委員任期為三年，當選連任者不得超過三分之二。
- 設總幹事一人，協助主任委員處理日常會務，另外置副總幹事、會計幹事、總務幹事、財務幹事、康樂幹事等若干人，協助總幹事辦理各項會務，有關人選則由主任

委員遴選，經委員會同意後派任。

*3.*其他福利制度有

結婚禮金：員工本人結婚，職福會致送賀禮二千元，公司主管亦可申請致贈給該員工禮金八百至二千元(按主管職級)之補助款。

喪葬奠儀：員工父母或配偶死亡者，職福會致送奠儀一千九百元，子女死亡者一千元。公司主管亦可申請給該員工奠儀五百至一千元(按主管職級)之補助款。

生育賀禮：員工本人或配偶分娩者，致送禮金二千元。

傷病慰問金：員工因病住院致送慰問金一千元，情況特殊者由所屬單位主管另案簽報。

旅遊補助金：各部門每年可向職福會申請每人三千元之旅遊補助金，另職福會也會定期舉辦全公司的旅遊活動及年終尾牙摸彩活動等。

員工子女教育補助金：員工服務滿一年以上者，可向職福會申請子女教育補助費，幼稚園為五百元；小學為八百元；國高中職為一千二百元；專科為一千六百元；大學技術學院為二千元。

團體保險：除勞健保外，公司尚為每位員工投保一百萬元之團體定期壽險及團體傷害保險，保費由公司全額負擔。

退休：員工工作年滿十五年以上且年齡滿五十五歲以上者；或是工作滿二十五年以上者，得申請退休。退休金給付為每滿一年給予兩個月薪資，超過十五年以上部份，每滿一年給予一個月薪資，但最高以四十五個月為限，未滿半年者以半年計算，滿半年者以一年計算。

撫恤：員工因執行職務或罹患職業病而致死亡者，發給五個月平均薪資之喪葬費，及一次給予其遺族四十個月平均薪資之死亡撫恤金。

　　特別休假：員工工作滿一年以上者，每年給予七天；滿三年以上者，每年給予十天；滿五年以上者，每年給予十四天；滿十年以上者，每年加給一天，加到三十天為止。

　　其他：公司協理級以上之部門主管，由公司依其等級配給七十萬～一百萬之座車，總經理並配有專任之司機。經理級以上主管則由公司在辦公室附近代租每月八千元之停車位，其座車所使用之油資均由公司全額負擔。

　　公司員工平均年齡為三十二點九歲，未婚員工約佔百分之七十，因而比較關切結婚補助禮金的大小；已婚者(大部份為主管級人員兼具職福會委員)比較希望調高比同業水準低的子女教育補助金，但因職工福利金的總預算有限，順了姑意，就違逆了嫂意，職工福利委員會對此問題時常有所討論。

問題討論

　　1. 公司的薪酬是否能配合其經營策略？

　　2. 公司的獎金制度是否合理，並達到激勵之效果？

　　3. 公司的福利制度是否符合員工的需要？

薪酬個案二：偉成紡織公司

擁有二十五年股票上市歷史的偉成紡織公司總經理陳天才，正召集各單位主管會商今年的調薪政策。

化纖事業部的林國民經理說，預期今年大陸及美國化纖原料需求會大量增加，國內幾個主要競爭廠商已有擴大產能的計劃，勢必會對外挖角，恐會影響公司人事的穩定性，而且化纖事業部去年總營收為二百億元，佔了整個公司營收三百一十億元的百分之六十四點五，因此希望化纖事業部的調薪幅度能夠在百分之七以上。

投資部的李民進經理說，去年公司十二億元的淨利，百分之七十都來自營業外收入，證明我們投資部門在股票操作的績效，希望公司能考慮除了基本薪資的調幅外，也能考慮訂定一套股票操作績效的獎金，以免投資部門的分析師，被證券公司高薪挖走，影響投資部門的績效。

製衣事業部的蔡新經理則說，員工薪資的調幅不應該是齊頭式的一律調整多少百分比，應該由公司決定一個調整幅度後，交由各部門主管斟酌個人的情況作個別調整。

財務部的劉成功經理則站在成本的立場，以公司的財務報表作基礎，認為公司今年可以忍受的調幅約在百分之三～百分之五，而且長期而言，應該考慮如何降低固定薪資的比例，改以增加變動獎金的方式作因應調整，否則固定薪資費用的年年調升，將是經營上很大的壓力。

總經理室負責人力資源管理的謝勝利經理則認為，公司的調

薪應考慮各部門的獲利情況，像化纖事業部、印染事業部，去年均呈虧損，不應該要求高過平均水準的調幅。

化纖事業部的林經理馬上站起來反駁，沒錯！去年化纖事業部不賺錢，但是回顧過去這幾年，公司的利潤主要是來自化纖事業部，所以不能以一時成敗論英雄，而且預期今年景氣會復甦，如果公司沒有一套留住人才的調薪政策，勢必會造成化纖部人才的流失，反而得不償失。

印染事業部的范光輝經理很無奈的說，我們不能光看表面的數字，事實上如果沒有印染事業部，上游的化纖、紡織及下游的製衣，並不能達到一貫作業的優勢，所以不能抹煞印染事業部同仁的努力成果，希望公司各部門的調幅應該一致，避免有同公司卻有不同的調幅，造成員工士氣的低落以及增加未來各部門人員輪調的困擾。

陳總經理在聆聽各部門的意見後，即陷入思考要如何取得部門主管及董事會對調薪幅度的平衡點。

問題討論

1. 各部門的調薪是否要有差異？
2. 今年應如何調薪對公司最有利？請您幫陳總經理下決定。

人力資源發展

10

本章思考問題

■企業為何要從事人力資源發展？

■人力資源發展要如何配合經營策略？

■如何確保人力資源發展的品質？

■中小企業從事人力資源發展時，如何將錢花
　在刀口上？

■如何有效的使員工受訓所學應用於工作崗位
　上？

人力資源發展的基本概念是強調「人」的重要，其目的在提高「人」的素質，不但可提昇組織生產力，更可增進員工的工作滿意，促進生涯發展，和提昇生活品質；為達此目標，最佳的途徑是透過人力資源發展的。本章將分別探討人力資源發展的基本概念、理論基礎、與人力資源規劃的關係、人力資源發展的模式、評鑑的新典範以及我國中小企業人力資源發展的省思。

人力資源發展的基本概念

　　本節首先說明人力資源發展的意義，其次探討人力資源發展專業人員的角色及其能力，最後探討我國人力資源發展專業人員的能力。

人力資源發展的意義

　　人力資源發展(human resource development，簡稱HRD)一辭，係聶德勒(L. Nadler)在「美國訓練與發展協會」(American Society for Training and Development，簡稱ASTD)於一九六九年在邁阿密(Miami)召開的研討會上，首次正式使用。時至今日，應用此一名辭者眾，研究其概念者寡，以致這一名辭的意義，言人人殊。

　　雖然人力資源發展的歷史並不長，卻有一長遠的過去，此可追溯自遠古時代，父教子打柴狩獵、耕作等活動。爾後則有學徒制、學校教育，以至於私人或企業團體所辦的教育與訓練，其目

的皆在發展人力資源。因此,「人力資源發展」一辭雖由一九六九年開始使用,但其概念卻早涵蓋在「訓練」、「訓練與發展」、「教育與訓練」等字義之中。

聶德勒於一九七〇年曾將人力資源發展界定為:在一段時間內,作有計畫、有目的的學習,以提高工作的表現(Nadler, 1984)。此項定義雖經許多專家、學者予以修訂,但其基本概念仍然保持不變。

史納德(R. Snyder)等人則採較為具體和寬廣的觀點,將人力資源發展定義為:使用行為科學有關的技術或理論,以增進人的價值,作為組織的資源(Snyder, Raben, & Farr, 1980)。其基本信念在於人是組織中最有價值的資源,而且認為行為科學已提供許多方案和技能,可促進人力資源的有效運用。

管理百科書有較為詳盡的說明,認為人力資源發展已成為一種促進工作表現,用以配合組織需要的發展概念,其中包含三項主要工作(Heyel, 1982):

1. 繼續不斷評估員工所需的工作能力。
2. 舉辦充實工作能力的活動,例如:員工的教育與訓練、提高工作生活品質方案等的活動。
3. 確定目標是否達成的評鑑。

人力資源發展的內涵,隨著人類文明的演進而擴增,其間經歷過幾個大的階段,變化最大的莫過於工業革命之後,企業界逐漸體認到人力資源發展的重要性,卻因傳統的教育系統未能符合需要,企業界乃建立自己的人力資源發展系統,擔負起員工培育的工作,對企業界和教育界都是一項大的震撼。換言之,隨著工

作與組織的日趨複雜，知識與技能的快速成長，人力資源發展的
內涵亦隨之日益擴張。時至今日，人力資源發展除工作能力的培
訓之外，更顧及個人潛能的發揮，以及生活品質的提昇，對個人
、組織、社會都有助益。

人力資源發展專業人員的角色及其能力

人力資源發展專業人員的工作，主要在分析組織的問題和設
計適當的解決方案。美國訓練與發展協會(ASTD)的專業發展委
員會(ASTD Professional Development Committee, 1979)將
人力資源發展的專業活動歸爲九類：

1. 分析需要和評鑑結果。

2. 設計和發展課程和教材。

3. 實施課程。

4. 諮詢與諮商。

5. 管理訓練的活動。

6. 維持組織的關係。

7. 從事研究以提昇人力資源發展的領域。

8. 發展專業的技能。

9. 發展基本的技能與知識。

以上每一項活動均包括許多的工作和需要許多人員的參與。
聶德勒(Nadler, 1984)曾將人力資源發展的專業人員歸爲三類角
色，並細分爲十二種次角色。

學習專家 包括：教學者、學習課程的設計者、教學策略的

發展者。

　　人力資源發展的管理人員　包括：人力資源發展政策的制定者、課程的督導者、人際關係的維持者、人力資源發展人員的發展者、設施與財務的處理者。

　　顧問　包括：專家、提議者、激勵者、變革者。

　　這些角色的排列沒有主要或次要的差別，而是依歷史上角色產生的先後予以陳述，同時較之聶德勒一九七〇年所列舉的角色，僅在第二類中增加了「人力資源發展政策的制定者」一項，以因應管理人員從事策略性規劃工作的需要，其餘僅在文字上略加更動而已。

　　此外，「美國訓練與發展協會」(ASTD)在麥克雷根(P. McLagan)的主持下完成的「卓越」的模式(models for excellence)研究中，將人力資源發展的角色分爲十五種(McLagan, 1983)：

　　*1.*評鑑者。
　　*2.*團體活動的促進者。
　　*3.*個別發展的諮商者。
　　*4.*教學的編輯者。
　　*5.*教師。
　　*6.*管理者。
　　*7.*市場行銷者。
　　*8.*媒體專家。
　　*9.*需求分析者。
　　*10.*課程的行政人員。

*11.*課程設計者。

*12.*策略專家。

*13.*任務分析者。

*14.*理論研究者。

*15.*學習轉移的協助者。

　　這個模式中的角色除「策略專家」相當於聶德勒於一九八四年，為因應需要而增加的「人力資源發展政策的制定者」外，僅多了「個人發展的諮商者」、「市場行銷者」以及「理論研究者」三項，其餘的角色在名稱上雖有差異，實質的內涵卻極為相似。

　　人力資源發展專業人員的角色並非固定不變，而是會隨著社會的變遷，組織的大小或複雜性而有所增減。例如，「理論研究者」除大機構有研究單位外，許多小的機構根本擔負不起此項開銷。此外，並非一個人只能擔任一種角色，可依個人的能力、工作的性質以及工作環境的不同，來決定擔任角色之多寡。一個正規的、合理的組織結構，擁有許多由行為所形成的活動，角色則是個體在組織活動中的行為表現，或者說是個體被期望達成的專業行為標準，或是雇主所要求的一組活動，同時每個角色將因人、組織和問題的差異而有所不同。

　　至於「能力」(competencies)係指有效扮演某種角色所需的才能以及其他的特質，例如：特殊技能、知識、價值、和態度等(Pinto & Walker, 1978; McLagan, 1980; Zemke, 1982)。

　　關於人力資源發展專業人員的能力，論述者甚多，例如，柴洛斯基和希瑞爾(Chalofsky & Cerio, 1975)從整體的觀點列舉了十二項核心能力；強生(Johnson, 1976)則歸出十五類；加拿

大安大略的「訓練與發展協會」(Ontario Society for Training and Development)也提出了十二項核心能力：行政、溝通、課程設計、評鑑、團體動力或過程、教學技術、學習理論、人力規劃、人或組織的問題、研究和發展、設備和教材、需求分析(Kenny, 1979)。

美國的「訓練與發展協會」(ASTD)從人力資源發展的十五種角色中分析出三十一種能力，並歸納出四個主要的叢集能力(cluster competencies)：共同的(interface)能力；觀念發展的能力；研究的能力；領導的能力(McLagan, 1983)。

除上述著重整體觀點的能力分析外，尚有許多針對教學專家、評鑑者等個別角色的能力分析，例如，史垂特(Streit, 1980)比較六種職業環境中教育工學專家的能力中，將八十種能力歸為九大類；迪肯斯和黑笛德(Dickens & Hadded, 1979)為南卡羅來納州的三郡技術學院(Tri-County Technical College)發展三年制的「教學專家」的課程，共列了一○四種能力，並將之歸為九大類；「美國教育傳播與科技學會」(Association Educational Communication Technology)「教學創新者」(Instructional Innovator)所組成的「教學發展認證工作小組」(Task Force on ID Certification , 1981)發表教學發展專家的二十項能力：

1. 擬定適當的教學發展計畫。
2. 實施需求評估。
3. 評估學習者的特性。
4. 分析工作、任務、或內容。
5. 擬定學習的目標。

6.分析工作環境的特性。

7.編排學習結果的順序。

8.選定教學策略。

9.編排教學活動的順序。

10.選擇學習的資源。

11.設立教學活動的規準。

12.尋找現有的教學材料。

13.準備教材發展的規準。

14.評鑑教學。

15.建立課程管理系統。

16.擬定「教學發展」計畫。

17.監督教學發展計畫。

18.利用口頭和書面溝通，以符合專業的標準。

19.鼓勵教學發展的推廣與採用。

20.參與專業的活動。

　　此外，崔姆比 (Trimby, 1982) 研究企業教學發展新進人員的能力，共列了七十種個人的能力，並將之歸為七類：管理教材發展單位及發展過程；需求評估；計畫內容；設計和發展教材；實施計畫；評鑑；具備一般能力。

　　各學者對人力資源發展專業人員的能力分析，雖因對象或觀點的不同，在內容上也有所差異，但其功用或價值則大致相同。「美國教育傳播與科技學會」(Association for Educational Communication and Techology, 1981) 認為能力分析具有以下六項價值：

*1.*提供有經驗的從業人員評量自己或專業發展的工具。

*2.*提供一般的觀念，促進與其他專業團體的溝通。

*3.*提供課程發展的依據。

*4.*提供專業證書授與的依據。

*5.*協助雇主選擇合乎資格的從業人員。

*6.*界定新專業領域的基礎。

麥克雷根(McLagan, 1980)也認為能力分析的功用有：遴選人員；評估工作；規劃個人的發展；設計課程；規劃個人的生涯；作為教導與諮商之用；規劃職位的接替與認定具有高潛能者；擬定生涯的路徑。

總之，能力分析的目的在瞭解從事某一職位者應具備那些能力，並經由能力的決定與評鑑，作為課程發展、評估績效、遴選人員、輔導諮商以及個人與組織發展之參考。以下根據屏投和華克(Pinto & Walker, 1978)等人所界定的能力內涵：包括知識、技能和特質；雷格路斯、邦德生和梅瑞爾，對專業領域人員的分類：包括科學家、科技專家、技術員；以及羅森費爾德、宋通、和葛烈勒(Rosenfeld, Thornton, & Glazer, 1978)專業領域能力的三個發展階段：包括：入學能力、入門能力、進階能力，作者將專業領域人員的角色與能力之關係，發展出角色能力的結構圖，如圖*10-1*所示。

此角色能力的結構模式，屬概念性的架構，各層面的內涵也非固定不變，在應用時可依實際的需要作調整。在能力內涵方面，可依教學目標予以分類，包括：認知、技能、情意三大領域；或採嘉爾和波爾(Gale & Pol, 1975)將能力細分為才能(abili-

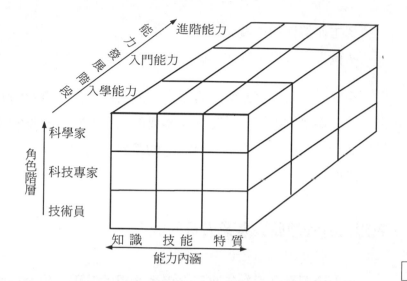

圖·10-1

角色能力的結構

ties)、知識(knowledge)、判斷技能(skills)、態度、和價值等
。在角色階層方面，可依組織或工作的性質予以不同的分類，例
如，海爾(B. Hyer)(Cited in Wallington, 1981)將教學媒體工
作者分爲三個階層：助手(aide)、技術員(technican)和專家(
specialist)。至於能力發展階段方面，可依實際狀況予以增減，
一般的研究通常只著重於入門能力(entry level)和進階能力的探
討。

此概念性角色能力的結構模式，僅說明其內在結構，並未包
括影響角色能力的外在變數，例如：

1. 組織型態。

2. 組織規模。

3. 工作特性與情境。

4. 個人的教育程度與經驗等因素在內。

　　事實上，人力資源發展專業人員的角色及其所需要的能力，深受外在環境的影響，同時這個架構的用意不在作界限的劃分，僅作觀念的釐清，和強調「著重點」的差異，並供日後專業人員能力培訓的參考。

我國人力資源發展專業人員的能力

　　人力資源發展近幾年來已漸受企業界的重視，然而在推展人力資源發展方案時，卻常遭遇許多的問題，例如，對需要何種訓練無法確定，不知如何發展訓練教材，以及不知如何評鑑等，以致績效不彰。有鑑於此，本節將探討人力資源發展專業人員該做什麼工作，以及那些工作最缺乏能力去做？欲確保方案的品質，這是重要的課題。所謂「人力資源發展方案」在本節中，係指由公司自辦、有目的、有計畫的正規課程。

　　作者曾以天下雜誌(民77)統計台灣規模最大、最具領導地位的製造業，一千家中的前五百家，作為抽樣的對象。又由於紡織、印染是我國製造業中較為成熟的產業，曾在經濟發展過程中，是出口產品的大宗；資訊電子近年來發展快速，為我國新興的產業；與機械相關的產業，亦是我國的基本產業，發展的成熟度居於兩者之中。因此，本文以：資訊電子(電工器材)；機械相關(包括：機械、鋼鐵、交通運輸)；紡織(包括：成衣、印染)三種類別的產業為研究的對象。

經作者查詢後，公司自辦人力資源發展正規課程者，計有一百九十八家，其中資訊電子類有九十六家、機械相關類有五十六家，紡織類有四十六家。採分層隨機取樣，從中抽取：四十八家，佔百分之四十八點五；機械相關類：二十八家，佔百分之二十八點三；紡織類：二十三家，佔百分之二十三點二。

問卷回收共九十件，回收率達百分之九十點九；各產業的回收率介於百分之八十七與百分之九十二點八之間相當的平均。

以下根據問卷調查結果所得到的資料，分述如下。

需求評估

需求評估工作項目的重要程度與專業人員能力程度的分析結果，列於表10-1，說明如下：

需求評估十九個工作項目重要程度的平均數介於2.92～3.68間，標準差在0.52～0.82間，亦即所有的項目均居於重要到非常重要之間。其中非常重要的項目依序為：

1. 管理階層人員的培育(3.68)。

2. 方案配合組織目前的需要(3.59)。

3. 專業或技術階層人員的培育(3.55)。

4. 高階主管具備人力資源發展的理念(3.52)。

由此可知，人員的培育、配合組織目前的需要、高階主管的理念被認為是工作時最重要的，而且是關鍵性的項目。其餘的項目均屬重要，工作時都需要使用到。

十九個工作項目專業人員能力的平均數介於2.27至2.93之間，標準差在0.67至0.88間。其中有四項的平均數介於2.27～2.47，

工　　作　　項　　目	重　要　程　度			能　力　程　度		
	平均數	標準差	等第	平均數	標準差	等第
1.高階主管具備人力資源發展的理念。	3.52	0.65	4	2.91	0.79	2
2.人力資源發展方案與人力資源發展政策的配合。	3.44	0.61	5	2.64	0.67	11
3.人力資源發展方案配合組織目前的需要(1年之內)。	3.59	0.54	2	2.82	0.68	6
4.人力資源發展方案配合組織的短程計畫(2年)。	3.35	0.69	6	2.79	0.70	7
5.人力資源發展方案配合組織的中程計畫(2~5年)。	3.10	0.67	15	2.41	0.76	16
6.人力資源發展方案配合組織的長程計畫(5年以上)。	2.92	0.78	19	2.27	0.84	19
7.人力資源發展方案對管理階層人員的培育。	3.68	0.52	1	2.93	0.76	1
8.人力資源發展方案對專業或技術階層人員的培育。	3.55	0.63	3	2.88	0.82	3
9.人力資源發展方案對員工自我發展與生活內涵的增進。	3.17	0.78	10	2.55	0.80	15
10.人力資源發展方案對企業文化的塑造。	3.24	0.82	7	2.40	0.88	17
11.需求評估方法的選擇。	3.11	0.73	14	2.57	0.77	13
12.需求評估工具的發展。	2.94	0.72	18	2.30	0.80	18
13.組織問題的分析，並決定各種可能的解決方案。	3.19	0.61	9	2.56	0.83	14
14.工作分析(工作規範)以決定進修課程的內容。	3.14	0.71	12	2.64	0.82	11
15.人員分析以決定進修人員。	3.16	0.65	11	2.72	0.75	10
16.人力資源發展方案實施方式(自辦或委託辦理)的分析。	3.01	0.68	17	2.86	0.73	4
17.人力資源發展方案的可行性分析。	3.13	0.74	13	2.75	0.73	8
18.各種人力資源發展方案實施的優先順序。	3.20	0.61	8	2.85	0.75	5
19.人力資源發展方案需求評估的書面報告。	3.04	0.66	16	2.74	0.80	9

表10-1

需求評估工作項目重要程度與能力程度的平均數、標準差、等第

依序為：

    *1.*組織的長程計畫(2.27)。

    *2.*評估工具的發展(2.30)。

    *3.*企業文化的塑造(2.40)。

    *4.*組織的中程計畫(2.41)。

亦即從事人力資源發展有關人員，對於這些項目所知不多，較少實際經驗。其餘的項目，則有能力可以從事。

綜上所述，需求評估中被認為最具關鍵的項目是管理階層人員的培育、配合組織目前的需要以及高階主管的理念；至於需求評估所需的方法、工具以及各種相關的分析，例如：問題、工作、人員、實施方式和可行性等，較為專業或技術性的項目，受到重視的程度，略嫌不足。有關中程與長程的計畫，目前企業界不但不重視，在能力上亦有欠缺。根據米爾斯(Mills, 1985a)的研究，以美國二百二十家公司的調查結果，僅百分之二十二的公司，人力資源的規劃能與組織的長期計畫相配合；再根據吳秉恩(民76)的研究指出，國內管理訓練計畫的編訂，具有兩年以上書面計畫者，僅佔十分之一；黃英忠(民75)抽樣的二十七個國內企業中，有兩年以上計畫者，僅佔百分之三十三點三。由此可知，國內與國外對中長程的人力資源計畫，重視的程度皆不高。此外，發展評估工具與塑造企業文化，亦是國內目前從業人員能力深感不足的工作。

方案的規劃

方案規劃工作項目的重要程度與專業人員能力程度分析的結果，列於表*10-2*。

由表*10-2*得知，方案規劃十八個工作項目重要程度的平均數介於2.86～3.36間，標準差在0.57～0.73之間，亦即所有項目均為重要，是工作時所需要的項目。

專業人員能力程度的平均數介於2.20至2.99間，標準差在0.69～0.85間，其中在2.20～2.48者有七個項目，依序為：

工　　作　　項　　目	重　要　程　度			能　力　程　度		
	平均數	標準差	等第	平均數	標準差	等第
1.課程目標與需求評估結果的配合。	3.36	0.63	1	2.80	0.70	3
2.公司所開設各類課程的上下連貫。	3.29	0.57	3	2.75	0.75	4
3.公司所開設各類課程的左右銜接。	3.16	0.65	6	2.64	0.80	6
4.教學單元內容的分析。	3.07	0.66	12	2.64	0.81	6
5.教學單元目標的分析。	3.15	0.66	8	2.60	0.76	11
6.教學內容順序與時間的安排。	3.14	0.65	9	2.99	0.74	1
7.學員特性與能力的分析。	3.02	0.73	15	2.64	0.74	6
8.教學方法的選擇。	3.14	0.67	9	2.71	0.80	5
9.教材外購或自製的選擇。	2.86	0.67	18	2.85	0.73	2
10.適合公司需要的班級教學教材之編製。	3.23	0.66	4	2.64	0.85	6
11.適合公司需要的自學教材之編製。	3.10	0.65	11	2.47	0.82	13
12.方案評鑑的實驗設計。	3.04	0.66	14	2.43	0.84	14
13.學員對教學反應評鑑工具的編製。	3.02	0.72	15	2.48	0.78	12
14.學員學習結果評鑑工具的編製。	3.02	0.70	15	2.41	0.73	15
15.學員受訓後，評鑑工作行為工具的編製。	3.07	0.63	12	2.30	0.72	17
16.人力資源發展方案實施結果成效分析工具的編製。	3.16	0.65	6	2.20	0.69	18
17.學習結果有效轉移至工作的計畫。	3.31	0.67	2	2.36	0.71	16
18.方案實施的管理。	3.17	0.61	5	2.61	0.75	10

表10-2

方案規劃工作項目重要程度與能力程度的平均數、標準差、等第

1. 成效分析工具的編製(2.20)。

2. 編製評鑑工作行為的工具(2.30)。

3. 有效學習轉移的計畫(2.36)。

4. 學習結果評鑑工具的編製(2.41)。

5. 實施結果評鑑的設計(2.43)。

6. 自學教材的編製(2.47)。

7. 教學反應評鑑工具的編製(2.48)。

這些項目是目前國內從業者能力上比較欠缺的，其餘的項目則認爲有能力可以從事。綜上所述，目前國內企業界在人力資源發展方案的規劃上，最欠缺的能力是各種工具的編製、有效學習的轉移、評鑑的設計和自學教材的編製，這些皆屬較爲專業性的能力，在目前既是重要，卻又是最缺乏能力的項目。根據中華民國職業訓練研究發展中心的調查(民74)，國內在辦理職業訓練時，教材是其中最感困難的項目之一。由此可知，欲促進國內人力資源的發展，首先得提昇從業人員的專業能力。

方案的實施

方案實施工作項目的重要程度與專業人員能力程度的分析結果，列於**表10-3**。

由**表10-3**得知，方案實施中十三個工作項目重要程度的平均數介於3.02～3.70間，標準差在0.53～0.69間，顯示所有的工作項目居於重要到非常重要之間。其中非常重要的項目依序爲：

*1.*高階主管的支持與參與(3.70)。

*2.*行政的配合與支持(3.66)。

*3.*講師的能力與資格(3.51)。

這些均是工作時必須且是關鍵性的項目，其餘則爲重要的項目，工作時需要使用的。

專業人員能力程度的平均數介於2.44～3.26之間，標準差在0.64～0.83間，其中僅有一個項目：成年人學習特性的應用(2.44)，專業人員所知有限，能力略有欠缺；其餘的項目則有能力從

工　　作　　項　　目	重　要　程　度			能　力　程　度		
	平均數	標準差	等第	平均數	標準差	等第
1.行政的配合與支持。	3.66	0.57	2	2.99	0.71	4
2.高階主管的支持與參與。	3.70	0.53	1	2.94	0.76	5
3.教學前的準備（講義、餐飲等）。	3.29	0.59	6	3.26	0.64	1
4.講師的能力與資格。	3.51	0.55	3	2.94	0.70	5
5.教學地點、場所等的安排。	3.21	0.61	10	3.13	0.75	2
6.教學設備與材料的充實。	3.28	0.58	7	3.00	0.76	3
7.教學媒體的配合。	3.10	0.57	11	2.85	0.83	8
8.成年人學習特性的應用。	3.02	0.69	13	2.44	0.82	13
9.教學進度的控制。	3.08	0.53	12	2.93	0.70	7
10.學員與講師互動情況的瞭解。	3.24	0.65	9	2.73	0.76	11
11.學員對教學反應的評鑑。	3.26	0.64	8	2.85	0.76	8
12.學員學習結果的評鑑。	3.32	0.58	5	2.66	0.72	12
13.教學結果的檢討。	3.35	0.66	4	2.85	0.66	8

表10-3

方案實施工作項目重要程度與能力程度的平均數、標準差、等第

事之，尤其是教學前的準備(3.26)，教學地點、場所、和氣氛的安排(3.13)，教學設備與材料的充實(3.00)等項目，專業人員的能力相當的高。

綜上所述，方案實施的工作項目均居於重要到非常重要之間，其中以高階主管的參與、行政的配合、講師的能力最爲重要。依據布洛德(Broad, 1980)的研究指出，高階主管的參與和支持，是方案實施的重要影響因素，與本文的此項結果一致。目前國內企業界的從業人員，比較有能力從事的項目偏向於事務性的工作，推究其原因，可能是目前國內在推動人力資源的發展時，將之視爲一般業務來處理比較不重視方案實施專業化的普遍現象。

工　　　作　　　項　　　目	重　要　程　度			能　力　程　度		
	平均數	標準差	等第	平均數	標準差	等第
1.學員結訓後適當工作環境的安排。	3.08	0.74	5	2.49	0.72	2
2.學員應用學習結果的追踪輔導。	3.15	0.68	2	2.34	0.81	3
3.學員結訓後工作行為的定期評鑑。	3.04	0.73	6	2.27	0.89	5
4.學員結訓後激勵制度的配合。	3.14	0.72	3	2.33	0.75	4
5.學員個人的經濟成效分析。	2.74	0.82	8	2.04	0.80	7
6.學員個人的非經濟成效分析。	2.73	0.76	9	2.01	0.80	9
7.組織的經濟成效分析。	3.10	0.69	4	2.11	0.82	6
8.組織的非經濟成效分析。	2.93	0.74	7	2.02	0.84	8
9.人力資源發展方案的檢討與改進。	3.40	0.64	1	2.51	0.77	1

表10-4

方案評鑑工作項目重要程度與能力程度的平均數、標準差、等第

方案的評鑑

　　方案評鑑工作項目的重要程度與專業人員能力程度的分析結果，列於**表10-4**。

　　由**表10-4**可知，方案評鑑九個工作項目重要程度的平均數居於2.73～3.40之間，標準差在0.64～0.82之間，表示所有工作項目均為重要。其中較為重要的是方案的檢討與改進(3.40)；其次是追踪輔導(3.14)；再其次是激勵制度的配合(3.14)。

　　專業人員能力程度的平均數介於2.01～2.51間，標準差在0.72～0.89之間，其中僅有一個項目：方案的檢討與改進(2.51)，專業人員有能力從事，其餘的項目所知有限，能力上皆顯不足。

　　綜上所述，雖然每個工作項目都重要，但其中個人的經濟與非經濟成效分析，被認為是重要性較低的兩個項目，由此推知，企業界對人力資源的發展，仍以組織的成效為重心，事實上，個人的成效大部份皆是組織成效的一部份，主要是分析觀點的差異

。專業人員能力普遍不足的現象，可能與企業界在經費和制度上未能給予充分的支持，而從業人員亦甚少實際從事這方面的工作有關。依據吳秉恩(民76)和黃英忠(民75)的研究指出，成果考核後的結果，甚少與激勵措施配合，例如：加薪、福利、陞遷等，此種現象可能亦是導致從業人員不夠積極的原因之一。

總而言之，本文五十九個工作項目的平均數介於2.73～3.70間，全屬重要範圍以上，其中管理與專業技術人員的培育，配合組織目前的需要，高階主管的理念、支持與參與，行政的配合與支持，講師的能力與資格，達於非常重要的程度，是人力資源發展中最重要的工作。

在本文的四個階段中，各工作項目重要程度的平均數，需求評估介於2.92～3.68，方案的規劃介於2.86～3.36，方案的實施介於3.02～3.70，方案的評鑑介於2.73～3.40間。由此得知，一般對方案的需求評估和方案的實施較為重視，對方案的規劃，尤其是方案的評鑑，在重視的程度上略低。事實上，此兩階段的重要性絕不亞於另外兩個階段，各階段的工作是相互關聯的，而重要性也是不分軒輊的。

專業人員在各階段工作項目所具備能力的平均數，需求評估介於2.20～2.99，方案的規劃介於2.20～2.99，方案的實施介於2.44～3.26，方案的評鑑介於2.01～2.51。由此可知，企業界辦理人力資源發展方案時，專業人員比較有能力從事的工作是方案的實施階段，其中僅成人學習特性的應用，專業人員能力比較不夠，其餘的項目則認為有能力可以從事。最欠缺能力從事的是方案評鑑的階段，其中僅方案的檢討與改進有能力從事外，其餘的項目均感能力不足。其餘比較缺乏能力從事的工作，在需求評估階

段有組織的長程、中程計畫，評估工具的發展，和企業文化的塑造；在方案規劃的階段有成效分析工具、評鑑「工作行為工具」、學習結果評鑑工具、教學反應評鑑工具、自學教材等的編製，以及有效學習轉移的計畫，實施結果評鑑的設計。整體而言，國內專業人員所具備的能力，有普遍不足的現象，根據羅斯威爾（Rothwell, 1983）人力資源發展部門生命週期的劃分，尚屬嬰兒期。

由研究結果顯示，國內專業人員的能力有普遍不足的現象，其中尤以從事方案評鑑的能力最感不足。因此，宜透過各種管道，例如：短期訓練、講習、進修班，或進學校就讀等方式，以提昇專業人員的能力，除專業知能之培訓外，對自我發展、生活內涵，以及企業文化等的增進，亦應加以重視，方能培育出健全的人力。

由於各工作項目都是重要或非常重要，顯然的，亦是發展人力資源所必須的工作和應具備的能力。

據此，可作為企業界擬定人力資源專業人員進修課程的參考；或提供學術機構，例如：學校、研究單位等，作為開設課程的依據；抑或讓學員作自我檢查，以瞭解自己的能力；或協助公司選擇專業人才之用。

人力資源發展的理論基礎

　　人力資源發展大都經由訓練、教育、與發展的途徑，用以增強或擴充員工的學習經驗。所謂學習的經驗，指的是經由設計而有可能導致行為改變的學習，是有目的、或是有意的學習，而非偶然的學習。由於訓練、教育與發展，在性質與意義上，有時不易劃分清楚，以至國內和國外，在使用時常有含混不清或交互使用的現象，若能採取觀念分析學派的主張，將其概念或意義予以釐清，不但有助於邏輯思考的運作，也才能針對問題，提出合理解決的途徑，發揮各項學習活動的功能。現以聶德勒和烈德(Nadler, 1979; Laird, 1979)的觀點為主，對此三項活動的目的、功能、投資報酬率等略加說明。

　　「訓練」是為了改善員工目前的工作表現，或增進即將從事工作的能力，以適應新的產品、工作程序、政策、和標準等，以提高工作績效。訓練對工作的影響是立竿見影的，由於訓練後可立即使用，投資上所冒的風險較低。因此，訓練在性質上雖是一種花費，同時也可視為投資。

　　「教育」是欲培養員工在某一特定方向、或提昇目前工作的能力，以期配合未來工作力的規劃，或擔任新工作、新職位時，對組織能有較多的貢獻。廣泛性的能力需經由一連串的安排與廣博的學習，方能激發個人的潛能，以提昇其基本能力，在性質上屬短期的投資，若教育後沒有適當職位可安置，或轉換到其他公司，對該公司而言，將形成教育投資的損失。因此，就投資報酬率

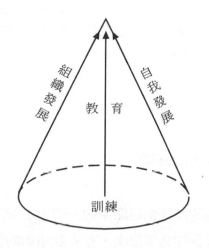

圖10-2

訓練、教育與發展
的關係

而言,所冒的風險勢必要比訓練來得大。

　　「發展」的目的在獲得新的視野、科技和觀點,使整個組織有新的發展目標、狀態、和環境。發展雖以組織為主,事實上,個人的發展亦包含其中,唯有個人能充分的發展,組織的發展方能達成;同樣的,唯有組織能不斷的發展,才能促進個人的發展。個人的發展主要在培養繼續學習的意願,具備自我發展的能力,以充實生活的內涵,提高生活的意境,獲得圓滿的人生。由於發展重視的是組織長期性的目標,和個人生活品質的提昇,其結果常不易顯現和掌握,在性質上屬於長期的投資,自然地所擔負的風險更大。

　　訓練、教育、發展三者間的關係,如圖10-2所示。這三項學習活動雖有各自的目的與功能,但在實際應用上,有時不易予以嚴格的劃分,因三者在總目標上有其一致性,在功能上又有交互的影響之故。此三種活動,可分別實施,亦可同時進行。至於重

要性，對企業組織而言，不但是同等的，而且需結合三者的力量，方能滙爲一股整體的力量，以推動個人和組織的發展。以下分爲兩部份來探討：其一，人力資源發展的相關理論；其二，人力資源發展與組織體系關係的模式。

人力資源發展的相關理論

由於人力資源的發展是組織中的一環，欲使人力資源發展落實到組織中，牽涉到的範圍很廣，首先就組織的結構、個人在組織中的角色，來說明「人力資源發展」和「組織」兩者間的關係；其次說明個人生涯的發展。

組織的結構

「組織」一辭，含意繁多，通常可由四方面來瞭解；組織的分工合作、權責分配、以及層級體制的靜態結構；組織的動態功能和行爲；成員的團體意識和心理或精神的狀態；組織適應內在和外在環境的生態系統(馬傑明，民68；潘文章，民73)。

由此可知，欲對組織有全盤的認知，誠屬不易，除需瞭解組織結構靜態的安排外，更不能忽略人的因素，以及內在和外在環境的互動和變化。組織的功能即是使人員在分工合作下，各盡所能，各負其責，並在各部門的協調配合中，將資源作有效的運用，以達成組織的目標。欲實現這些功能，「結構」是必備的條件。至於組織結構上的分工，可由垂直分化與平行分化兩方面來加以說明(馬傑明，民68)。

組織在結構上垂直分化的結果，會形成組織的層級體系或階

梯體系，它將組織由縱面分為若干層次，各對其上層負起全責，各層管轄的區域，隨層次之降低而縮小；人員在階層中，經由分化，區分出主管與部屬的地位，並建立起正式權威的體系，亦即在階層間存在著層級鏈(scalar chain)，鏈的一端是上級，另一端是下屬，在此從屬關係中，高階層對低階層產生領導、監督、協調等作用。任何組織儘管垂直分化的程度有所差異，但各團體、單位、或個人間，若彼此具有從屬的關係，就形成了縱向的層級。而個人在層級中的職位，隨層級的不同來界定其權力與責任。至於組織結構平行分化的作用，則在規劃組織的基本部門，主要係依工作性質將活動歸類到各單位，使各單位有明確的工作範圍和權責。一個企業組織即在這兩種分化中，上下左右相互交織成組織結構的實體，使個人各有所司，也使組織的各部門能緊密的連成一體，它規範了成員的地位與角色，並訂定組織各部門的功能與關係。

　　組織的理論繁多，結構的型式不一，常因目標的不同與適應實際的需要，而不斷的有所變動。人在組織中，不但會因結構本身的改變而更換職位，同時也會在工作的變換與晉陞的管道中，改變個人的職責與地位。因此，人力資源發展表面上針對的是組織中「人」的因素，事實上應是「組織中的人」，它是整個組織的命脈，所有的活動與功能全賴其去運籌帷幄，而人力資源發展也唯有落實到組織中，與組織結構相結合，方能發揮其功能，產生推動組織運作的效用。

組織中的角色

　　各學者從不同的角度，將角色的概念應用於社會科學的研究

上，不少社會學者認爲社會系統不過是角色的組合，個人只有在行使角色時，才能成爲社會的一份子。組織中成員的角色，是爲了達成組織的目標。因此，個人的行爲必會受到組織的牽制或影響，使之與角色的規範相一致。換言之，個人在組織的參與中，不是個人，而是角色的履行。

在企業組織中，與角色最具密切關係的是「職位」，職位雖與角色行爲的表現有關，但兩者間是有所差異的。職位通常係以工作性質、繁簡難易、責任輕重、及所需的資格條件等，作爲職位分類的依據。因此，職位的內容是指工作人員所擔任的工作與權責，是靜態的，結構性的。若由人員去執行這些工作與權責，即在行使某種職位的角色，是動態的，人格化的。在實際的組織運作中，角色的扮演通常受到組織性質、工作、個人和情境等變數的影響，導致角色行使內涵：能力與特質的不同 (Mintzberg, 1973b)。

角色並非單一的概念，在行使的過程中，包括了三個層面：組織結構的要求：如規範、期待、和責任等；個人的角色概念：個人對其職位的想法和做法的一種內在的界定；角色行爲：組織規範內的活動方式(Ortiz, 1982)。

易言之，角色的概念係由三個基本的要素組成：

1. 在某職位上被期待的行爲。
2. 個人認爲應爲者。
3. 個人實際表現的行爲。

當個人在扮演某一職位角色時，三者間的差距越小，個人對此角色的履行就越滿意；若是差距過大，則可能肇因於組織對角

色的職責界定不清，個人的角色觀念不正確，或是個人無法勝任此角色等。因此，如何在三者間作一調適，形成適當的角色概念，個人與組織都得戮力以赴。當個人的職位有所異動，或工作內容有新的要求時，就須經由學習的歷程，增強或擴展履行角色的能力或特質，方能有令人滿意的表現。

生涯的發展

生涯(career)係指一個人終其一生所有與工作有關的生活，其中除有薪資的工作外，尚包括：義工、休閒娛樂等活動在內。在此相當漫長的生涯中，由於社會變遷的快速，科技與知識的突飛猛進，加上個人需求層次的提昇，使得「再教育」、「再學習」有著迫切的需要，而「活到老，學到老」的理念，也不再是形式上的口號，將逐漸的落實到實際的生活與工作中。

生涯發展雖是針對個人而言，然而在此發展的過程中，卻需藉助外在的力量來協助其發展。年少時，以家庭、學校的教育為主；就業後，則以組織所擔負的人力資源發展的影響較大，此時生涯發展的運作，除個人外，尚包括組織，兩者各有其所應擔負之發展任務。

生涯發展理論的瞭解，將有助於人力資源發展的認識與運作。以下僅略述幾個具代表性的理論，並說明其含意。

特質因素論　認為人係由許多能力和特質所組成，生涯的成功有其所需的條件。因此，帕森斯(F. Parsons)認為職業選擇有三項基本的法則(Brown, 1986)：

*1.*分析個人的能力、興趣和特質。
*2.*瞭解職業的機會、條件和狀況。

*3.*將上述資料作一比較，選擇最適當的職業。

個人的能力和特質，若能與工作所需的條件相配合或一致時，就容易獲得成功和滿足，對個人與組織都很重要。

心理動力論　主要從心理分析、需要、動機、和自我等觀點，說明生涯的選擇與適應。認爲生涯上的各種活動，是爲了滿足內在的需要和避免焦慮。羅伊(A. Roe)認爲興趣和態度等的發展，係由早年滿意和挫折的類型所決定，動機的強弱則由滿足需要的程度而定。至於賀倫(J. Holland)則由人格類型來說明生涯的選擇與發展，將人格的特質與適當的生涯相關連，共分爲實際型、研究型、藝術型、社會型、企業型、和傳統型六類。

社會文化的觀點　社會學者重視社會文化對生涯發展的影響，探討家庭、學校、同儕團體、和社區等所形成的社會化的歷程，關心生涯流動、職位結構、職業地位、工作與休閒、以及泛文化的比較等，目前則重視人力資源的發展、薪酬等問題。由此可知，生涯發展除需考慮個人與組織的因素外，社會文化的需求與狀況亦應顧及。

決定論　係從認知、經濟、數理、和社會學習等的概念來探討作決定的歷程，主要依據期望論、自我效能論、作決定的條件、和學習的理論等，說明行爲的改變與決定。其中庫魯勃茲(J. Krumboltz)等人，認爲個人的人格和行爲特性，乃受其獨特學習經驗的影響，包括：正負增強的工具性經驗以及聯合的、替代的經驗等(Herr & Cramer, 1988)。

發展論　有關生涯發展階段的分法，學者們的看法略有出入，著重點也有所不同，例如艾立克森(E. Erikson)、舒伯(D.

Super)以人格、年齡來劃分生涯發展的階段；戴頓、湯姆斯和朴萊斯(G. Dalton, P. Thompson, & R. Price)則以工作身分的類別，作為劃分階段的依據；而賀爾(D. Hall)的生涯發展觀念，雖源自舒伯的看法，卻能配合企業界的需要來劃分階段。以下即就上述學者的看法加以略述。

艾立克森：艾立克森(Erikson,1963)的人格發展理論，對瞭解企業員工人格的形成和特徵將有所助益。他的人格理論是以自我發展的八個階段為中心，認為任何階段發展的良窳，都會影響日後的適應，以及應付新問題的能力。

由於個人發展情況的差異，階段間不易以年齡作嚴格的劃分，但發展仍是一個接著一個階段的進行。前面四個階段——信任對不信任、自主對害羞與懷疑、自發對愧疚、勤勉對自卑，發生在嬰兒期和兒童期；第五個階段——自我認定對角色混淆，發生在青春期；後三個階段——親密對疏離、生產對停滯、自我統整對絕望，發生在成年期及老年期。每一階段中都有正反兩特徵的交互作用，每一個體處理這些交互作用的方式不同，導致不同人格的形成，而此人格的發展對其生涯的發展，勢必造成重大的影響。

舒伯和賀爾：舒伯(Super,1957)依據研究結果，將生涯的發展分為五個階段：生長期：出生到14歲；試探期：15歲到24歲；建立期：25歲到44歲；維持期：45到64歲；衰退期：65歲以後。

賀爾的發展階段與舒伯的分法相類似，不同的是將舒伯的第一與第二兩階段合併討論，稱為：試探期；建立期；中期職業生涯；退休期。

戴頓、湯姆斯和朴萊斯：他們訪問員工後，以工作身份的類別，將生涯分為四個階段：學徒；同事；指導員；贊助者(

Dalton, Thompson, & Price, 1977)。

其中各階段的差異在於工作內容、工作中的職務關係、以及心理調適上的差異。這四個階段雖然以工作的性質來劃分，仍不失發展上連續的概念，與上述諸人的模式有異曲同工之處。

作者將上述幾位學者生涯發展階段的分法，歸爲四大階段，各階段年齡的界定僅供參考，而非嚴格的限定，並就各階段的發展狀況、發展任務、情緒需要，分別說明如下。

試探期(25歲以下)：個體正由學校生活轉入企業環境，可稱爲青年人的「過渡期」(moratorium)。依據皮亞傑(J. Piaget)的認知發展理論，此時個體除須吸收外界的經驗內容「融貫」(assimilation)於個體原有的認知結構外，個體認知結構亦需重組，以順應外界的情況，此即所謂的「調適」(accommodation)。年輕人從經歷中嘗試作自我的認定和角色的澄清，以明瞭自己是誰？應當做些什麼？選擇何種工作，以符合自己和雇主的需要；並尋找機會從事各種類型的工作活動，藉以考驗其想法，據以獲得具有挑戰性和成功的經驗，使自己成爲有績效的部屬。在情緒方面，新進人員需要獲得主管與同事心理上的支持與關注，能否得到工作表現的回饋，是非常重要的。

建立期(25歲～45歲)：在這個時期，個體精力充沛，創造力和自主性旺盛，是生涯開拓和成長的階段，也是生涯中的主幹。此時個體由青年期邁入中年期，由年輕人變成父母，同時建立自己的事業；亦即在此時期，可發展出某一專門領域的技能，在工作中有良好的表現，並且有機會顯示他在組織中的重要性，同時獲得寶貴的工作經驗，並對自己渴望的進階管道作長程的規劃。當步入此階段的後期，需要提攜後進，成爲指導員的角色。

維持期(45歲～65歲)：此時期是生涯發展的圓熟階段，各方面的發展已趨於穩定，而且所負的責任加重，個人必須負起影響和指引其他員工的職責，至於個體是否能繼續成長，抑或停滯、衰退，端賴個人的努力與組織的配合。此時大多數的個體服膺於他們的自我概念，也瞭解他應該擁有什麼，並為長期安定下來作準備，對新的事務採取穩重的處理方式，同時與組織保持較穩定的關係，當他們意識到有些目標是無法達成，而且體悟人生短暫、時光易逝之時，會對他原有的標準、工作和人際關係，重新加以思考和自我評量，並重新修訂未來的目標。

　　當身心的能力無法在快速更迭的社會中與人競爭，而有力不從心與「時不我予」之感時，會畏懼科技的轉變與組織的變動。此時在情緒上除需協助其重新評估自己的能力、看法及目標外，應設法協助員工解決面臨的問題以減輕工作的緊張和生活的壓力。

　　衰退期(65歲以後)：此階段已步入老年期，人生中的主要工作也告一個段落，在與日俱增的衰退感中，個人體認到力不從心之苦，而欲脫離工作世界；在工作上，此時已由掌權的角色，轉變成顧問、指導或參謀的角色，並開始或規劃退休後的生活，或選擇第二生涯。

　　由於工作是個人自我概念的核心，和自我認證的來源，因而退休對個人價值感的衝擊，將是一項重大的考驗。當一個人能夠滿意其過去的表現時，他就有統整的感覺，並能處之泰然；當一個人覺得過去一事無成時，他就有失落與沮喪之感，在面對風燭殘年時，更有著無限的絕望與惆悵。因此，在情緒上需要調整個人的角色、生活型態、和生活標準，學習接受和發展新的角色，並參與其他組織的活動。

綜上所述，每個發展階段各有其發展上的特徵與需要，雖然各階段是依序漸進，但也並非完全不能逆轉，而是會因人而有不同的生涯路徑和發展上的遲早與快慢，而且每個人處理問題的方式和從事的職業不同，會有各種不同的生涯類型(career pat-terns)，但是年輕人皆需在歷練中去作自我的認定與角色的澄清，以明瞭自己是誰，能做些什麼，而後在嘗試中，建立自己的事業，並在日趨穩定的事業中，加重自己的責任，或是對工作重新加以思考和評量。當衰退感產生，而有力不從心之苦時，人生中的主要工作也將告一段落，而邁入退休後的生活，或尋找第二個生涯。

生涯發展雖以個人為著眼點，卻需在企業組織中達成。因此，一個完整的生涯發展計畫，應包括個人與組織兩方面(謝安田，民80)，組織除顧及本身的利益與目標外，應確實關心員工的發展與需要使員工認為自己是組織的一部份，並應依據員工的能力，提供適當的培訓方式和晉陞的管道以發揮其才能和獲得工作的成就感，並使生活充滿信心與滿足方能對組織作最大的貢獻。

總之，生涯發展的主要概念，係以「人」為本位，並兼顧「工作」與「非工作」兩個向度的發展，以塑造一個「完整人」(whole person)為其鵠的。

人力資源發展與組織體系關係的模式

張火燦(民77b)依據組織的結構與組織中的角色，以及生涯發展作基礎，以半結構式的訪問法，請學術界與企業界的學者專家，針對模式的建構與內涵，從各種不同的角度，提出具體的意

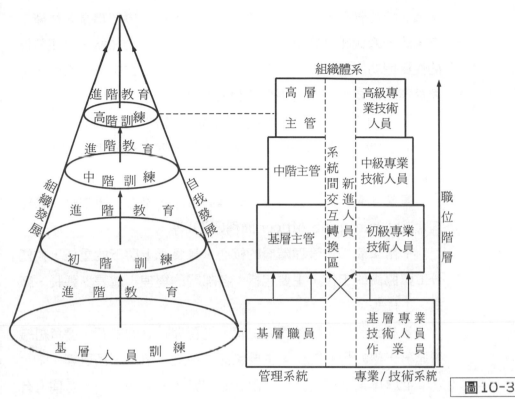

圖10-3

人力資源發展與組
織體系關係的模式

見，予以整理修正後，提出人力資源發展與組織體系關係的模式
，如圖10-3所示。

　　模中式的組織體系分爲管理與專業／技術兩部份，是最簡單
的平行分化方式，此乃因管理在組織中屬專門的學術領域，是組
織的核心系統，而組織中各部門所使用的管理方法或技術，大抵
上都非常相似，國內、外企業界對管理人才的培訓，也略具規模

，因而特將管理列為一個系統；其餘的人員則屬於專業／技術系統，此一系統相當龐雜，各部門各有其專業性的知能，端視組織的性質與功能予以劃分，無法逐一列出。員工在組織體系中，可視實際的需要，交互的平行流動或晉陞。

在垂直分化中，依據相關文獻的分法（黃英忠，民75；Badwy, 1982; Mintzberg, 1973b），將管理系統的主管人員分為三個階層。

高階主管 是指公司經營的最高首長，例如：董事長、總經理(chief executive officer,簡稱CEO)等。

中階主管 是管理階層的核心，身負承上啟下的重任，擔任分工與協調的工作，主要包括：各部門的經理、處長、課長、廠長、主任等。

基層主管 又稱執行層主管，是管理階層的基石，擔負組織營運第一線的督導工作，主要包括：股長、組長、領班等。

至於專業／技術系統，由於類別繁多，分法不一，名稱上有依研究員、工程師、管理師、專員等，分別建立其階層，本模式則比照管理系統，亦分為高級、中級、和初級三個階層的專業／技術人員。無論管理或專業／技術系統，各階層內可依組織的需要，再加以細分若干等級的職位。

訓練、教育、與發展的學習活動，在組織體系中各有其適用的對象：訓練適用於新進人員、各階層內接掌新工作者，增強與目前工作有直接關係的能力；教育適用於各階層將晉陞、轉換、或添加新工作者；發展則包括個人與組織兩方面，貫穿整個組織體系，適用於全體員工。

人力資源發展與人力資源規劃的關係

　　人力資源規劃是人力資源部門的首要工作,亦即人力資源管理中的各項功能,例如:任用、績效評估、薪酬、人力資源發展和勞資關係等,在實際作業前,需先經由人力資源的規劃,從整體性和策略性的觀點,將各項功能予以整合,並與經營策略相配合,以發揮綜合的效力,其間的關係,如 圖 *10-4* 所示(張火燦,民81b)。

　　由於人力資源發展是人力資源規劃內容的一部份,並在規劃中能與人力資源管理的其他功能以及經營策略相整合。因此,其間存著彼此相互關聯的關係,其中經營策略與人力資源發展的關係相當密切,以下即針對此作進一步的探討。

　　人力資源發展是經營策略實施成敗的重要關鍵,依據亞歷山大(Alexander, 1985)對經營策略實施問題的研究結果顯示,在十個最常遭遇問題的前六項是:實施花費較多的時間、許多問題事先未能想到、未能有效的協調、競爭的活動與危機影響執行的決心、員工能力不足、以及基層員工未有適當的培訓。事實上,這六項問題均與人力資源發展有直接的相關,同時亦說明了人力資源發展與企業經營策略關係的密切。

　　人力資源發展若能與企業經營策略相結合,兩者成為一體,最大益處是可降低成本,可節省時間與金錢的浪費或誤用;員工與企業均更能瞭解自己的未來,有共同努力的目標;人力資源發展的活動才有合法的依據,對人才的培育與經營策略的制定與實

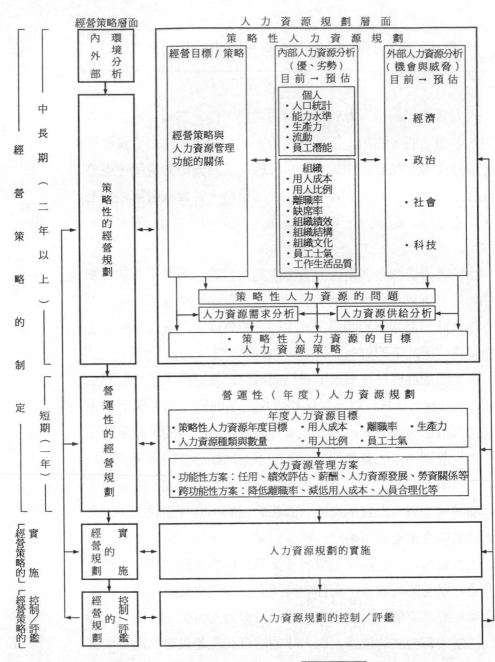

圖10-4　人力資源規劃的模式

施均有助益(Butler, Ferris, & Napier, 1991)。

　　至於經營策略的類別，學者依不同的觀點有多種不同的分類，以下列舉幾位較具代表性作者的分法，並略述其對人力資源發展的策略性含意。

　　麥爾斯和史諾(Miles & Snow, 1984a)依產品與市場的變動率，將經營策略分為四類。

　　防衛型　僅生產市場上非常小部份的有限產品，以求得穩定，著重改進效率而非找尋生產新產品的機會。因此，人力資源發展應著重於技能的建立，廣泛的實施人力資源發展方案，管理人員則應具備部門的專業技術，兼具財務與生產的能力。

　　前瞻型　主要在尋找新產品和市場的機會，開創重於獲利，通常應用於擁有多種產品和高度技術密集的企業中；人力資源發展應著重於技能的確認與獲得，實施有限的人力資源發展方案，管理人員應有行銷、或生產的研究與發展能力。

　　分析型　兼具前兩類型的優點，主要在尋求最小的風險和最大的獲利機會，亦即在市場已有人開發後，才生產新的產品或進入新的市場。

　　反應型　當經營策略與環境不一致，或經營策略、組織結構，和管理過程無法配合時，所採取的因應方式。分析型與反應型在人力資源發展上可兼採前兩類型的作法，兼顧技能的建立與獲得，管理人員應具備行銷、研究、與生產等的能力。

　　波特(M. Porter)認為，能賦予組織競爭優勢的經營策略有三種(Cited in Olian & Rynes, 1984)。

　　成本領導策略　當組織擬以低成本與同行競爭時，可提高營運的效率、經濟的規模、科技的革新、便宜的勞工、或選擇接近

未加工的原料等方法，在人力資源發展上應協助管理人員具備程序工程的能力。

差異策略 主要在使企業的產品或服務能與競爭者有所不同，可強調高品質、特別的服務、創新的設計、科技的能力、特殊的形象等方式，管理人員就應具備協調、產品工程、行銷和創造等的能力。

重點策略 主要在開發市場中狹小的一個部份，此可選擇某一特定的產品、購買者、行銷管道、地區等，可將前兩項策略併用之，因而管理人員應兼具前兩項策略的能力。

以「生命週期」的現象來說明企業、產品或市場成長過程的學者很多，雖然劃分的階段和各階段所應採取的經營策略，在看法上略有不同但可歸納為四個階段(Hax, 1985; Smith, 1982a)。

開創期 主要在力求生存，人員大多來自外聘，因而甚少從事人力資源發展的活動。

成長期 擴大產品市場的範圍，追求市場的佔有率，雖然許多人員仍來自外聘，但人力資源發展日趨重要，同時得加強中階管理的發展。

成熟期 保持市場佔有率，著重效率，降低成本，此時人員甚少外聘，須增強內部的訓練與晉陞。

衰退期 準備結束營運，或致力於創新，以求再成長，人力資源發展宜為轉換工作者提供生涯規劃和支持性的服務。

皮爾斯和羅賓森(J. Pearce & R. Robinson)提出四類組織競爭的經營策略(Cited in Gainer, 1988)：

*1.*集中策略：強調市場佔有率、降低成本、和市場利基。

策 略 類 別	意　　　義	對人力資源發展的策略性含意
(一)集中策略	・組織利用現有人力與物力資源，在既有的市場中，採用相同的科技和行銷方法，將之做到最好的程度。	・組織不僅需維持人力資源的品質，而且需予以發展。
1.提高市場佔有率	・從改進組織產品或服務的品質，將顧客不斷的吸引過來。因此，員工需改善生產與行銷的績效。	・培養員工對品質的認識、合作和人際關係技巧、以及專業技術的能力。
2.降低營運成本	・經由生產力的提昇或科技的創新來降低成本。	・強調新科技、跨部門訓練、人際關係技巧和團隊塑造等的整合。
3.市場利基	・組織擁有一些獨特的優勢，即可創造並維持有利的地位。	・員工需具備許多特殊的專業技能。
(二)內部成長策略	・組織積極的從事創新、擴展市場、發展新的相關產品、與其他組織聯盟來增強競爭力。	・需從事有效的人力資源發展。
1.開發市場	・藉由增加行銷管道、改變廣告或促銷方法來擴展現有的產品。	・員工需瞭解產品的相關知識，具備人際溝通、談判和創造思考的能力。
2.開發產品	・改進現有的產品以擴展產品的生命週期或取得產品信譽的優勢。	・培養員工追求創造思考的企業文化，加強員工的能力。
3.創新	・創造新的或不同的產品。	・培養員工創造思考和分析的能力，管理人員應具備回饋和溝通的能力，並運用團體動力。
4.合夥	・為爭取競爭優勢而合夥。	・培養員工具備解決組織內和組織間衝突、參與式決策、有效合作和協調等的相關能力。
(三)外部成長或購併策略	・組織經由購併或成立新的事業，藉以擴展資源或增強市場的地位。	・主要牽涉到購併和被購併組織的文化，以及員工的士氣問題。
1.水平整合	・組織在同一生產或市場的階層中，獲得一個以上的事業，可開拓新的市場和削弱競爭者。	・在水平整合、垂直整合和集中多角化的方式中，應將不同的組織文化予以融合，使之單一化，而且在購併過程中，員工會有不安定的現象，擔心工作的改變、薪酬的問題。因此，人力資源發展對員工的態度應給予較多的關注，同時培養管理人員具備處理敏感問題、傾聽和有效溝通的能力。
2.垂直整合	・組織獲得一個以上的事業，則其產品可提供給組織，有利於資本控制和增加獲利。	
3.集中多角化	・組織所獲得的新事業能與組織相融合，因市場、產品或科技的類似之故，使得損益有較好的平衡，或使生產線多角化。	
4.集團多角化	・組織所獲得的其他事業並沒有共通性，主要在增加獲利。	・由於組織並未企圖整合多樣化的工作力。因此，在人力資源發展上的含意很少，頂多是培養高階主管瞭解新事業。
(四)收回投資策略	・組織因財務的困難而削減營運，用以減少損失。	・即使組織欲降低成本，仍得從事人力資源發展的工作。
1.減縮	・經營者面對經濟衰退和獲利降低時，可透過降低成本和資產，以及增加歲收的方式，藉以維持組織的生存。	・人力資源發展應著重於組織文化的改變、動機與目標的設定、時間和壓力的管理、以及培養群集能力。
2.轉向	・組織重新界定目標，轉換時需重新分配資源，以邁向另一獲利的策略目標。	・協助全體員工再三思考其方向與瞭解新的情境，特別是管理者應接受領導的訓練；員工亦需瞭解新的政策、程序和人際溝通等。
3.解散	・結束營運。	・協助員工尋找新工作的能力，如面談、填寫履歷表、以及培養新的技能等。

表10-5　皮爾斯經營策略對人力資源發展的含意

2. 內部成長策略：著重市場與產品的開發、創新、或合夥。

3. 外部成長或購併策略：重視水平與垂直的整合，以及集中和集團的多角化。

4. 收回投資策略：主要在減縮、轉向、或解散組織的營運。

　　有關這些經營策略的意義及其對人力資源發展的策略性含意如表10-5所示。

　　當一個企業組織擁有幾個事業部門時，可以同時採用幾個經營策略，甚至每個事業部門有自己的經營策略，或結合幾個經營策略併用之。由於不同的經營策略，對人力資源發展有不同的含意。因此，當企業組織僅採用某種策略時，人力資源發展的工作就較為單純，若同時採用數種經營策略，或經營策略不明確時，人力資源發展的工作會變得更為複雜，而且不易凸顯其含意。

　　人力資源發展的對象是所有的員工，但與經營策略規劃過程關係較為密切的是管理和專業／技術人員，他們是否具備經營策略制定、實施、與控制／評鑑的能力，是否願意投入自己的工作時，需要花費較長時間培養，也是經營策略能否成功的要件。因此，企業在員工培訓的過程中，可經由生涯路徑制度的建立，以及員工個人生涯規劃等方法，讓員工獲得達成經營策略目標所需的能力，亦使人力資源發展與經營策略在此過程中得以整合。

　　關於員工培訓的內容，在與經營策略配合方面，中高階主管應側重策略性思考能力，能從整體的觀點來從事策略性的規劃；中低主管則應具備擬定各種功能策略的能力，用以配合總體或事業策略；所有的員工都應使之具備實施經營策略所需的工作能力。此外，值得一提的是應培養人力資源人員具備專業的能力，使

之足以推動與經營策略有關的各種活動或工作。

　　經營策略的規劃對人力資源發展的意義有二：一是可預估未來工作的改變；另一是確定員工應具備何種能力，才能因應工作改變的需要。雖然目前許多企業沒有正式的經營策略規劃，更談不上策略性人力資源規劃，但對企業未來的發展仍應有概略的方向。因此，人力資源發展部門主管，應試著去瞭解企業的經營策略或經營重點，並使人力資源發展具專業的程度，才能與經營策略作適當的配合。

　　經營策略可以創造組織競爭的優勢，然而成功與否，端賴組織內各部門的整合程度，其中人力資源發展與經營策略自應作有效的整合，在互動的過程中，更能發揮彼此的功能。

人力資源發展方案的模式

　　人力資源發展方案的模式主要在說明人力資源發展方案的過程及內容，其目的在瞭解各項活動間的關係如圖10-5所示。以下分為：需求評估、方案規劃與實施、方案評鑑三部份加以探討。

需求評估

　　企業界應用需求評估(needs asscssment)方法，係起自一九六〇年和一九七〇年代。在此之前，根據馬勒和莫羅(W. Mahler & W. Mouroe)一九五二年的研究發現，決定需求的方法大多是非正式的，其中僅十分之一的公司採用系統的方法，一般

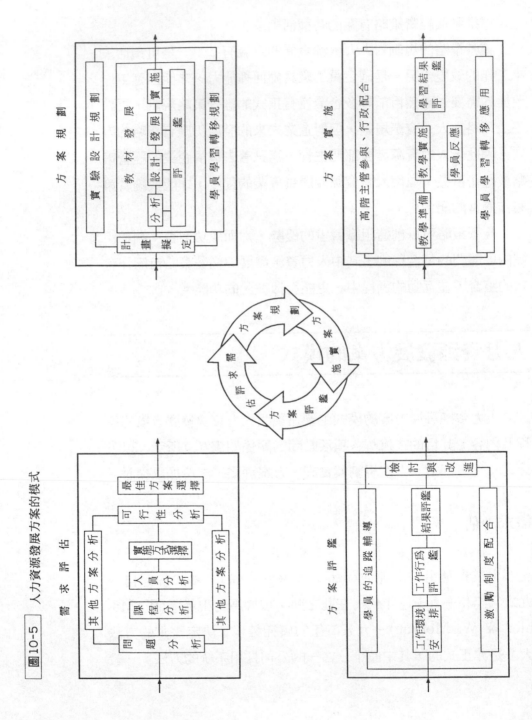

方案規劃

方案實施

需求評估

方案評鑑

圖10-5 人力資源發展方案的模式

最常採用的是詢問經理或與督導人員會談等方法。美國國家事務局(Bureau of National Affairs)於一九六二年和一九六九年兩項研究指出，採用觀察和工作績效分析方法以決定需求的公司，分別為百分之四十一和四十九，顯示需求評估的方法有朝向更科學和正式方向邁進的趨勢(Moore & Dutton, 1977)。

在需求評估的界定中，柯夫曼(Kaufman, 1982)的定義是相當具體的，他認為需求評估是一種正式的分析，用以說明現在結果與渴望結果間的差距，並將差距(需求)予以排列，做為解決需求的先後順序，亦即需求評估是一種認識、說明、和判斷事實結果，與應有結果間差距的過程。奧立佛斯(Olivas, 1983)也有類似的說明，認為需求評估基本上是一種資料蒐集的過程，可做為工作的實際表現和渴望表現的瞭解與比較。畢喬克桂斯特和墨菲(Bjorkquist & Murphy, 1987)的看法則非常的簡潔，認為需求評估是擬定一項計畫，以解決問題的過程。由此可知，需求評估希望經由科學方法蒐集資料，以明瞭組織中間題之所在，並提出解決方案，以增進工作績效的過程。

專家學者對需求評估過程的敍述或分類，由於著重點或歸類方法的不同，形成許多不同的需求評估模式，略述幾個具代表性的模式如下。

麥克傑西和謝爾模式

麥克傑西和謝爾(McGehee & Thayer, 1961)將需求評估分為三個層面。

組織分析　此項分析用以確定方案能夠或應該在那個部門實施，分析時著眼於整個組織，內容包括組織的目標、人力資源分

析、績效指標分析和組織氣氛的分析。從成本效益的觀點而言，人力資源發展在實施前若忽略了這些分析將失去意義。組織目標的分析，首先應從組織的整體目標著手，然後再分析各部門和各單位的目標，如此將有助於改善組織中目前的缺失。人力資源分析在預估目前和未來將有多少人需接受訓練，並應與經營策略的規劃相結合，這是常易被忽略的(Moore & Dutton, 1977)。績效指標分析導源於成本會計的觀念，計算實際工作績效與渴望達到工作標準的比率。組織氣氛的分析屬於工作生活的品質，包括：工作的參與、工作的環境等。

　　操作(工作)分析　此項分析需有系統地蒐集特殊的工作或工作群的資料，目的在決定敎些什麼能使員工的工作達到期望的水準，其中包括工作的標準，如何去做以及相關的知識和態度等。

　　人員分析　此項分析在瞭解每位員工的工作表現，以決定何人需要何種訓練此可採用客觀的紀錄、觀察等方法來從事分析。

　　此模式中的三個層面是相互關聯的，而非彼此獨立的，在需求評估上廣爲企業界所採用，在架構上相當的完整。

基爾伯特工作績效檢核模式

　　基爾伯特(T. Gilbert)在一九六七年發展的工作績效檢核(performance audit)模式，首先界定知識與技能欠缺的計算公式，認爲應由精通的程度減去目前所具備者，即爲不足的部份(deficiency=mastery−initial repertory)；其次，將工作績效問題的原因歸爲兩類。

　　知識欠缺　係由訓練與「工作補助單」(job aids)不足或不當所引起的。

執行不力　可分爲工作工程、工作回饋、和工作報酬等原因。至於模式的流程，主要涵蓋五個階段：

1. 問題的界定與分析。
2. 價值分析。
3. 原因分析。
4. 經濟效益分析。
5. 實施。

基爾伯特繼之於一九七八年在《人類的能力》（*Human Competence*）一書中，將原先工作績效問題的兩大原因，重新予以系統的分析並充實其內容，先分爲環境及個體兩大因素，再各細分爲訊息、工具以及動機三個層面，其中因素間及層面間均非各自獨立，而是彼此相互作用著(Gilbert,1978)。此新模式對原因的探討相當廣泛，惟對組織當前的問題，缺乏前瞻性的考慮，對受訓人員及課程內容的決定，未能顧及，同時忽略了先後次序的動態概念。

梅格和派普模式

梅格和派普(Mager & Pipe, 1970)在《分析工作績效問題》(*Analyzing Performance Problems*)一書中，運用Yes/No二分法的思考方式，以基爾伯特一九六七年的模式爲藍圖，發展出分析問題和解決途徑的模式，其中探討四個主要問題：

1. 員工應該做而未做的是什麼。
2. 員工欠缺的是技能。
3. 員工欠缺的不是技能。

*4.*如何選擇最佳的解決途徑。

　　針對此四項問題分別提出解決的方法。由於問題的原因經常牽涉很廣，而且彼此間的關係又是錯綜複雜的，因此以二分法來推演，有簡化問題與不切實際之缺憾。

哈里斯前端分析模式

　　哈里斯(Harless, 1975)的模式稱為「前端分析」(front-end analysis)，旨在探討問題的解決和做決策的過程。他認為分析問題時，應著眼於問題本身的探討，而非問題的解決。其模式的要素有：

*1.*縮減問題的範圍。
*2.*描述問題。
*3.*假設問題的原因。
*4.*考驗每一假設。
*5.*決定解決方案。
*6.*選擇最佳方案。

而做決策的基本要素：

*1.*列出各種解決方案與假定。
*2.*根據組織、事情、和學員的性質，決定影響的原因。
*3.*決定每一影響因素的價值量表(value scale)。
*4.*決定每一因素的加權數。
*5.*針對每個問題，決定因素的價值。
*6.*計算決定值：因素值乘以加權數。

*7.*計算出所有問題的決定值。

模式的精髓乃在詳述每一要素的步驟，但美中不足的是，對問題的內容考慮欠周延，以為造成問題的原因僅來自三方面：

*1.*知識與技能的不足。
*2.*環境的障礙。
*3.*動機／誘因的缺乏。

另外，在模式中也未論及課程內容的決定。

訓練需求整體評估模式

張火燦(民77a)的訓練需求整體評估模式，主要從工作者和環境兩個因素，探討工作績效欠佳的原因。模式的內容包括四個要素，略述如下：

*1.*工作績效問題的界定。
*2.*工作績效問題的分析。
*3.*最佳解決方案的選擇。
*4.*實施與評量。

工作績效問題的界定　欲從訓練需求評估，首先須界定問題所謂「問題」，係指目前狀態與渴望狀態間存在的差距。問題的性質繁簡不一，但必有其症候。一個症候可能是由許多問題造成的，許多症候也可能只由一個問題所引起。譬如：電腦停機時間過長、零件損壞率等症候所顯示的可能是電腦的維修工作有問題。

吾人可由下列事件或人員找尋症候的來源：品質管制的記錄、工作績效考核、意外事故、抱怨、新政策的推出、新產品的推

出、新設備之引進、工作標準的更動等。另外基爾伯特(Gilbert, 1978)對技術性的工作,提出了一種診斷問題的方法,此乃依據 PIP值(Potential for Improving Performance)的大小,作爲判斷的依據,PIP值越大,工作績效越好。PIP值公式如下:

$$PIP = \frac{個人的生產量}{全體生產量的平均}$$

PIP值可用以說明個人表現的優劣也可作爲改進幅度大小參考。

在確定問題的過程之中,設定工作績效的效標是不可缺的,否則難以評斷員工工作績效的良窳,以及組織或部門是否達到預期的工作目標。

由於組織的資源和財力有限,並非所有的問題皆可輕易的解決,也並非每一問題皆須立即解決。因此,對所產生的問題須作價值分析,以明瞭問題解決與否對公司影響的大小,然後再加定奪,並排定解決的先後次序,若能以具體的數值來說明,當更具說服力。

工作績效問題的分析 在界定問題後,即須對問題加以分析,此可透過公司的紀錄、報告、晤談、問卷等方法來分析問題。作者將造成工作績效問題的可能原因分爲環境與工作者兩大系統,如圖10-6所示。以下略述其內容及問題。

環境系統 :在環境系統方面,包括工作的組成與激勵兩部份。首先說明工作的組成,其中分爲資源與工作組織體系,略述如下:

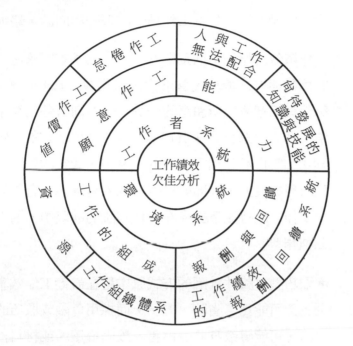

圖10-6

工作績效問題可能
原因分析

1. 資源：包括設備、設施、材料、訊息、人力等，這些皆是
   工作的基本要件，其中任何一項的欠缺，勢必影響工作的
   績效。譬如，科技日新月異，能測試昨日電子電路元件的
   儀器，用以檢試今日複雜的微電子元件，其效率與成效將
   大打折扣。俗語說：「巧婦難爲無米之炊」即是此道理。因
   此對資源的重新規劃與逐項檢討，對減少工作的障礙必有
   幫助。
2. 工作組織體系：僅有充裕的資源，若缺乏合理的組織結構
   與流程之配合，必然影響工作的推展並造成士氣的低落。

其次就激勵而言，分為工作績效的報酬與回饋，略述如下：

1. 工作績效的報酬：欲獲得報償是人的基本需求之一，報償的種類與方式繁多，管理大師彼得（L. Peter）曾說：「讓每位員工選擇他所願意的報酬——在備有各色菜餚的餐廳中，個人可選擇合乎其口味的菜」。因此，在一個人、設備、和工作活動相互作用的環境中，適當的報酬是維持工作表現的良方，亦即能獲得對個人有意義、有價值的報償，工作才能持續下去。在工作報酬的缺陷中，通常有下列三種類型：

   ■ 取巧型：論件計酬的方式原本是在鼓勵工作效率的提高，卻可能為了省時、方便，而採用危險或取巧的工作方法，可能導致身體受傷害、設備損壞、或材料損耗等。

   ■ 多做多錯型：在多做多錯之情形下，工作者雖具有勝任的能力，但懼於受到威脅，或心理上的不愉快，而不願全力以赴，如銀行開辦高科技貸款服務，承辦人員已接受業務的訓練，但為免於承擔風險與責任，不願積極推展業務，導致業績不佳，就可能是報酬系統不合理所致，而非能力不足。

   ■ 能者多勞型：主管對工作表現好的，常在無形中增加其工作量，但報酬並未相對的提高。久之，工作者可能會有保留能力的現象發生。

   以上三種常見的報酬缺陷，應盡力避免，若能與員工共同建立一明確、公平的報酬標準，減少無謂的紛爭和心理的

不平衡，將有助於個人工作潛能的發揮。

2. 回饋：在工作者與主管的交互活動中，回饋是重要的活動，因為當工作偏離了工作標準，而知道該如何去改正時，才能有好的表現。回饋可作為自我評量和自我改進之用，並引起繼續工作的動機，也可避免自我解釋及懷疑的行為。有效的回饋須是經常性、立即性、具體性、易於了解、和正向的導引。

工作者系統：在工作者系統方面，包括工作意願與能力兩部分。首先說明工作意願，此可分為工作價值與工作倦怠，略述如下：

1. 工作價值：價值是影響人的思想和行為的意識形態上的動因。根據許多研究顯示，人們選擇不同的職業，主要在於工作價值上的差異，而對工作滿意可視為需要或價值獲得滿足。亦即價值表現於選擇性的行為，以滿足其內在和外在環境的要求，且在行動中達成目標。而工作興趣、抱負、動機、態度等皆為價值的指標。通常價值越高或個人認為越重要的，引發的動機就越強，態度會更積極，工作的意願也越強烈。

　　當個人的工作目標與組織所要求的目標不一致時，個人與組織間會有疏離的現象，而且個人必在維持工作績效和維護自我形象之間作一抉擇。組織的壓力也許一時之間還能迫其維持某種程度的工作績效，但行為終究需服膺於自我形象，因此工作績效不佳，有時並非他不能勝任此工

作，而是不願去做，此時給予再多的訓練仍然無濟於事，此即所謂「不爲也，非不能也」。

2. 工作倦怠：此與工作能力沒有直接的關係，而是由於工作的標準化，晉陞管道阻塞，或是相同的工作做久了，使工作變得枯燥和缺乏挑戰性所產生的工作倦怠感，亦是生涯發展中高原期(plateau)的現象。這不但會對工作提不起勁，有時甚至會影響到生活的型態。

其次在能力部份，此可分爲人與工作無法配合，以及尚待發展的能力，略述如下：

1. 人與工作無法配合：在工作中，人與工作無法配合的現象有二：

   ■ 擔任超過其生理或心理能力的工作。
   ■ 個人的能力與工作所要求無法配合。

2. 尚待發展的能力：特殊的工作往往需要特殊的能力，組織可經由人力資源發展以培養員工必備的工作能力，以應付日益繁雜和急遽變遷的工作需求，這是公司人力資源發展部門的職責所在。

經由上述分析，如確定工作績效欠佳的原因，係員工缺乏工作能力時，就可藉由人力資源發展途徑予以解決。首先依據工作性質、環境、經濟等條件，選擇需求評估的方法，此可採用訪問、問卷、專家小組討論、觀察等方法進行工作分析，以決定培訓內容，同時採用人員分析，決定受訓的對象。在培訓內容與人員

決定後，接著是培訓課程的取得，此可選自組織外顧問公司所發展的課程，或就組織內現有的加以修改後再使用，再不然只好重新編訂。至於培訓方式，可由工作的難易度或危險度、受訓人數、工作狀況等條件來決定，其方式有工作崗位訓練和工作崗位外訓練。

最佳解決方案的選擇　問題產生之後，解決方案常不一而足，如何選取最佳的解決方案，應考慮的因素很多。首先須針對每個方案作成本效益分析和可行性分析，再綜合比較，最後從中篩選最佳的方案。現就這兩項分析略加說明。

成本效益分析：內容包括，所需花費的時間、經費、人力及其他資源。方案實施後的可能效益。

可行性分析：分析旨在事先了解方案執行時，可能遭遇的困難，以及可得到的支助。此需考慮的有：行政系統與法律依據，實際所能爭取到的支援，參與人員的特性及能力等。

每個方案經過分析和預測後，常有利弊互見的現象，決策者需從中選取一個方案，這是相當不容易的工作，除所欲達成的目標與情境會影響決策外，決策者本身的學養、經驗和能力，也是重要的因素。一位理想的決策者應具備綜觀全局、洞察問題，以及靈活變通的思考能力，方能作出合理、可行的決策。

實施與評量　當最佳的解決方案獲得高階主管核准與必要資源的贊助後，即可擬定實施方案，內容需包括：人員、經費和資源的分配，進度表，管理監督與評鑑。

惟在實施過程中得到高階主管人員的承諾是相當的重要，他們能實際參與活動對日後方案的推動影響更鉅(Nadler, 1982)。最後，實施結果經考評，若問題仍然存在，則需再重新逐步的檢

討，直到問題解決為止。

此模式著重於組織當前問題的分析，及其解決的途徑，惟造成問題的原因常是錯綜複雜的，為說明方便僅做列條式或概略性的說明，實際應用時，宜注意因素間的交互影響。此模式雖由整體的概念來探討需求評估，但侷限於當前的需求，不適用於組織未來人力的需求評估。

上述五個需求評估模式，在分析上各有所長，亦各有其適用範圍，有的偏重當前問題的探討，有的探討的層面較廣，有的則僅側重於技術性工作問題的探討，有的採用啟發式(heuristic method)的模式，有的則使用推演式(algorithmic method)，亦即Yes/No二分法的思考方式，有的模式有解決的途徑，有的則未涉及。此外，大多數的模式偏重於組織的需求評估，而較少關心個人的需求。由此可知，一個完整而又顧慮周全的需求評估模式，實在不易發展，因其牽涉的範圍太廣，因素太多，以致需求評估模式各有所偏，使用者當依各自組織的情況，選擇或發展適當的需求評估模式。

欲從事需求評估，資料的蒐集是重要的關鍵，通常可採用下列的方式獲得所需的資料(Witkin, 1984; Scott & Deaddrick, 1982; Markowitz, 1981; Steadham, 1980)。

調查法 包括：問卷、測驗、訪問、觀察等，用以蒐集基本資料、意見、態度、行動、喜好、以及事實的資料。

團體討論 包括：名義團體(nominal group)、顧問委員會、討論會，以及小團體等，透過團體討論的過程，可提供質的資料，以補量的資料之不足。

指標或報告 採用各種統計的數據和報告，如生產力、離職

率、考核報告等，用以說明問題的症候，雖然指標的本身不能評估需求，但若與其他資料和目標或標準共同使用，則可做爲需求資料之用。

未來的方法　包括預測、劇本、和戴爾懷(Delphi)法等，用以做長程計畫、釐訂新的目標、和排列實施的優先順序等。

文獻資料　利用組織現有的檔案資料，如組織的目標、工作說明書、工作規範、以及相關的雜誌、期刊等，做爲瞭解事實與需要之用。

上述各種蒐集資料的方法各有其適用的範圍，一項需求評估，可依實際的情況同時採用數種方法。紐斯創和李利奎斯特(Newstrom & Lilyqwist, 1979)從方法的本身提出五項選擇方法的效標：

1. 員工參與的程度。
2. 管理階層參與的程度。
3. 所需時間。
4. 成本。
5. 資料量化的程度。

至於如何選用適當的方法，尙應視需求評估中的組織分析、操作分析和人員分析的不同需要而有所差異。其中操作分析的主要目的在決定受訓課程，課程的性質不同，蒐集資料的方式亦有所差異。人力資源發展的課程可分爲訓練、教育和發展三種。訓練與教育的課程，當以工作性質或職位爲主時，採用客觀資料予以分析；而發展的課程，在自我發展方面，可依受訓對象的喜好爲主，而組織的發展則可採用未來的方法蒐集資料，做爲發展課

程需要的依據。課程分析完後，進行人員分析，然後再選擇實施方式，此可分為工作崗位與工作崗外兩種方式。

需求評估在決定問題或需求後，尚需考慮可行性，因為需求的事務在實施時未必可行。在做可行性分析時需注意：

1. 成效：包括經濟性與非經濟性的價值。
2. 成本：行政、設備、設施、教材等費用。
3. 實際性：時間、人力資源發展人員的專業性、學員的意願、受訓人數、法規依據等。

任何組織的人力、財力、物力都是相當有限的，所有的需要無法同時達成。因此，決策者應依方案的可行性排列優先順序，選擇最佳解決方案，以便集中力量產生最大的績效，以凸顯結果(康自立，民76；張火燦，民77a)。

方案的規劃與實施

規劃是對所欲從事的事，事先決定要做的事，以及如何去做，此是獲得成功的最佳保證，亦即「凡事豫則立，不豫則廢」的道理。一個好的規劃不但要有遠大的目標，也要有達成目標的手段或方法，更需具備整體的概念，使方案既久遠，又能兼具「廣」和「深」的作用。在擬定規劃時需掌握其特性：未來性、程序性、哲學性、結構性(陳定國，民77)，方能使方案發揮其作用，並達成其目標。

人力資源發展方案在需求評估之後，即需擬定計畫，計畫的內容不需太多，一般二、三張即可，儘量以圖表或列條的方式來

呈現，內容包括：計畫的名稱；計畫的預期成效；課程內容；受訓對象；講師；實施方式；地點、交通安排、住宿等；實施進度；計畫與人員職責分配；經費；方案評鑑；教材發展；學員學習轉移等(Knapp, 1988)。

　　通常一般的計畫內容僅包括前十項，在管理階層核准後，即可付諸實施，後三項內容需花費較多人力、物力、財力和時間，公司可依本身的狀況和需要，決定是否要納入計畫中。以下即針對教材發展、學員學習轉移規劃和實驗設計規劃分別予以說明。

教材發展

　　企業界的教材發展與教育界略有不同，主要的差異是企業界特別重視本身的需要。因此，除一般性的課程可外購教材外，大多需自己發展，但不論是外購或自行發展，教材都有一定的發展程序，通常採用教學系統設計／發展(instructional systems design or development, 簡稱ISD)模式，其中包括分析、設計、發展、實施與評鑑等五個階段(College of Education, 1985; Rosenberg, 1982; 李咏吟，民77)，每個階段有各自的工作內容，如圖10-7所示，略述如下。

　　分析　此應依據需求評估的結果，做為分析教學內容的依據，並可應用以行為做基礎的任務分析或能力分析，和以科目為基礎的主題分析，來分析教學的內容。其次，由於學員大多已成年，對成年人學習的特性應有所瞭解(Zemke, 1988; Grabowski, 1980; Kidd, 1977)：

　　1.學習動機是非常重要的，成年人喜歡有意義與工作或問題有關的課程，同時喜歡自我導引和自我設計的學習活動。

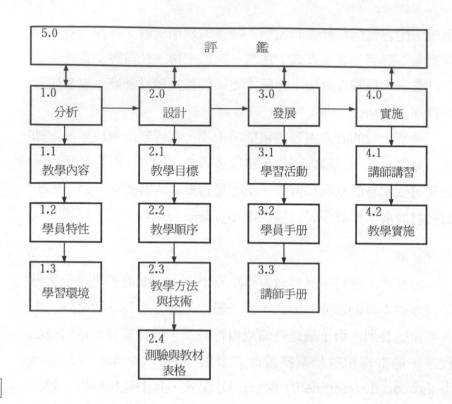

圖10-7

教材發展模式

2. 成年人擁有豐富的經歷，能力與學習速率各不相同，新知識與技能的學習，需建立在既有的經驗基礎上，予以增加或整合。

3. 課程的安排必需考慮不同的生涯發展階段者的需要與價值觀念。

此外，對學習環境的特性應予以分析，瞭解相關的資料和限制，並做判斷和選擇適當的教學情境。

設計　此階段的工作有：首先決定教學單元，並擬定目標，目標可分爲最終教學目標(terminal learning objective)和次級教學目標(enabling learning objective)，次級目標主要是用來描述一些特定的行爲，用以達成最終的目標。依據教學單元的需求性、使用的頻率、工作程序等因素，排列教學的順序，使教學得以順利進行，並增強學習效果。依據學員的人數與特性、教材的性質、以及學習環境等因素，選擇適當的教學方法和技術，並利用視聽媒體增進學習。設計教材發展所需的各種測驗與表格，以蒐集、整理、和分析資料。

　　發展　此階段乃依據第二階段所設計的藍圖，發展所需的教材，主要的工作有：

　　1.擬定教師與學生的學習活動。

　　2.發展學員的學習教材。

　　3.編訂講師教學手冊。

　　實施與評鑑　在教材發展之後，正式實施之前，需先預試，並予以修正，同時舉辦講師的講習，以利教學的推展。在正式實施之後，需予以評鑑，做爲檢討和改進的依據。

　　教學系統設計／發展模式，僅是發展教材的基本架構，在實際應用時，各公司常增加許多的程序與工具，用以推展並支持教材的發展。此外，此模式是連續不斷的過程，需不斷的予以補充或修正，使教材能不斷的更新，以符合實際的需要。

學員學習轉移規劃

　　一個成功的人力資源發展方案，除讓學員經由教學和練習獲

得新的行為(知識與技能等)之外，尚應經由增強回饋的管道，維持學得的行為(Brown, 1983)，通常注重的是新行為的獲得，而忽略新行為的維持，亦即無法將習得的新行為有效的應用於工作中，此不但是學習的問題，也與組織環境中的制度和角色有密切的關聯。

如何使獲得的新行為日後能重複的表現，以及有助於下次的學習，在心理學中屬於學習轉移的問題。心理學家解釋學習轉移現象的理論很多，最具代表性的有形式訓練、共同元素論、類化論、轉換論、能力論等，試著由各種官能，包括：注意、意志、記憶、知覺、想像、判斷等的活動與配合；共同元素的存在，包括：內容、歷程(方法、態度、習慣、情緒)等；原理原則的類化；學習的型態或特徵；以及能力的增加等方面，來說明學習的轉移(朱敬先，民75)。

吾人期望的是正向的轉移，因此當掌握轉移最有利的條件與現象，使獲得的新行為能保持，其中當注意的事項有(Wexley and Latham, 1981)：

1. 練習的條件：包括積極的練習、過度的學習(overlearning)、集中與分散練習時間的安排、學習單元大小的決定等。
2. 回饋。
3. 有意義的教材。
4. 個別差異。
5. 行為的塑造。
6. 動機的維持。

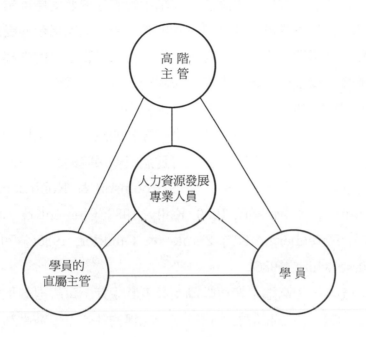

圖10-8

學習轉移中各主要
角色的互動關係

在組織中對學習轉移具有影響的人員有：

1. 高階主管。

2. 人力資源發展的專業人員。

3. 學員的直屬主管。

4. 學員。

這些人員的關係，若能在學員受訓前、受訓中以及受訓後，發揮組織中各自角色的功能，形成一動態的結構，如圖*10-8*所示，不但可避免角色的衝突，更可增加工作的參與感和滿意，並提高工作的績效。這些人員在受訓過程的不同階段，有不同的互動

關係和職責，例如，受訓前：高階主管需參與並支持專業人員所擬的方案，對學員及其直屬主管則應有所鼓勵與指示。受訓中：高階主管需關心學員的訓練，並與專業人員和學員的直屬主管保持聯繫。受訓後：專業人員需與學員的直屬主管密切合作，以瞭解學員在工作上的表現，並將結果向高階主管報告。

　　人力資源發展專業人員在上述互動的關係中，是居於橋樑和執行的角色，這些互動關係尚可透過組織系統的許多方法，以增進學習的效率和轉移，略述如下(Robinson & Robinson, 1979; Rosenthal & Mezoff, 1980; Kelly, 1982; Clement & Aranda, 1982; Ehrenberg, 1983; Zemke & Gunkler, 1985; Velsor & Musselwhite, 1986)。

　　受訓前　高階主管為鼓勵學員及其主管，可親自參加或用信函表示關切；讓高階主管瞭解受訓課程的性質；舉辦直屬主管與學員受訓前的會談；讓學員瞭解課程的內容、用處和重要性；受訓情境儘可能與工作情境相類似等方法。主要的目的在使受訓能順利的展開，並使學員所獲得的知識與技能，回到工作崗位時能得到支持。

　　受訓中　主要的工作在於課程應能針對問題與需要，做一系列的安排，並善用學習的原理原則，如多練習、多舉例、多鼓勵，同時在主管的關心與學員群體的學習中，建立信心，並擬定個人未來的實施計畫(action planning)，以落實受訓的成果。受訓結束時，應給予資格認定的證明文件，以肯定其所學。

　　受訓後　使學員所獲得的知識、技能或態度，能在工作情境中獲得獎勵，並將成果與同事分享。宜安排主管與學員會談，瞭解學員的工作情況，並做追蹤輔導，協助學員做自我評鑑，並使

學員能獲得主管、同僚和部屬的增強，同時利用公司的資訊管道，報導有關學員受訓的訊息，以增強學員的責任感和對自己的期望等。此階段的主要工作在使學員能得到主管與同事的回饋和關照，並使學員能學以致用和自我增強。

在學員學習轉移的規劃中，宜參考受訓前、受訓中和受訓後的各項內容，擬定學習轉移策略，並說明如何的實施。此外，應使組織中各階層的人員瞭解方案的性質與重要性，並建立各種溝通管道，使學員的學習結果能應用於工作中，而人力資源發展人員更應增強本身的專業知識以提高工作的品質(Spector, 1985)。

實驗設計規劃

在人力資源發展的規劃中除教材的發展，有效學習轉移的規劃外，尚需考慮方案實驗設計的規劃，以瞭解方案對學習的影響。在實驗設計規劃時宜考慮：實驗設計的選擇、測驗工具的編製、如何進行等。在真正的實驗設計中，研究者至少要操縱一個以上的自變項，並採用隨機分派的方法讓受試者接受不同的實驗處理，或使用適當的方法控制變異量。常用的實驗設計有：

1. 實驗組控制組前測後測設計。
2. 實驗組控制組後測設計。
3. 所羅門四組設計。
4. 實驗組控制組配對受試者設計。
5. 多因子實驗設計。

在人力資源發展方案中，吾人要評鑑的是實際環境中的情形，而非實驗室中的情境。因此，實驗室中能掌握的，在企業環境

中卻不易控制，但仍可把類似實驗設計的一些方法用來搜集所需的資料，此稱之為「準實驗設計」(quasi-experimental design)，常用的準實驗設計有下列幾種(Cook & Campbell, 1979; Brethower & Rummler, 1979; Smith 1982b)。

不相等實驗組控制組設計 由於沒有採用隨機分派的方法來安排受試者，所以兩組受試者並不相等。雖然在內在效度和外在效度上均有缺點，但在實際環境中確實不易找到情境和經驗相同的兩組受試者，因而不得不用它。

逆向或ABA設計(reversal or ABA design) 此是採用一組受試者，在一段時間中出現實驗變項，另一段時間則取消實驗變項，然後測量實驗變項處理前、中、後三者間的情況。此在內在效度上沒有問題，但在外在效度方面則有缺點，而且管理階層通常不願為了實驗而終止已獲得改善的實驗處理。

多重基線設計(multiple baseline design) 各組別在不同的時段安排實驗處理，然後加以測量，如果實驗處理是有效的，則每一組在實驗處理後會有顯著的改進，但組織通常不願在預試中已獲得成功的一些處理，輕易的改變，或再做嘗試性的實驗。

時間系列設計(interrupted time series) 在實驗處理的前後予以多次重複的測量，如果實驗處理是有效的，在測量上會有顯著性的變化，此種設計可能會受特殊事件的影響。

人力資源發展方案的實驗設計，可歸納出三個基本要素。

控制組 此是實驗設計中做為比較之用，而真正的控制組是需由隨機的方式來決定的。

測量的時間 此可在方案的實施之前，實施之中，和實施之後舉行。

效度的處理　各種實驗設計的優缺點，取決於內在效度與外在效度的影響，庫克和康貝爾(Cook & Campbell, 1979)以及康貝爾和史坦利(Campbell & Stanley, 1963)對此有深入的探討。

欲從事實驗研究首先得獲得有關主管的支持，除經費外，尚需有足夠的專業人員。真正的實驗設計與準實驗設計在企業界都曾實施過，通常規模較大的公司兩種方式並用；規模較小者，採用準實驗設計者居多。在參與人數少時，易造成統計推論的不穩定，大多改採面談、觀察等方式，以做質的研究(Staw, 1983)。

當人力資源發展方案規劃好後，即可付諸實施。此階段的重點工作是教學活動，舉凡教學前的準備、行政的配合與支持、教學地點的安排、教學設備與進度、教學情境、教學方法的應用、學員的反應、教學結果的評鑑等事項，均應予以隨時的協調，並檢視實施的程度和發覺問題或困難之所在，以做為改進的參考。

方案評鑑

員工參與人力資源發展的培訓後，較易評鑑的是與目前工作有直接相關的「訓練」活動。至於「教育」與「發展」的成果，因其目的著重於未來工作力的培養，以及個人生活品質的提升，通常係在教學實施的過程中，利用問卷、測驗、觀察、晤談等方式，瞭解學員對課程的反應和學習的結果，較少且不易在實際工作中予以評鑑。

如何將習得的知識或技能應用於工作中，除先前從心理學觀點談到的的有效學習轉移，以及組織中有關人員的參與和支持外

，尚可利用追蹤輔導和激勵制度，使學員在合宜的工作環境中發揮其所學。追蹤輔導的工作，可由人力資源發展的專業人員，以及學員的直屬主管來擔任，一方面瞭解學員的工作情況，並予以評鑑；一方面則需協助學員解決其問題或困難，使學員能安心的工作，以提高工作的表現。

在激勵制度的配合上，可分為物質與非物質的激勵，在物質方面應與晉陞辦法相結合，並依受訓的成果發給津貼或獎金；在非物質方面，直屬主管可加重其工作上的職責，例如，指派某項工作讓其負責，在同事前發表心得，以及口頭上的鼓勵等。

學員結訓後回到工作崗位，一般係以三個月到半年的時間，做為新知識、新技能或態度的轉移期，用以瞭解學員的工作行為是否有改變，以及工作行為的改變對個人和組織有何影響，這些評鑑的資料，可由學員本人以及其直屬主管、部屬、同事和人力資源發展的專業人員等，透過各種評鑑工具或方法予以取得。

評鑑方案實施結果的成效，通常係由組織的觀點，對其行為或結果作價值的判斷。因此，「效標」逐成為重要的評鑑依據。

卡麥隆（Cameron, 1978）強調不同的部門，由於資料的來源不同，會有不同的觀點。亦即不同的組織、不同的分析層次、不同的觀點和不同的研究或評鑑目的，對成效的看法皆會有所差異。因此，卡麥隆認為，成效不是單一的概念，而是由多元向度所建構而成的。

在方案的成效分析中，首重資料的蒐集，菲立普斯（Phillips, 1983）將資料歸為兩類：硬體資料(hard data)：此種資料的特性是容易測量和量化，較客觀和易轉換成貨幣單位(元)，在管理者的眼中是可信的資料；軟體資料(soft data)：特性是測量困

難，不易直接予以量化，不易轉換成貨幣單位(元)，相當的主觀，缺少可信度，以及通常是一種行為的傾向。

硬體資料的評鑑效標可歸為四類：

1. 輸出的增加：如單位的產出、生產力、銷售量。
2. 品質的改進：如受損率、退貨率、發生事故的頻率。
3. 時間的節省：如損失的工作天數、準時交貨、維修時間。
4. 成本的節省：如單位成本、營運成本、事故成本。

軟體資料的評鑑效標可歸為六類：

1. 工作習慣：如怠工、違反安全規則、急救處理等。
2. 工作氣氛：申訴、抱怨、工作滿意度等。
3. 感覺或態度：如員工的忠誠、喜好反應、態度的改變等。
4. 新的技能：如解決問題、閱讀速讀、傾聽能力等。
5. 發展：如陞遷、工作轉換的要求等
6. 創新：如新觀念的實施、建議事項等。

綜上所述，成效分析的性質可歸為經濟性與非經濟性的成效，而方案的實施結果，雖對個人與組織皆有影響，但在分析時，無論是個人的成效或組織的成效，均著眼於對組織的影響來分析。此外，管理的工作較技術性的工作不易評鑑，主要係由於管理工作較具隱藏性，不易予以描述、觀察和測量；管理工作的標準，不易界定；管理工作以解決問題居多，缺乏連續性；管理的產出有時與工作沒有明顯的關係，也不易判斷其品質；管理工作常需處理未預期或未安排的事情；管理的工作需經由別人來達成其任務，而且深受環境以及受訓者本身的特質和經驗的影響。

目前管理的課程主要包括下列五類：

*1.*事實的內容，如公司的政策、人力資源管理、財務等。

*2.*解決問題和做決策的途徑與技巧。

*3.*態度，如民主式的領導、體恤、容忍等。

*4.*人際技巧，如溝通、傾聽、講演等。

*5.*自我的知識，如個人行為的影響、生涯的目標等。

這些課程僅是組織中管理的知識、態度或技能中的一部分，顯然的，不易以此來評鑑其成效。

成效是方案實施後所獲得的結果，成本則是方案所消費掉的全部資源的總稱。「美國文官服務委員會」(U.S. Civil Service Commission)有一套計算訓練成本的系統方法，稱之為「訓練成本模式」(training cost model)。此模式的訓練成本項目主要包括五大類：

*1.*學員的成本。

*2.*講師的成本。

*3.*設施的成本。

*4.*發展的成本。

*5.*雜項的成本。

在前四類中又分別列了許多成本的細目(Mirabal, 1978)。黑德和布球南(Head & Buchanan, 1981)亦將訓練成本歸為五大類：學員的成本、講師的成本、設施的成本、行政的成本、教學發展的成本。

此模式的最大特點乃增列機會成本的核算。基爾斯里（Kearsley, 1982)的「資源需求模式」(Resource Requirements Models)則將訓練成本分爲四大類：人事費、設備費、設施費、材料費。

並依方案的分析、設計、發展、實施、評鑑等五個發展階段，形成一成本的矩陣圖。庫倫等人(Cullen., 1978)將方案的成本依學員人數、受訓時間、方案發展等因素，區分爲固定成本和變動成本兩大類。溫斯丁(Weinstein, 1982)將方案的成本區分爲三個層次：課堂的費用、行政費用、一般的組織成本。

以上各種計算成本的模式，雖然歸類的項目有所不同，基本上係以消費成本的性質或作用予以分類。此外，尚可依方案發展的生命週期，例如：研究發展——實施初期——營運期——轉型期等，計算各時期的成本，此種方式適用於長期的方案，以及成本較高的方案，例如，電腦輔助訓練方案等。

通常公司在從事需求評估的可行性分析時，即需對方案的成效和成本予以預估，做爲選擇最佳方案的依據。在選擇時，有些方案雖然成效很好，但成本也很高，此時即需依公司的需要和財力做價值的判斷；有些方案是依法令規定而擬定的，雖然成本高也得做；一般最希望的情況是成本低、成效高。

在方案實施結果的評鑑階段，成效分析的結果可做爲方案的檢討與改進之用。

人力資源發展方案評鑑的新典範

在先前所提出的人力資源發展方案模式中，評鑑的過程偏向於傳統的方式。由於評鑑本是件不容易的工作，尤其是組織績效的衡量更加困難，再加上需要投入可觀的人力、物力及財力。因此，傳統的評鑑方式值得深思的問題有：

> *1.*是否需要評鑑？
> *2.*評鑑是否可行？
> *3.*評鑑是否值得？

本節從品質管理的觀點，希望在人力資源發展方案過程中，即控制其品質，其結果當可接近預期的效果，亦即以「過程重於結果」的方式，來建立新的評鑑典範，以下就分別予以探討：

> *1.*評鑑的意義、目的與方式。
> *2.*傳統人力資源發展方案評鑑模式。
> *3.*人力資源發展方案的整合性評鑑模式。

評鑑的意義、目的與方式

「評鑑」的工作存於每個人日常生活中的各個層面與角落，小自個人周遭的人、事、物、及至國家、社會和宇宙中的萬事萬物，皆是評鑑的對象。在人力資源發展方面的評鑑，與教育評鑑有

密切的關聯，其中採用系統和科學方法的評鑑，直至廿世紀之後才陸續的展開，經由評鑑等於測驗、評鑑是目標和表現一致程度的確認、評鑑是專業的判斷等意義上的演變，及至現今評鑑強調的重點是：其一，評鑑是價值或優點的判斷，不是純技術性的工作，也不單是現象的客觀敘述；其二，評鑑可以包含對現象質和量的描述；其三，評鑑不但是爲了評定績效，更是爲了作成決策；其四，評鑑不只可針對個人特質，也可針對課程或行政措施等（黃政傑，民76a）。這些評鑑的新觀念，在教育界和企業界均受到同等的重視。

有關人力資源發展方案評鑑意義與目的，不乏論述者。史奈德、雷本、和法爾(Snyder, Raben, & Farr, 1980)從組織系統的觀點，說明方案評鑑的意義，認爲一個系統的架構中，最好將方案評鑑視爲一組程序，是有系統的設計，並且要系統的搜集有關方案改變組織的過程和判斷的資料。因此，方案評鑑的結果，可以獲得組織在方案實施前、實施中、以及實施後所有相關行爲的資料。

崔西(Tracey, 1983)在美國管理學會的管理手冊中，認爲評鑑是一種系統的方法，用以評鑑方案的執行與目標的達成。主要的工作在瞭解方案執行時產生何種偏差，方案最嚴重的缺失是什麼，何種原因導致此缺失，可採用那些補救措施，以及何種補救措施最有效，而且副作用最小等。

菲立普斯(Phillips, 1983)從以結果爲導向的人力資源發展方案的觀點，說明評鑑的目的：

*1.*決定方案是否能達成它的目標。

2.明瞭方案實施過程的優缺點。

3.決定方案的成本與效益的比率。

4.決定未來的方案，應由那些人參與。

5.瞭解方案使那些參與者獲益最多或最少。

6.提示重點給參與者，以增強工作行為的表現。

7.搜集資料，協助未來方案的推展。

8.決定此方案是否適當。

　　簡而言之，評鑑的目的可歸為兩大部份：一是改進人力資源發展方案的過程，一是決定方案是否繼續或停止辦理。

　　泰森和柏恩布勞爾(Birnbrauer & Tyson, 1986)在論及方案的品質控制時，認為評鑑是一種有意設計的系統，置於方案發展之前、之中和之後的策略點上，亦即評鑑係從方案的起始到完成，貫串整個方案的發展。評鑑的目的則是用於決定學員經由受訓之後有何不同，以及方案對組織的影響。

　　上述諸學者對評鑑的看法，說明了人力資源發展方案的評鑑趨勢，乃著重於整個方案的評鑑；而評鑑的目的主要在搜集事實的資料以作價值判斷。其中「事實」(fact)的基本要素，係由可觀察的事物及其運作所組成，介謬投(Zammuto, 1982)認為這些要素能實地測試以辨真偽；而價值的基本要素，則是對所喜好的某一系統的狀況，有隱含或外顯的需要。

　　在人力資源發展方案的評鑑過程中，從需求評估、方案的規劃、方案的實施、直至方案的評鑑，無處不涉及價值的判斷，甚至可說評鑑的過程即是一種價值判斷的活動。然而由於社會科學一直希望能朝客觀化、系統化邁進，而有所謂「價值中立」的期盼

。事實上，價值的觀念是人類行為中的一項特質，所有的活動多少都具有價值的成分，而且價值代表一套象徵性的抽象概念，因而具有相當的普遍性，並經由內在化而對個人的行動具有約束力與指導的作用，它不僅是個人人格結構的核心，同時也是社會、文化系統中的要素。

評鑑既然避不開價值判斷的活動，因此，傳統上有兩種處理的方式。第一種方式是研究者僅處理事實的問題，而將價值的問題留給當事者(client)，亦即研究者僅在發現活動與結果間的關係，而由當事者自己去決定他所要的結果。此雖不失為一種處理的方法，但有許多科學家、研究者、和社會人士，仍然無法接受此種方式的處理，而且亦有人認為決定此種處理方式的本身，就是一種價值的表現。第二種處理的方式是研究者避開價值爭議的問題，而將所有價值的問題最後皆化約為事實的問題，例如「管理的成效」可由管理行為中五個重要效標來衡量；高獲利率；高生產力；低意外事故；低缺席率；很少犯錯，彼此間是否具有高相關來說明一個整體的概念。

事實上，此種處理的方式仍有許多的困惑，因為一位管理者能發現許多衡量成效的效標，但是否值得去做，最後仍是價值的問題(Burgoyne & Cooper, 1975)。

評鑑既然與價值有著密切的關聯，吾人評鑑時，就該檢討自己的價值並面對價值，作適當的選擇，此可經由概念的澄清和採用科學化的研究過程，以驗證已知或未知的事實，使評鑑的過程和結果能更加的合理。

資料的搜集在評鑑中是不可或缺的，人力資源發展方案所需的資料，通常可由評鑑對象的主管、部屬、同事、人力資源發展

的專業人員以及學員本身獲得。至於結果的評鑑報告,對方案的設計者、執行者、學習者、管理人員、以及未來的學習者都有助益,他們可從評鑑獲得回饋,作爲推展和改進方案的依據(Nadler, 1980;Phillips, 1983)。此外,在搜集資料前,測量工具的編製應具備信度與效度。信度即可靠性,係指測量結果的一致性或穩定性;效度即正確度,係指測量工具能測出所欲測量的特質或功能之程度。因此,效度是測量的首要條件和其目的之所在,信度則是效度的必要條件,而非充分條件。亦即有效的測量工具必須是可信的,但可信的測量工具未必是有效的。

在科學化的研究中,量化是相當受重視的,亦即將問題或現象用數量表示出來,然後再去分析、檢定、解釋。根據黃政傑(民76b)的歸納,採用量化的理由或優點有:

1. 量化具有簡約作用。

2. 凸顯問題。

3. 提供系統的資料搜集方法。

4. 建立統計分析的方法。

5. 量化研究結果,可用來建立明確的努力目標、預測未來需要、控制或引導發展的方向。

6. 可複製驗證,協助研究者確認研究發現的正確性。

7. 整套的研究方法是可教可學的。

8. 具有說服力。

由此可知,量化深受學術界和一般大衆的喜愛,是有其獨到之處。但爲了符合量化的需求,需將複雜的人與社會現象予以孤立化、原子化,使其化約成幾個簡單的變項,運用統計方法加以

處理，然後據其結果作為解釋、控制、或預測社會事實的依據有幾個值得深思的問題(蕭新煌、張苙雲，民71；周愚文，民76)：

1.將複雜的人文或社會現象化約成變項後，是否等於原來的情形，而變項再經過客觀量化的再次化約後，能保有多少的眞實性，是值得懷疑的。根據格式塔心理學派的觀點，部分之和不等於整體，此種見樹不見林的做法是不妥當的。

2.有了統計上變項間的關係，未必就能「理解」社會現象的「實質」，因為統計上的意義是人為的，並不是參與社會現象的行動者所能意識到的意義。另外，雖然畢達哥拉斯學派(Pythagoreism)早就指出宇宙的基本存在為數，但是等量的東西未必就是等質，如果欲做量化處理，必須使計量的東西等質，如此一來，必然抹煞了個人的獨特性、意義、和價值。

3.在尋找變項關係的過程中，從提出假設，建立統計相關，到決定是否有顯著的相關，大都是研究者主觀的認定，亦即在變項分析採用「演繹」的作法下，其客觀的成分就有待商榷。

4.採用「變項」分析的方式，導致研究上將個人主觀意義與社會事實分開的不當，此乃忽略了實際活動的行動者，以及社會的存在係存於個人心智中的事實，以致無法理解社會現象實際的運作。

5.由於實證論者將被研究的對象視為一種客觀的實在，只要在過程中不滲入個人的價值判斷，在經過客觀的調查後，即可得到正確的事實。此種預設，是值得考慮的，因為每個人都會不斷的成長與改變，而由人群所形成的現象或建構的社會，也非一成不變。因此，若將其假設為固定不變的實在或客體就不適當。研究者與被研究者間的關係，應是主體與主體的接觸，亦即「我與

汝」的關係，而非「我與它」的關係。因此，在評鑑的過程中，雖然實證主義者強調價值中立，卻無法避免認知主體與客體間相互的影響，因為主體在認識客體之前已形成有關的假設，此假設多少都涉入價值的成分，而且在結果的推論中，也會牽涉到價值判斷的成分。

上述雖以社會現象作說明，乃因企業組織係涵蓋於社會現象之中。近年來，由於組織的日趨複雜，加上各公司有自己的特性，因而漸採質的方法來搜集描述性的資料，俾能深入探討事實的真象(Jacobs, 1985)。因此，欲從事人力資源發展方案的評鑑，除需具備搜集資料的方法或統計分析的技巧外，對方法學亦應有所認識，方不致使評鑑淪為事實資料的堆砌。若一味地強調科學研究的客觀性、描述性，而無視於主觀意義詮釋的重要性，仍是無法瞭解現象的本質。亦即評鑑的工作需質與量並重，而且在相輔相成中去瞭解問題，進而解決問題，方能達成評鑑的目的。

傳統人力資源發展方案評鑑模式

目前一般的評鑑模式係導源於柯派崔克(D. Kirkpatrick)，於一九五九年至一九六〇年連續發表的《評鑑訓練方案的技術》(*Techniques for Evaluating Training Program*)中的四階段的模式(Kirkpatrick, 1975)，如圖*10-9*所示：

*1.*反應：主要在評鑑學員對訓練方案的感覺，其指標是評鑑學員對教學內容、師資、教法、環境與設備等是否滿意。
*2.*學習：目的在評量學員對知識和技能的瞭解與吸收情況。

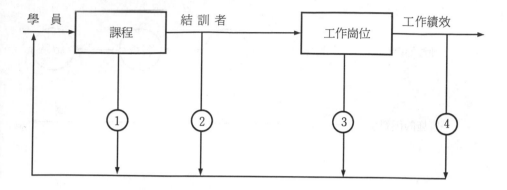

①：學員反應的評鑑
②：學員學習的評鑑
③：學員工作行為的評鑑
④：學員工作績效的評鑑

圖10-9

柯派崔克四階段
評鑑模式

*3.*行為：在評鑑學員經由訓練後工作行為上的改變。

*4.*結果：主要在評鑑與成本或行為有關的結果。例如：成本
　、離職率、缺席率、抱怨等的降低或減少，增加產品品質
　與數量，以及組織氣氛等的改進。

　　柯派崔克與卡特蘭尼羅(Kirkpatrick & Catalanello, 1968)
調查此四階段被採用的情況，以美國與加拿大一百五十四家各類
大小不同公司為對象，研究結果顯示：反應佔百分之七十七，學
習佔百分之五十，行為佔百分之五十四，結果佔百分之四十三。
梅爾、瑞奇(Meyer & Raich, 1983)亦做了類似的研究，調查美
國一百多家公司的研究結果顯示：反應佔百分之七十五、學習佔
百分之五十、行為佔百分之二十，而結果僅佔百分之十五。此四
階段是依序進行的，其中資料的價值、和評鑑的困難度隨著階段

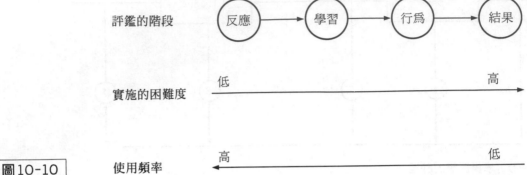

圖10-10

柯派崔克四階段
評鑑模式的應用

的發展而增加，但使用的情況則有隨之而減少的趨勢，如 圖10-
10 所示。亦即一般人傾向選用簡單而易行的評鑑，對較有價值
和較困難的評鑑卻較少使用(Phillips, 1983)。

　　柯派崔克之後，許多研究者大都仍沿用此模式，僅略加修訂
。例如，沃爾、柏德和瑞克漢姆(P. Warr, M. Bird, & N.
Rackhan)於一九七○年提出類似的四個評鑑階段：反應，立即
，中期，終極。

　　韓柏林(A. Hamblin)則將柯派崔克的最後一個階段細分為
二：組織、終極價值。而構成：反應，學習，工作行為，組織，
終極價值等五個階段(Hamblin, 1974)。傑克森和庫布(Jackson
& Kulp, 1979)在AT & T公司的一項研究，將管理發展方案結
果的評鑑分為：反應的結果，能力的結果，應用的結果和價值的
結果。前兩個階段是方案的立即目標，後兩個階段代表長期的結
果。

柯派崔克所提出的四階段模式，對人力資源發展方案的評鑑，提供了一個容易瞭解的概念基礎，但它卻僅及於方案中的訓練而已，著重學員將學到的技能轉移至工作上，重視的是立即的效果。事實上，有許多技能的學習未必能立即應用於工作中，如急救的技能，也許就得採用其他的方式來評鑑，但並非此種訓練在柯派崔克第三個評鑑階段中就沒有價值。因此，吾人需要一種評鑑過程，它不但能協助吾人決定何種方案應保留或停止辦理，而且知道該如何修正此方案，使之更為有效。其次，柯派崔克的模式完全以方案實施後的結果為導向，會造成一種合理結果的偏見（a legitimate bottom-line bias），如果能在方案實施前即加以評鑑，當可減少不必要的嘗試與錯誤，或是事前即予以修正（Brinkerhoff, 1988）。

人力資源發展方案的整合性評鑑模式

柯派崔克的模式應用於今日人力資源發展方案的評鑑似嫌狹隘，未能涵蓋整個方案的發展，同時僅作事後的評鑑，未作事前預防或修正的評鑑，不具積極的實質意義，也無法保證整個方案發展的品質。因此，需將評鑑融入整個方案發展的過程中，成為方案發展本身的一部分，此是人力資源發展方案評鑑模式的趨勢，亦是努力的方向，以下略述五個較具代表性的整合性模式。

CIPP模式

史達費賓等人（D. Stufflebeam et al.）於一九七一年在「第十一屆Phi Delta Kappa教育研究研討會」（Eleventh Phi Delta

Kappa Symposium on Educational Research)中發表「教育的評鑑與決策」，對CIPP模式有詳盡的說明。「C」代表背景評鑑（context evaluation），「I」字代表輸入評鑑（input evaluation），第一個「P」代表過程評鑑（process evaluation），第二個「P」代表成果評鑑（product evaluation）。亦即在「背景─輸入─過程─成果」的系統模式中，認為評鑑是描述、取得和提供有用資料，作為判斷各種變通方案的過程。

由於此模式強調「作決策」，因此將作決策的情境依教育變革的大與小，以及資訊掌握的高與低，區分為四種情境：導致教育系統完全改變的決策（metamorphic decision-making）；維持教育系統平衡穩定的決策（homeostatic decision-making）；繼續改進教育系統的決策（incremental decision-making）；促進教育系統革新動員的決策（neomobilistic decision-Making）。

此外，依據目標和方法，以及預期和實際劃分成四種決策的類型：

1.計畫的決策：決定目標。
2.結構的決策：設計程序。
3.實施的決策：使用、控制、和改進程序。
4.循環的決策：判斷和反應結果。

此四種決策的類型亦是構成人力資源發展方案的基本要素。

在CIPP模式中，與決策類型相對應的是背景、輸入、過程、和成果四種評鑑（Stufflebeam, 1973），略述如下。

背景評鑑　此是最基本的評鑑，其目的在作合理的分析以決定目標，主要的工作是界定相關的環境，說明環境的需要與實際

的狀況，指出未達成的需要與未善加利用的機會，以及診斷問題之所在，以擬定目標。

輸入評鑑 目的在確定如何運用資源以達成目標，此項評鑑需瞭解有關部門的能力，達成目標的方法，以及實施方法的設計，其中包括：資源、時間、預算的需要和潛在的障礙等。

過程評鑑 目的在提供定期的回饋給負責實施計畫的人，此項評鑑有三項主要的目標：

1. 偵測或預測實施階段中，程序設計或實施上的缺失。
2. 提供資料，協助方案作成決策。
3. 保留過程的記錄。

成果評鑑 目的不但在瞭解方案實施的結果，而且在實施的過程中，也經常需要評鑑。此項評鑑可提供資料以決定方案的繼續、終止、或修改。

以上說明CIPP模式的四種作決策的情境、決策的類型，以及和其相對應的四種評鑑類型，此種教育評鑑的模式，廣為教育界所採用，而其概念與做法，同樣可適用於人力資源發展方案的評鑑，惟在應用時，宜特別注意企業界和教育界情境與需要的差異，予以適當的調整，方能發揮模式的功能。

CSE模式

CSE模式係阿爾金(M. Alkin)主持美國洛杉磯加州大學評鑑研究中心(Center for Study of Evaluation,簡稱CSE)時，依據CIPP模式修訂而成的評鑑方法，故又稱之為阿爾金模式(Alkin's model)。阿爾金(Alkin, 1973)在〈評鑑理論的發展〉

一文中，對此模式有所說明，認為評鑑是確定有關決策的範圍，從事選擇、搜集、分析資料，並作成報告，以協助決策者選擇最佳的方案。由此可知，此模式主要用於決策上。

CSE模式將決策區分為五個領域，並有五種評鑑與之相對應，茲將此評鑑模式的五個階段分述如下。

系統評估 目的在協助決策者瞭解教育系統的現況，決定範圍和特殊情境之教育目標的方法。所謂需要，係指目標與現實情況間的差距；而評估即是將系統的現況與期望的結果或需要作比較。系統評估可分析整個系統，也可僅評鑑某一特定教學方案，此稱之為次級系統的評估。系統評估在描述目標的結果，卻不涉及達成目標的過程。

方案規劃 目的在提供資料予決策者作判斷，以選擇達成需要的最有效的方案。資料的搜集和分析，將因不同領域的問題而有所不同，此可透過兩種程序，一是內在評鑑(internal evaluation)，此乃檢視方案目標的達成與否，可透過各種內部的標準，例如：結構、實用性、成本等項目；一是外在評鑑(external evaluation)，此乃檢視方案在類似的情境中實施結果的研究資料，可採用電腦模擬、戴爾懷分析、系統分析等方法獲得所需的資料。

方案實施 此乃在確定方案的實施是否符合先前所規劃的，此階段需注意所評鑑的是否即是研究者所知方案的評鑑。

方案改進 需儘可能提供方案各部分是否成功運作的資料，評鑑者擔任的是裁定者(interventionist)的角色，因此評鑑者需認識問題、搜集和分析有關資料，使決策者能立即修正方案的運作。資料可由測驗得知方案是否達成其目標，以及方案的實施對

其他方案的影響而得知。

　　方案檢定　最後評鑑者需提供資料，協助決策者決定方案是否終止、修正、繼續辦理、或擴大推廣，同時應關注方案所達成的目標，以及對其他方案的影響。在此階段中，評鑑者需獲得有效及可信的資料，使評鑑的結果更爲嚴謹。

　　CSE模式中的五個階段，幾乎包括所有的評鑑內容，其主要的目的在提供有效的資料予決策者選擇最佳的方案，並可隨時修正方案的運作，以確保目標的達成，但由於此模式的評鑑成本較高，以及需配合的人員較多，實際推動前需有短期的研習會，方能有效的推展。

人力資源發展方案的系統評鑑模式

　　人力資源發展方案系統評鑑模式係由史奈德、雷本、和法爾(Snyder, Raben, & Farr, 1980)所提出，目的在說明複雜的組織與方案間系統的交互作用，藉以增進組織的功能。此方案的評鑑模式採循環回饋的過程，促使組織成員瞭解方案對組織改變的影響。因此，評鑑需包括資料搜集的程序、分析、以及對組織成員的回饋。

　　整個人力資源發展方案共分五個階段：需求評估、方案規劃、方案實施、方案成效與效率的評估，結果的推論和決定未來活動的評估；與此五個階段相對應的評鑑是：背景、輸入、過程、總結、預測(prognosticative)等五種評鑑，分述如下。

　　背景評鑑　這是評鑑的起始階段，旨在評估組織的運作環境，檢視組織系統的狀況，並確認目前與渴望狀態間的差距，以確定所需的改變。

　　輸入評鑑　此階段的目的在評估組織可利用的資源和目前運

作的政策，以建立各種可行的方案。當方案決定後，須以一種清晰、簡潔、完整、和行爲導向的方式敘述其目標，並以此作爲判斷方案成功與否的指標。

　　過程評鑑　此階段的目的在使組織成員知道方案的實施是否如預先所設計的，因而主要的活動是監督和整理過程中所發生的事件，搜集並整理方案計畫中的資料，發現方案設計和實施的缺點，將有關方案運作的資料回饋給組織的成員。

　　總結評鑑　可由方案實施後組織成員的成效和效率予以判斷。可採用組織的需求，背景、輸入、和過程的評鑑，預估方案的內在效度等方式，將實驗組和對照組的結果予以比較而得知。

　　預測評鑑　此階段乃在提供組織成員有關方案的外在效度，及方案在組織內其他部門，或其他組織實施的結果，作爲判斷方案必須修改、終止或擴大推展的依據。

　　上述每一階段皆可視爲獨立的評鑑，在整個評鑑過程中各有獨特的貢獻與目標。若將此模式的第四和第五階段合併，則與CIPP模式相當類似。此模式的主要功能有二：其一，協助評鑑者釐清評鑑的程序，以符合複雜組織的需要；其二，提醒評鑑者考量系統方案的成效。就系統理論而言，此模式並非是人力資源發展方案最好的評鑑模式之一，但可運用於實際環境中，而視之爲評鑑的工作架構。

人力資源發展方案的事前評鑑模式

　　人力資源發展方案的事前評鑑(anticipatary evaluation in HRD programming)，係由米尼和麥德林(Mimick & Medlin, 1983)所倡導的，導因於傳統上將評鑑侷限於方案的運作和事後

的結果，然而事前的評鑑對方案的改進具有莫大的助益，同時能提高投資的回收。此種事前的評鑑在方案的設計、發展、實施之前即應展開，並作爲導引方案的發展之用。事前評鑑方案包括三個部份：方案的規劃，方案的實施，方案的策略，與此三部份相對應的評鑑依次分述如下。

事前評鑑　其中包含：背景評鑑、評鑑能力的評估、小規模實施的評鑑。這些評鑑的目的在界定組織的目標、優先順序和其需要，並根據所獲得的資料，瞭解方案的目標，活動符合組織需要的程度，以及是否能被明確的測知，而最後小規模的實施，在瞭解參與者對方案的反應。

方案的評鑑　重點在評鑑方案的實施，包括努力程度的評鑑以及達成方案目標的評鑑。

對組織影響的評鑑　主要在預估人力資源發展方案的努力，對組織成效的貢獻。

此模式不僅具備評鑑的功能，且可用作人力資源發展方案的管理。惟在實際運用時，既費時，又需規劃各種的活動和程序。因此，管理者可針對此障礙，實施時作彈性的選擇，抑或採非正式或質的評量，以利方案的執行。

朴林克赫夫人力資源發展方案整合性評鑑模式

人力資源發展的整合性評鑑模式(integrated evaluation model for HRD)，係朴林克赫夫(Brinkerhoff, 1988)所提出，他認爲評鑑應重視整個方案發展過程中的各個部分，若僅注意方案實施的結果，將錯失防患問題發生的機會。此模式區分爲六個階段，朴林克赫夫強調除需瞭解各階段的工作外，尚需注意每一

階段與其他階段的銜接與配合，方能構成一合乎邏輯的人力資源發展方案的評鑑，以利整個組織的發展，以下略述方案中的六個主要階段。

目標的設定　此階段的主要工作在瞭解人力資源發展方案的需要、問題或機會的所在，亦即從事需求評估以決定方案是否需要、是否值得、是否較其他方案為佳等，基本上是一種價值判斷的過程。

方案的設計　主要工作在決定方案的工作內容，瞭解方案的設計是否嚴謹，或選擇可行性較高的其他方案。

方案的實施　此階段在達成方案的設計，瞭解方案的運作是否如原先所規劃的，以及是否產生預期的結果。

立即的結果　瞭解學員是否獲得預期的技能、知識和態度。

結果的使用　瞭解學員學習的保留和應用的情況。

衝擊和價值　瞭解學員學習後對組織的影響，其中包括：人力資源發展方案是否值得做，是否達到組織的目標，還會產生那些其他的價值等，以決定此方案的終止、繼續、減縮、或擴大推展。

朴林克赫夫認為若要人力資源發展方案產生有效的結果，並對組織有所貢獻，繫於每個階段所作決策的品質。此模式的六個階段強調形成性的評鑑角色，及每個階段評鑑資料的相互為用。總之，使用此模式可讓人確信所從事的方案是重要和需要的，其設計是最佳的，其運作是順暢的，而且學員可從中學到他們想學的，並應用於工作崗位上，最後使組織的投資能有良好的回收。

上述五個系統模式的主要組成要素，在名稱和階段的劃分上

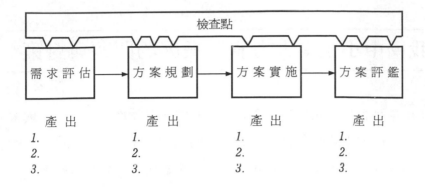

圖10-11

品質導向的人力
資源發展方案

，依過程的繁簡和強調重點的不同，雖略有差異，但基本精神卻
是相當類似的，不但強調過程中的回饋作用，而且每個階段皆有
它各自的工作，同時需與其他階段的工作相互配合。

　　作者依據上述評鑑模式的組成要素，以及企業界實際運作的
情形，將人力資源發展方案歸納出四項基本要素：需求評估，方
案規劃，方案實施，方案評鑑。並由此四項要素構成評鑑模式的
內涵。其中每一要素皆是此系統性評鑑模式的次級系統，皆需經
由「輸入—轉換—輸出」的過程，而且每一次級系統的「輸出」，不
但可作為系統回饋的資料，同時亦是下一級系統的「輸入」，如此
循環不已，並在組織系統的運作下，構成一整合性的系統模式。

　　各公司可依自己的情況或需要，在各階段適當的運作過程中
，設立檢查點(check point)，隨著工作的進行作必要的檢查與
修正，使工作得以順利的推展，如 圖10-11 所示。此外，每個階
段都應列出輸出的「產品」，作為瞭解與管理工作之用。

我國中小企業人力資源發展的問題與對策

　　中小企業在我國經濟發展的歷程中，無論過去、現在、與未來，均扮演重要的角色。環視當前的環境，在經濟、社會、政治和科技等方面，皆有重大的變動，試舉數例，以略知其梗概。

經濟方面

　　從早先的加工出口，朝向國際投資，繼之希望成爲亞太營運中心；經濟結構將由工業化轉爲資訊化；經濟活動由追求量的成長轉變爲質的提昇，亦即由重視「效率」，進而著重「品質」，此乃意味著「高品質」時代的來臨。

社會方面

　　工作價值觀的改變，譬如：員工追求個人的自我成長，對公司的忠誠度降低，重視工作的意義、同事的尊重、主管的賞識等。在個人的生活型態上，喜歡有品味、有格調的生活，同時注重休閒。

政治方面

　　勞基法和環境保護的法令更加嚴密，重視工作權和生存權；逐漸取消保護政策，提供企業更公平、更合理的競爭環境。

科技方面

　　工作內容分工越趨細密與專業化，工作程序朝自動化發展；科技的變化與創新更加快速，產品的生命週期縮短。因此，需不

斷的力求革新，如此產品或服務才有競爭力。

在外在環境變動的衝擊下，企業界為求本身的生存與發展，勢必要有因應之道。就人力資源發展而言，要留住人才使技術生根，在觀念與做法上均需予以調適。例如，員工希望享受學習的權利，認為老闆有提供學習機會的義務，可能與老闆的看法有所出入，此時工作與學習，權利與義務該如何求得平衡點，正是經營者努力的重點。

至於「人力資源發展」的含意，簡言之，乃是促進員工的成長，使之得以發揮潛能。當然，在兼顧個人工作與非工作層面的發展外，更重要的是要提高組織的績效。通常人力資源發展的方式，主要透過工作崗位與非工作崗位的培訓。然而由於中小型企業的規模較小，資金有限，大多採家族式的管理，因而在人力資源發展上與大型企業應有所不同，以下首先說明中小型企業人力資源發展上的一些現象或問題，然後再提出因應的對策。

人力資源發展的問題

中小型企業人力資源發展的問題牽涉很廣，有理念上的問題，也有作法上的困擾，以下針對主要的事項略述如下。

「用」而不「訓」

經營者總認為人力資源可隨時由人力市場中取得，而且員工的離職率高，投資在訓練上不易回收，再加上中小型企業受限於規模及財力，以致不重視人力資源發展的工作。在不培訓人才的情況下，「挖角」與「跳槽」風波不斷，也不足為奇了。

在目前的經營環境下，除人才的培育外，尚應降低人員的離職率，才能使技術在組織內生根，對提高產品或服務的品質是非常重要的。

對訓練的誤解

將訓練視為一般的教育，誤為對組織的貢獻不大，是屬於長期的目標，對改善目前的工作沒有幫助。事實上，訓練對當前與未來的工作均有益處。

由於對訓練的誤解，會將訓練當作「時髦」的事，某家公司辦理訓練活動，其他公司亦不願落人之後，也會趕緊跟上，形成一種「流行」，甚至將訓練當作員工的「福利」。至於訓練內容是否與工作有關，是否選對人參與適合的訓練等，卻不加深思與分析，以一種「跟著感覺走」的心態和作法來從事訓練的工作，其成果是可想而知的。

各階層主管的支持不夠

訓練對組織的績效比較不易衡量，特別是管理性的訓練。因此，人力資源發展工作的推展，有賴經營者對訓練的體認與信心。中外學者的研究結果均支持此一看法，作者的研究結果顯示，國內經營者對訓練的支持仍嫌不足，以致影響訓練工作的推動。

各階層主管通常會認為人才培訓是人力資源發展單位的事，不在其職責範圍內。有些本位主義或心胸狹窄者，對訓練工作每以工作繁忙或不符所需而予以排拒，或是擔心部屬培訓後，能力超過他，間接暴露其缺點，造成領導上的困難，甚至影響其職位。此外，各主管為爭取各部門的績效，係以當前的業務為導向，較難顧及人力資源發展的工作。

訓練缺乏有系統的規劃

中小型企業雖受限於組織的特性，無法像大型企業般有計畫的培訓人才，但基本的訓練方針仍不可少。然而目前有關的訓練活動，常有雜亂無章的現象，未能針對組織的需要、人員的條件、客觀的環境等，作有系列的分析，並據以建立本身的培訓計畫。而有工作崗位的訓練變成受訓者自行摸索，工作崗位外訓練則常不符實用，導致對訓練課程無法認同，對訓練結果抱持懷疑的態度，而拒絕參與。

訓練重「量」，不重「質」

有關訓練結果的報告，最常見的是總共舉辦了多少梯次的訓練，參與人數有多少，課程的項目，訓練的種類與時數等，以此來認定訓練的品質。至於訓練過程則常因辦理訓練者的專業能力不足而被忽略。訓練者大多從事一些事務性的工作，例如：食宿、交通和場所的安排，講師的聘請等；至於需求評估、教材發展和評鑑等工作，雖明知重要，卻常心有餘而力不足。此外，講師的教學能力欠佳，缺乏教學的專業知識，亦使得訓練成效大打折扣。

訓而不「用」

通常受訓完畢，培訓活動即告結束。事實上，結訓後公司應安排工作，讓員工有練習所學之機會，若能再利用工作輔助單，可促進學習的轉移，直屬單位的主管若能再予以適時的教導和鼓勵，當可使學習的結果直接有助於工作的改善。換言之，訓練單位在辦理培訓工作後，緊接著應從事追蹤輔導的工作，一方面協助員工作學習轉移，一方面協助員工解決困難。如果訓練後不從

事追蹤輔導的工作，習得的技能在半年後會遺忘掉百分之九十。由此可知，訓而不用是相當可惜的人力浪費。

爲何訓而不用？其中常因受訓者係少數，回到工作崗位後，不易獲得多數人的認同，常需孤軍奮戰，以爭取他人的支持，在阻力重重的情況下，造成英雄無用武之地。

缺乏激勵訓練的誘因

由於受訓後常不易獲得學以致用的機會，而在晉陞或薪水上又未必有實質的幫助時，訓練雖有助於個人的成長，但有時也需付出訓練的代價，或造成生活上的不便。因此，在衡量得失之後，對訓練的意願就自然降低了。換言之，當訓練後不但無法獲得主管的賞識或嘉勉，甚至給予打擊，又無實質的好處時，員工對訓練就會裹足不前了。

過量的訓練造成個人與組織失調

在求職或就業中，常可發現高學位低成就者，亦即所謂的「大才小用」，或是「超過資格」(over-qualified)者。根據研究顯示，這些人常會不安於位，離職率高於一般人。由此得之，員工受訓後，組織若沒有適當的工作或職位讓其發揮，易使員工在工作缺乏挑戰及遠景的情況下，尋找其他公司以謀求發展，這對個人與組織均會造成遺憾與傷害，而將原本是好事，因培訓的不當，造成雙方的抱怨，老闆認爲其應當回饋組織，而員工又覺得才能無法伸展，在此相互不滿的狀況中，雙方都沒有好處，勢必也會影響到經營者對培訓人才的作法與意願。

人力資源發展問題的對策

　　本章僅針對一般性的問題提出幾項對策，希望對人力資源發展工作的推展能有些助益。

尋求高階主管的支持，特別是經營者的承諾

　　由於中小型企業正處於技術的轉型期，惟有提高技術水準，才能生產高品質的產品或服務，以保有市場的競爭力。在此危機中，應讓經營者深深體會在不斷創新與適應的過程中，人力資源的重要。員工能繼續的再訓練、再教育，才能注入新的活力，爲公司創造更多的財富，此即所謂「知識就是財富」的道理，亦凸顯出人力資源發展的重要。因此，負責培訓的人員，在溝通時可提出其他企業成功的個案，以及具體的作法，藉以說服高階主管（經營者）的支持與參與，並瞭解訓練是投資，而非花費。在獲得經費的贊助下，人力資源發展工作才易展開。

　　人力資源發展工作尚需各級主管的支持與推動，負責培訓工作者，可經由刊物、活動、和會議等，讓各級主管瞭解人力資源發展部門的工作，並建立良好的人際關係，做個勝任「推銷員」的角色，當有利於日後培訓工作的推展。

建立基本的人力資源發展體系

　　由於人力資源發展與整個組織中的人員和單位均有關係，而且需密切的配合，因而首先得成立跨單位的人力資源發展委員會，負責督導與推動工作。當然，有關委員的人選及職責應有明確的規定。

在人力資源發展的工作中，組織應有一套體系，讓員工瞭解職位的分類與晉陞的途徑，以及各職等的資格，包括：所需的學歷、年資、訓練等。在訓練方面，對受訓的目的、對象、課程的內容與時數等，均應有詳細的說明。如此組織才能有計畫的培訓人才，個人也才知該如何安排其生涯。

人力資源發展體系的建立，需由專業人員來從事，中小型企業受限其規模，可採重點式的規劃譬如，先建立基層管理人員，如領班、班長等的培訓課程，然後再逐步發展其他人員的培訓。

擬定人力資源發展政策

政策是推動人力資源發展的重要依據和指導原則，有成文與非成文的方式，為了建立制度，最好採成文的方式，而且以能執行者為主，否則將形同虛設。試列舉數項可行的政策如下：

1. 新進人員應接受職前訓練。
2. 基層管理人員接受新職前，或就任新職後半年內，應接受與新職有關的管理訓練。
3. 每位主管均應負起培訓部屬的責任。
4. 法規規定屬於危險性的工作，一律接受訓練後方可擔任。
5. 建立與工作有關的外訓學費補助辦法。

培養人力資源發展人員和內部講師的專業能力

人力資源發展除主管的支持與經費的資助外，更重要的是人力資源發展人員的專業能力，此須經由正規教育的長期過程來培養，而非數個月的短期訓練所能習得的。人力資源發展的專業能力牽涉頗廣，需整合企管、經濟、社會、教育、和心理等學門的

知識，以美國俄亥俄州立大學爲例，人力資源發展（訓練與發展）的碩、博士課程中，包括：組織理論、組織發展、組織行爲、人力資源政策典範、人事心理學、人類的能力、動機與工作行爲、高等心理學、人力資源發展的理論與實務、任務分析、教學系統設計、成人的學習、教材發展、勞工關係、勞動經濟學和研究法等。

國內從事人力資源發展工作者，大多畢業於社會科學的某一相關科系，甚至有非相關科系者，而其專業能力大多來自工作崗位的自我摸索或短期的訓練。因此，人力資源發展人員的專業能力亟待加強，才不致淪爲辦理事務性的工作。

在內部訓練時，講師除專業知能之外，教學能力亦是培訓工作能否成功的重要關鍵。教學能力不僅限於教學技術，還應包括教材發展，這個部分常被一般人忽略掉，這就好比要演好一齣戲，腳本的編寫非常重要一樣。由於企業內的訓練內容，大都是該企業的專屬技能，不易從外界引進，教材也就勢必需由自己來發展。企業擁有一套屬於自己的教材，當可使培訓工作維持一定的水準。

教材可分爲班級教學的教材與自學教材兩種，各有其適用的範圍。通常自學教材適用於人數較少（五人以下）的情況，然後再輔以工作崗位的訓練。

人力資源發展可由內訓到外訓、基層到高層、被動到主動

爲落實人才培訓的工作，首先由工作崗位訓練（OJT）做起，此是一種有系統的安排，將工作所需的知識與技能傳授給員工，此可透過目前的業務、專案、工作輪調、代理等方式來進行。

此對公司人數少、經費和設備有限、工作性質簡單又不具危險性的中小型企業是非常實際的作法然後再擴及工作崗位外的訓練。

　　培訓的對象可由基層主管和技術人員做起，由於直接關係到企業的生產力，培訓的成效易於衡量，較易得到大家的認同與經營者的信心，此類似棒球中的「打帶跑」戰術，屬短期且具立即效果，然後再逐步推展到各層次人員的培訓。

　　培訓的工作表面上係由組織來安排，具有強迫的性質。事實上，在學習的過程中卻需員工發揮學習的精神，並且經由訓練之後，能引發其再學習的慾望與樂趣，繼而能不斷的、隨時的做自發性的學習，使個人的潛能得以發揮。

人力資源發展應顧及內、外部的適合度

　　人力資源發展的實施不是獨立的活動，而是一連串的工作，亦需顧及整個人力資源制度的運作與配合。換言之，首先得注意培訓活動的先後順序、主管的認知、和訓練檔案等先決條件，以使方案能適合人力資源發展體系，並在體系內生根和發展，才不至落入移植或仿效其他公司的作法，而鬧水土不服，終至無疾而終的地步。其次得考慮與外部的適合度，包括：工作說明書、職位分類、陞遷辦法、與薪酬制度等。目前訓練結束後缺乏激勵制度的配合，即是未考慮外部適合度的典型例子。

　　任何制度的建立，由無到有均需依本身的條件或基礎，逐步的推展，而且唯有兼顧內部與外部的適合度，才能穩定而持續的發展。

營造組織內的學習氣氛

在中小型企業中，為迎接技術的革新、開發、和各種困難問題的挑戰，已逐漸形成一種學習的社會，其中學習氣氛的營造是一項重要的工程，「孟母三遷」即是一例。在組織中，經營者的理念對氣氛的影響很大，可先由本身做起，再教育或影響員工，先瞭解自我培育的好處，發揮老闆的潛力，員工自會檢討與模仿，在相互影響與激勵措施的配合下，當可激發員工不斷的學習與力求突破，並發揮其潛能，對企業做更多的貢獻。

總而言之，在過去工業社會中，人力資源發展對中小型企業並不那麼迫切。然而今日要有何種品質的產品或服務，就需由那種品質的人來做，而且為取得經濟轉型後發展的優勢，人力資源發展工作就格外的重要。雖然中小型企業較缺乏水平或垂直的發展機會，員工在組織中生涯路徑的廣度與深度均不夠，再加上工作條件不理想等，以致員工的離職率偏高是可理解的，但企業不可因此而因噎廢食，對人力資源發展工作不加重視，應衡量本身的能力與條件，對組織內的「重要人物」或對生產或服務有直接相關的人員，從事重點式的培訓，行有餘力，再逐步擴展。

企業對人力資源發展若能秉持協助員工的成長的觀念，將其視為資產，而非工具來看待，在互蒙其利的情況下，技術才能生根，企業更具競爭力，員工也更能發揮其潛能，並樂在工作環境中。

結語

　　人力資源發展乃是有目的、有計畫的安排員工的學習活動，以增強其工作能力和提高生活品質。

　　由於人力資源發展部門是組織中的一部份，故方案的推展，須經由組織系統加以運作，而人在組織中，不但會因結構本身的改變而更換其職位，同時也會在工作的變換與晉陞的管道中，改變個人的職責與地位。因此人力資源發展表面上針對的是組織中「人」的因素，事實上，應是「組織中的人」，它是整個組織的命脈，所有的活動與功能全賴其去運籌帷幄，而人力資源發展也唯有能落實到組織中，與組織結構相結合，方能發揮其作用，產生推動組織運作的功能。

　　至於組織中成員的角色，乃是為達成組織的目標，因而個人的行為必會受到組織的牽制或影響，使之與角色的規範相一致。換言之，個人在組織的參與中，不是個人，而是角色的履行。當個人的職位有所異動，或工作內容有新的要求時，就須經由學習的歷程，增強或擴展履行角色的能力或特質，方能有令人滿意的表現。

　　生涯的發展係以個人為著眼點，卻須在企業組織中達成。因此，一個完整的生涯發展計畫，應包括個人與組織兩方面，組織除顧及本身的利益與目標外，應確實關心員工的發展與需要，使員工認為自己是組織的一部分；並應依據個人的能力或狀況，提供適當的培訓方式和晉陞的管道，使個人能發揮才能和獲得工作

的成就感，並對生活充滿信心與滿足而能對組織做最大的貢獻。

　　人力資源發展的推動須與經營策略相結合，兩者成為一體，才能產生最大的功效。不同的經營策略，對人力資源發展亦有不同的策略性含意。人力資源發展方案的過程，可分為四個階段：需求評估、方案規劃、方案實施和方案評鑑。

　　一般的評鑑模式係導源於柯派崔克的四階段模式：反應、學習、行為、結果。柯派崔克所提出的四階段模式，對人力資源發展方案的評鑑提供了一個容易瞭解的概念基礎，著重學員將學到的技能轉移至工作上，重視的是立即的效果。此模式應用於今日人力資源發展方案的評鑑，似嫌狹隘，未能涵蓋整個系統的發展，同時僅作事後的評鑑，未作事前的預防或修正的評鑑，不具積極的實質意義。因此，需將評鑑融入整個方案發展的過程中，成為方案發展本身的一部份，此是人力資源發展方案評鑑模式的趨勢，亦是國內企業界努力的方向。

　　人力資源發展方案整合性評鑑模式的主要組成要素，根據許多專家學者的看法，在名稱和階段的劃分上，依過程的繁簡和強調重點的不同，略有差異，但基本精神卻是相當類似的，不但強調過程中的回饋作用，而且每個階段皆有它各自的任務，同時需要其他階段的任務相互配合。作者根據及企業界實際運作的情形，將人力資源發展方案歸納出四項基本要素：需求評估、方案規劃、方案實施、方案評鑑；並由此四項要素構成評鑑模式的內涵，其中每一要素皆是評鑑模式的次級系統，皆需經由「輸入─轉換─輸出」的過程，而且每一次級系統的「輸出」，不但可作為系統回饋的資料同時亦是下一次級系統的「輸入」，如此循環不已。

個案研討

人力資源發展個案一：衆凱股份有限公司

公司背景

　　衆凱公司晶圓廠於八十二年籌劃興建，並於八十四年一月全能量產。晶圓廠面積約四萬平方公尺，總投資額將近二百億元。產能已達到月產三萬片之滿載運轉規模。爲因應公司持續快速成長之需要，已於前年十月動工興建產製記憶體元件爲主之晶圓工廠，預估將耗資總額近五百億元，已於去年年底完成主體結構，依計畫在今年年中即可開始量產。如此將可充分因應未來數年產能之需求。

　　公司向以研發能力見長，主要產品設計人員至少都有十年以上之研發經驗，並已成功地研發出一系列多功能、高附加價值的產品。這些產品不僅能適時的在市場上推出，並能成功的打入世界各知名的公司。此外，公司研發團隊所研擬之關鍵性零組件研發計畫，亦屢獲國家肯定，如繼4M視訊記憶體之後，64M動態隨機存取記憶體研發計畫，亦獲國科會研發補助。

　　公司主要業務爲研究、設計、發展、製造，以及銷售各種超大型及其相關之積體電路產品，包括：動態隨機存取記憶體(DRAM)、靜態隨機存取記憶體(SRAM)、視訊記憶體(VRAM)、語音記憶體(VOICE　ROM)，以及高附加價值特殊記憶體(

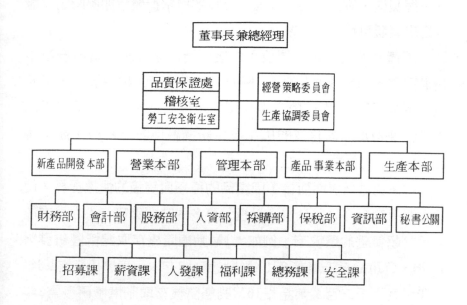

```
                          董事長兼總經理
                                 │
              ┌──────────────────┼──────────────────┐
        ┌──────────────┐              ┌──────────────┐
        │  品質保證處  │              │ 經營策略委員會 │
        ├──────────────┤              ├──────────────┤
        │    稽核室    │              │ 生產協調委員會 │
        ├──────────────┤              └──────────────┘
        │ 勞工安全衛生室 │
        └──────────────┘
   ┌─────────┬─────────┬─────────┬─────────┬─────────┐
 ┌────────┐┌────────┐┌────────┐┌──────────┐┌────────┐
 │新產品開發本部││營業本部││管理本部││產品事業本部││生產本部│
 └────────┘└────────┘└────────┘└──────────┘└────────┘
   ┌──────┬──────┬──────┬──────┬──────┬──────┬──────┐
 ┌────┐┌────┐┌────┐┌────┐┌────┐┌────┐┌────┐┌────┐
 │財務部││會計部││股務部││人資部││採購部││保稅部││資訊部││秘書公關│
 └────┘└────┘└────┘└────┘└────┘└────┘└────┘└────┘
   ┌──────┬──────┬──────┬──────┬──────┐
 ┌────┐┌────┐┌────┐┌────┐┌────┐┌────┐
 │招募課││薪資課││人發課││福利課││總務課││安全課│
 └────┘└────┘└────┘└────┘└────┘└────┘
```

衆凱公司組織

ASM)等,皆爲電腦、通訊、資訊系統產品和消費性電子產品廠
商不可或缺之元件。多年來,公司以自有品牌、自行佈建通路,
將產品行銷世界,市場遍及美國、歐洲、亞洲等地,廣爲國際知
名廠商所採用,是我國積體電路公司國際化行銷成功的範例。公
司組織架構如圖所示。

經營策略

　　IC廠所面對的是國際性的超競爭環境(Hypercompetitive
Environment),因此,在擬定經營策略之前必須先瞭解與分析
國內外的競爭環境,運用SWOT分析,以維持優勢、改善劣勢

、掌握契機、避免威脅。當能充分瞭解與掌握競爭態勢時,才能擬定出具體可行之經營策略。

　　IC產業的國內競爭環境可由幾個層面來分析:就政府政策層面而言,由於政府的鼓勵(例如:獎勵投資、稅金優待,以及設立專業區等),與國際市場因IC運用越來越廣泛,亦使市場的需求快速增加,高科技的IC工業紛紛擴廠與設立新廠,競爭趨於激烈。

　　就研究發展層面而言,因產品的種類與等級的快速提昇,使研發費用節節高昇,且需及早投入更多的時間與研發人力,方能立足於超競爭的環境下,例如:1M動態隨機存取記憶體研發需1.2年,費用為三千萬美金;4M動態隨機存取記憶體研發需1.6年,費用為六千三百萬美金;16M動態隨機存取記憶體研發需2年,費用為七千五百萬美金。

　　就組織文化層面而言,因IC廠的投資金額甚高,目前一個廠的投資額約為十億美金,且市場變化快速,需要堅強的經營團隊,形成利益與命運共同體,做出對的決策與產品。動態隨機存取記憶體的製程約有五百站,欲確保五百站的製程能環環相扣,並維持高良率,端賴團隊合作,所以說IC產業沒有英雄。就製程能力與成本競爭的層面而言,相同功能的IC,每年以百分之三十二之速度降價,為確保利潤,快速提昇製程能力與降低成本,實為當務之急。另外,IC廠的投資是無底洞,例如:建一月產25k片的12″ IC廠,約需美金二十至二十五億元。

　　就競爭者層面而言,除了原有的競爭者紛紛建立新廠,投入動態隨機存取記憶體的市場之外,新加入者越來越多,例如:傳統產業的南亞與電腦業的力晶,均轉投資至本產業。

優勢 S	劣勢 W	機會 O	威脅 T
決策相當彈性	相對有些決策 不明確	IC應用範圍擴大	新廠均以生產 DRAM為主
特產品設計 能力強	優秀人力不足 人力培育不易	DRAM需求 持續成長	DRAM廠 快速增加
製造能力強	產品線太窄	大陸市場 快速成長	技術開發 越來越難
財務健全	各廠定位 不夠明確		面對世界 大廠競爭
上市公司 融資容易	遠程規劃 執行不夠		產品壽命 越來越短
	缺乏有經驗 工程師		

SWOT分析

　　國外的競爭環境亦可由幾個層面來分析：IC產業屬於強烈
國際化競爭的產業，且國內關稅接近零稅率，不像汽車產業受到
保護。動態隨機存取記憶體廠競爭對手大都是日韓的大廠，例如
：TOSHIBA、HITACHI、MITSUBISHI、三星、金星、與
現代等大廠。尤其，各國政府均視IC產業為全力支援的產業與
重點工業，例如，美國、韓國、與新加坡等國家均支援研發費用
。最重要的是國際上的IC產業新加入者越來越多，例如，日本
TOYOTA公司與鋼鐵業新日鐵的加入，使國外的競爭環境益趨
白熱化。公司經SWOT分析的結果說明如表。

如表所示，公司的六個主要劣勢當中，有四個因素與人力資源素質有關。因此，欲改善公司的劣勢，如何擬定人力資源發展計畫，實爲當務之急。在機會方面，存在著三大機會值得努力去開拓。公司的經營團隊在瞭解了國內外之競爭環境，並經SWOT分析之後，擬定了經營策略，例如：自負盈虧的效率化組織、分攤投資風險、擴充產品線、開發利基產品、與加強人力資源發展等。爲落實經營策略的具體措施，略述如下：

公司政策：

1. 成立成本／利潤中心，加重各單位自負盈虧的權責，使員工更具成本效益概念，組織能有效的運作。
2. 分攤研發及建廠的風險，目前新廠預計投資十七億美金，衆凱公司佔百分之十二點五，西門子公司佔百分之三十七點五。
3. 爲了快速擴充產品線，藉由投資或併購設計公司，除了可快速取得成熟的產品設計外，亦可獲得優秀設計人才的加入，使產品多樣化。
4. 以利基產品爲主力產品，並繼續開發利基產品。
5. 人力資源以內部陞遷爲主，人才培育更形重要。

產品政策：

1. 以動態隨機存取記憶體、特殊動態隨機存取記憶體、靜態隨機存取記憶體、視訊記憶體、語音記憶體等現有產品爲主力產品。
2. 拓展閃光記憶體、嵌入式動態隨機存取記憶體等新產品的

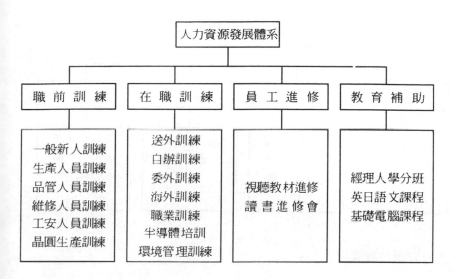

人力資源發展體系

　　領域。

公司的人力資源發展

　　衆凱公司認爲「人」是最寶貴的資源，本著永續經營的理念，對於「人」持續不斷的投資與開發。公司爲使人力資源發展能符合需求並確實可行，特擬定人力資源發展標準作業程序，並依此程序規劃出人力資源發展體系，以及人力資源發展培訓課程的類別。公司每年度的人力資源發展經費，是以管理人員以及工程師職級以上之人員，每人每年一千五百元之經費計算之。公司的人力資源部，每年六月配合經營策略，調查並彙整各個部門的人力資源

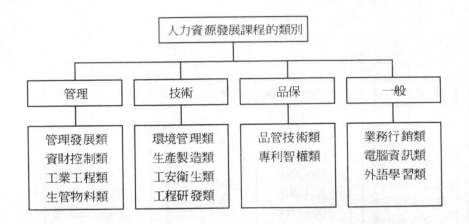

人力資源發展課程

需求，據以擬定年度人力資源計畫，並由人力資源發展課負責教育訓練活動之執行與評鑑。公司的人力資源發展體系如圖所示。

公司的人力資源發展，除了網羅公司外部的優秀人才外，特擬定了公司內部的人才培育計畫。人力資源部，將公司人員分為：管理人員、工程師，以及操作員等三大類。管理人員方面，針對多數技術出身的高階主管，為因應未來國際化的競爭，與成本/利潤中心的設立，培訓課程以培養具財務管理與領導統御等能力，且能獨當一面的人才為主。針對資淺的課長及中低階主管，以正規的教育訓練課程，與工作崗位訓練（OJT），來提昇其管理能力。工程師方面，以外訓及內部的定期每週研討會，與跨功能訓練來培育之。操作員方面，以內訓為主，可由製造部自行訓練，或調派工程師協助訓練，並建立檢定制度：需經筆試與實際

課程類別：管理發展類								課程代碼：A-1
編號	課程	時數	對象	修課別	開課別	月份	人數	班數	地點
A-01	策略研習	16	VP	必修	委外	9	22	1	鴻禧
A-02	簡報技巧	9	主管	選修	自辦	12	30	2	2TR

年度員工人力資源發展課程明細

操作考試合格，才能獨立操作該機台，並給予檢定獎金。公司的人力資源發展培訓課程分為四大類，如圖所示。

　　人力資源發展課，依據公司年度人力資源計畫，以SWOT分析人力資源發展的需求，並配合經營策略，擬定人力資源發展課程，在每年召開的人力資源發展會議中提出課程明細與預算，經決議後實施。每季並實施課程問卷調查，以評鑑各課程與受訓成效，作為改進與檢討之依據。課程明細舉例，如表所示。

　　公司課程發展的方式，依課程類別的不同而有不同的方式。技術類與品保類的專業技術課程，由各相關單位提出課程需求與課程內容，經核准後實施。管理類的課程，除了由各相關單位提出課程需求與課程內容之外，人力資源發展課亦會依據公司發展所需主動規劃。一般類的課程，由人力資源發展課依據公司所需，與陶冶員工性情主動規劃。

　　外訓課程(包括：送外訓練、委外訓練、與海外訓練)由外部訓練機構提出課程內容，經檢討修訂後實施。內訓課程由人力資

源部，召集相關單位主管開會，針對各相關單位提出的課程內容，與人力資源發展課提出的課程內容決議之。

問題討論

1.公司的人力資源發展是否與經營策略充分配合？
2.公司的人力資源發展體系，以及課程類別是否合理？
3.公司課程發展的方式是否適切？

人力資源發展個案二：凱誠科技股份有限公司

凱誠公司成立於八十五年五月十三日，是由一群電腦軟、硬體資深技術人員，集資組成的一家資訊服務公司。硬體部份，代理銷售IBM公司的AS400系列中型電腦；軟體部份，除了代理IBM公司的套裝軟體之外，亦自行開發客戶所需之軟體。公司服務對象以金融業為主，買賣業為輔。

由於是新公司，許多制度尚未建立，公司亦欠缺制度規劃的人才，因此，特別聘請有多年經驗的周大成為人力資源發展課課長，期望周課長能為公司規劃人力資源發展方案。周課長首先運用SWOT分析，來瞭解公司在人力資源方面的優劣勢。經兩週的分析後，周課長發現公司成員的專長重疊，僅具電腦軟體開發或硬體維修技術的專長，缺乏經營管理與行銷管理等方面的知識與經驗。

周課長配合公司的經營策略，為公司規劃了一套完整的人力資源發展制度，包括了針對公司成員所需的教育訓練課程。周課長在課程發展時，匯集各部門資深主管的建議，並以其多年的經

驗，共同設計課程內容。周課長嚴謹的工作態度與專業能力，深受公司高階主管的認同與讚賞。

　　當人力資源發展課在實施教育訓練課程時，經兩個月的觀察，發現員工受訓意願低落，甚至主管也是如此。例如：主管級的課程，居然有主管運用職權派部屬代替他上課、員工之間用抽籤的方式決定誰去上課、運用各種藉口蹺課以及下課後怨聲載道等現象。經周課長調查發現，員工所抱怨的事項，包括：上課時間都安排在週末，無法與家人相聚；上課的內容未針對職務所需來設計，不上課也沒關係；業務繁忙，無暇上課；沒有獎勵方案，而且與陞遷無關等。

問題討論
　　1.造成員工受訓意願低落的原因有那些？
　　2.倘若您是周課長，該如何提高員工的受訓意願？

生涯發展個案一：萬通電信科技股份有限公司

公司背景

萬通公司創立於民國七十一年，是由外商獨資經營，在台灣銷售網路系統產品。三年後，公司改組，成為結合政府、企業主及外商資金而成的通信器材製造公司，在台灣從事電子交換機及組件、回路載波系統、數位式頻道載波終端機及其組件的製造、工程、銷售及維修等營運事業。資本額為五千萬美元，其中外資佔百分之七十，台資佔百分之三十。萬通的母公司是一享譽國際、歷史悠久的國際性、高科技企業。

公司改組後兩年開始動工興建工廠，完工後，正式生產通信設備，年營業淨額即達一億美元，以後逐年增加，至第三年，年營業淨額更超過二億美元；之後，國際競爭愈趨激烈，年營業淨額略有下降，但均維持在一億五仟萬美元上下。

公司的員工人數，從設廠開始營運時的八、九百人，至目前為止仍維持在一千人上下，員工的離職率約在百分之二十左右。由於公司非常強調產品的研發及製造，故招募的員工素質甚高。員工的教育程度分布，具博、碩士學位者約佔百分之五，大學畢業者佔百分之三十，專科畢業者佔百分之三十，高中、職畢業者約佔百分之三十，國中畢業及以下者約佔百分之五。以工作性質來分，主管約佔百分之十，工程與技術人員約佔百分之五十五，一般與專業行政人員約佔百分之十五，生產作業人員約佔百分之二十。員工的平均年齡約在三十五歲左右，員工的平均服務年資約為六年。

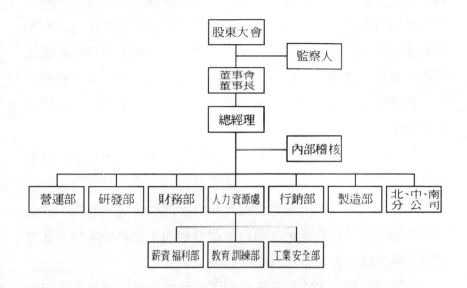

萬國公司組織

　　公司屬台美合資公司，董事長由國人擔任，總經理則由母公司遴選高階華人出任，且多為國際知名的高科技人才，約，三～五年調任一次。公司的高階主管在成立之初，大多數由美籍人員擔任，直到近幾年，才逐漸由國人擔任。公司的組織結構如圖所示。

經營策略

　　由於公司擁有尖端的高科技研發人才，因此，產品在國際上有優異的表現。在網路作業系統方面，交換機、傳輸產品、網路軟體、無線通訊網路等產品，市場佔有率居全美第一位。在商用

通訊系統方面，商用交換機系統、按鍵式系統、語音處理系統等，市場佔有率亦居全美第一位；而結構式配線系統的市場佔有率更高居世界第一位。在微電子產品方面，數位式蜂巢電話訊號處理器、視訊會議晶片、電訊動力系統等市場佔有率亦居世界第一位。在消費性產品方面，有線電話、無線電話、電話答錄系統等，市場佔有率均居全美第一。

公司估計全球在消費性產品、商用通訊產品、微電子產品及網路作業系統等市場非常之大，且在持續成長中，每年約有一千億美元的成長潛力，這正是公司大展身手的好時機。然而，餅愈大，競爭的對手亦愈多，公司目前遭遇到的主要競爭廠商有北方電訊、易利信、ＮＥＣ、西門子等公司。

公司屬於具有獨特競爭優勢和獲利能力的市場領導者，因此，具有如下的優勢：

*1.*屬於龐大且高成長的產業。

*2.*具有獨特的產品與資產組合。

*3.*不與客戶有策略上的衝突。

*4.*奠基於尖端科技的創新與研發能力。

*5.*具備極佳條件以追求高營業額與利潤的成長。

*6.*擁有最佳的團隊。

由於公司的薪資待遇均維持在市場平均水準左右，故員工平均年離職率約在百分之二十左右，增加每年人才招募的負擔。其次，由於公司的總經理每三～五年即調任一次，每個人有各自的經營策略與管理理念，往往造成只重視短期的經營策略，比較缺乏長期規劃，是其缺點所在。

由於公司秉持迅速、創新、品質的企業承諾，提供顧客世界一流的、創新的通訊系統、產品、科技與服務，而且公司挾其一流人才的優勢，與高科技的研發水準，致力於客戶滿意的經營理念，創造最佳的營運績效和利潤，成為通訊業界的領導者，期望不斷突破技術的限制，為人類的通訊提供無限的可能性。因此，其長程策略在取得產品、系統和技術等三方面的全球領先地位，幫助人類達成無遠弗屆的通訊埋想。在中程策略方面則是不斷提高獲利率，具體作法包括：提高營業額的成長，開發成長市場的投資、增加新的國際性客戶、精簡人事、退出部份的事業、重新定位業務範圍，並集中火力於無線通訊、網路軟體、多媒體及有線電視等事業的全球化發展。在短期策略方面，則重金禮聘高科技人才，增加研發費用，減少銷管費用。

公司的生涯發展方案

公司係屬美商的台灣子公司，管理方式承續母公司的作法，有如下的特色：

1. 尊重個人：尊重人性、給予員工安全、衛生的工作環境，重視員工意見、強調雙向溝通。
2. 自由開放：主管授權程度高、員工有足夠的發揮空間。
3. 重視工作績效：強調個人工作績效的發揮，並以個人績效作為陞遷、獎懲之依據。

公司在最近由總經理提出的五年發展願景，即強調要使員工獲得合理的報酬與生涯發展的機會，基本原則如下：

1. 幫助公司創造和維持最好的表現。

2.維持競爭力以吸引和保留最佳員工。

3.強化公司認可的行為和共同價值。

4.重視雇用整體價值。

5.提供合宜的福利制度及獎勵措施以回饋員工。

6.注重教育訓練的成本效益。

公司為配合五年發展願景，人力資源處在當年亦公佈生涯發展方案(career development program)，目標如下：

1.配合組織經營策略的調整，加強人才培育。

2.激勵員工工作士氣。

3.結合員工個人興趣與潛能，以發展第二專長。

4.作為吸引人才的工具之一。

具體作法如下：

1.員工應為自己的生涯負責，公司與主管亦扮演重要角色，即員工應與主管溝通，訂出一份生涯計劃，並每年調整之，規劃內容應涵蓋進修、短期、中期目標以及發展需要。

2.每半年舉辦有關員工生涯之會議，及辦理生涯系列課程，對象包括：主管與非主管人員。

3.任何職缺除考慮外部人選，亦應考慮內部人選。

4.為擴大員工經驗與視野，應鼓勵員工的平行調動。

5.鼓勵工作輪調，但應獲單位主管的同意。

6.員工的發展目標與企業成本、收益、品質、客戶滿意目標，一併列入主管績效評估項目。發展方式包括：職前訓練、工作崗位訓練(OJT)與工作外訓練(Off JT)三種。

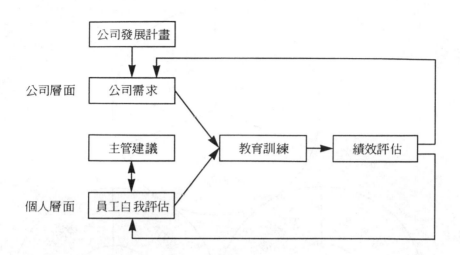

公司層面

個人層面

公司發展計畫 → 公司需求 → 教育訓練 → 績效評估

主管建議 ↔ 員工自我評估

員工生涯規劃架構

7. 主管與員工均應公開、坦誠的進行溝通,以滿足企業與個
人的共同需求。

8. 公司應透過意見調查或其他方式,衡量員工在生涯發展上
的滿意程度,並視必要情況採取適當的改正與加強行動。

公司員工生涯規劃之理念架構,可由圖表示。亦即員工生涯
規劃應與公司發展計畫、教育訓練、績效評估相結合。

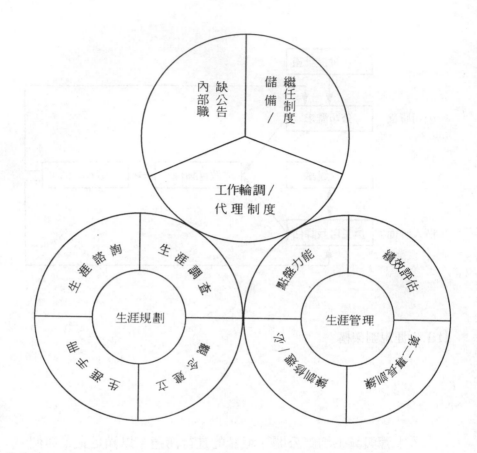

員工生涯發展方案

　　基於理念架構，公司所建立的生涯發展方案，如圖所示。亦即透過生涯調查、觀念建立、生涯手冊及生涯諮商等措施來輔助個人做生涯規劃；利用能力盤點、績效評估、必/選修訓練與第二專長訓練等生涯管理措施來增進員工的工作能力；並透過內部

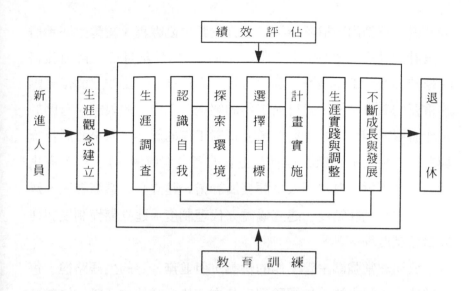

員工生涯發展歷程

職缺公告、工作輪調／代理制度、儲備／繼任制度等制度的建立，以協助員工的生涯發展。

公司員工的生涯發展歷程可由圖表示。即新進人員可經由與單位主管的生涯對話建立其生涯觀念，再透過生涯調查，以瞭解員工的學、經歷背景，工作上的優缺點。然後提供生涯諮商，使員工能認識自我、瞭解公司環境，據以選擇生涯發展目標，擬定生涯發展計畫，並透過主管的績效評估及提供的教育訓練，協助做生涯的實踐與調整，促使個人不斷的成長與發展，如此不斷的循環，直到退休爲止。

具體而言，公司推動員工生涯發展方案的內容包括：確立生涯發展政策、公佈生涯發展管理制度、建立各級主管實施生涯管

理共識、實施內部招募作業、實施生涯規劃課程、編製生涯手冊、設計生涯調查表(內容包括:到職日、出生年月日、目前職務、學校教育、工作經歷、個性特質、專長技能、工作上的優缺點、重要的教育訓練、對目前工作的感覺、工作上的限制、有助於工作發展的因素、社會與企業變遷對工作的影響、未來發展目標與計畫、所需的訓練課程以及主管的意見與建議等)、員工與主管的生涯溝通、擬定個人生涯發展計畫、建立必/選修課程、建立第二專長訓練制度、建立輪調/代理制度、建立儲備制度與建立繼任制度等。

公司非常強調主管工作的輪調,但並無一定的生涯路徑,每個職位均以過去的工作經驗列為基本資格,職位的晉陞以績效及年資為重要依據。通常二至三年,即輪調一次,且輪調的範圍包括:跨部門輪調及跨國輪調。工作輪調除指派相關專業人員協助外,亦應參加公司提供的第二專長訓練,訓練類別有管理、技術、電腦、通訊品質、專業、語文等,其中又以語文能力及技術能力做為提拔管理人才的重要考量因素。

公司編製的生涯手冊有二種,其一為《員工生涯規劃手冊》,其二為《員工生涯發展指南》。《員工生涯規劃手冊》為公司人手一冊的參考資料,主要內容包括:目的、內容大要、重要內容說明(包含生涯的定義、生涯規劃的目的、生涯規劃的七大領域:工作、家庭、休閒、情感、健康、人際關係、專業能力、生涯發展階段:成長、探索、建立、維持、衰退等五個階段等)、練習活動(包括:價值觀探索、才能探索、人生目標釐清等二十種)及其他生涯發展資訊查詢說明等。《員工生涯發展指南》為每一部門一冊的參考資料,主要內容包括:公司使命與經營理念

、目標與遠景、組織架構、工作資訊、績效評估制度、公司內部訓練規定、國內外訓練規定、自我發展補助規定、英語進修補助規定、訓練教材、職缺公告、退休制度等。

在生涯訓練課程方面，公司分為生涯規劃概念簡介課程、實作研討會與生涯諮商等三種。在生涯規劃概念簡介方面，主要內容包括：生涯規劃的意義、目的、重要性與範圍、公司生涯發展制度、生涯規劃的步驟等。在實作研討會方面，分為主管班與員工班，主管班包括：生涯規劃與員工生涯諮商兩大主題；員工班包括自我探索、環境評估、目標選擇與計劃擬定等四個主題。在生涯諮商方面，主要由員工填寫生涯調查表，再由主管與部屬進行生涯對話與溝通，以協助員工生涯發展。生涯諮商每兩年實施一次，所談內容包括：公司生涯發展因素、績效評估，教育訓練等。由於主管工作忙碌，加上生涯諮商技巧不足，雖然員工很想與主管對話，但真正能彼此溝通者不超過三成。

問題討論

1. 公司的生涯發展方案能否配合其經營策略？
2. 公司的生涯發展方案與組織扁平化的配合情形如何？
3. 公司主管對部屬的生涯規劃負有生涯諮商的責任，您認為妥當嗎？

生涯發展個案二：超亞高科技公司

　　超亞高科技公司創立於民國七十六年，係結合台資與外商的資金，首創以提供極大型及超大型積體電路晶圓專業製造服務的公司。公司投資不到兩年即開始回收。之後，爲了加強對歐美地區客戶的服務，又成立美國子公司及歐洲子公司。後來二廠、三廠、四廠陸續加入營運，估計年營業額可超過一百億美元。

　　由於晶圓專業製造的市場可達數千億美元，加上獲利率甚高，因此，引起國內近十家高科技公司的覬覦，紛紛與國外的高科技公司合作，投入晶圓的專業製造，如連發、鑽矽、晶晶、……等，且投資額有超越超亞公司的趨勢。此外，由於各公司的擴大投資，使得從事晶圓製造的專業人才炙手可熱，各公司挖角之風鼎盛，導致國內最早從事晶圓專業製造的超亞公司腹背受敵。

　　超亞公司的晶圓專業製造研發人才，大都來自國內外大學畢業的博、碩士高科技人才，由於擁有高水準的研發能力，使得公司在國內常居領導地位。然而由於各高科技公司的競相投入及大肆挖角，造成超亞公司研發人才的大量流失，於是超亞公司總經理立即要求人力資源主管速謀對策，以爲因應。

　　超亞公司人力資源主管與研發部門主管經過多次訪談之後，發現問題出在公司未做好研發人員的生涯規劃，於是與總經理及研發部副總研究出如下的生涯發展策略：

縮短生涯路徑階梯

　　公司將研發部門原有的生涯階梯由六階縮短爲四階，即從原

來的工程師、課長、經理、高級專員、處長、副總等六階，簡化為工程師、經理、處長及副總等四階，使研發人員能迅速爬上較高的職位。

在經理級內加設同級的專案經理

由於公司完全以績效為晉陞的依據，造成公司內資深工程師特多，且公司接受委託的專案研究甚多，於是公司增設許多專案經理的頭銜，讓資深工程師有擔任經理的機會。

提供管理才能訓練

研發人員可由公司資助參與國內外管理人才訓練課程，使其能順利調任至一般管理職務。

研發經費預算的特許權

過去公司的研發工程師、經理、處長欲參加國際性研討會、觀摩會或申請專案研究，所需經費均要層層核可，目前只要預算在一百萬元以下，均不必經過處長或副總的核可，即可進行，以示尊重。

對研究創新的獎勵

若研發人員所創新的加工方法，使公司獲得大量利潤，則提供該項產品年度淨獲利的百分之十，作為獎金，以資鼓勵。

問題討論

1. 您認為留住研發人才，除了上述五種生涯發展策略之外，是否還有其他作法？
2. 研發人員的生涯路徑階梯由六階改為四階，推動時應有那

些具體作法？

勞資關係

本章思考問題

■建立勞資關係的方式有那些？
■勞資關係如何配合經營策略？
■為何要成立工會？
■如何透過團體協商形成勞資雙贏的局面？
■解決勞資爭議的途徑有那些？
■企業在轉型之中，勞資關係如何調適？

在簡單的主僕之間和正式的聘雇之中，長久以來即存在繁簡不一的勞資關係，而其牽涉的範圍可由單純的個人、團體，到複雜的企業組織，甚至成爲社會的改革運動，影響的層面除擴及政治、經濟之外，更關係到人類的福祉。

勞資關係雖然不是新的概念或問題，但成爲獨特的研究領域，卻是近百年來的事，它與工業關係(industrial relations)、員工關係(employee relations)、勞工關係(labor relations)，雖有不同的含意，卻常被混用。從學科研究領域的觀點，勞資關係牽涉的範圍相當廣泛，涵蓋雇用關係的所有相關方面，包括：個體勞工、集體勞工與其工會、雇主與工會及其環境等的探討，其中牽涉到的對象有勞工、管理階層、工會以及影響三者互動的政府。

本章將著重於企業組織內勞方與資方關係的探討，首先從各種相關理論說明勞資的關係，其次說明勞資關係與人力資源規劃的關係，最後提出勞資關係的模式。

勞資關係的理論基礎

勞資關係是一種複雜的社會現象，可以透過社會科學的相關理論，來瞭解其間的關係和行爲，以下主要是根據范衡和平洛特(Farnham & Pimlott, 1990)，謝洛門(Salamon, 1992)，史基斯托克(Schienstock, 1981)等人的看法，試從：單元論、多元論、馬克思理論、社會行動論、系統理論、統合主義，分別加以說明。

單元論

單元論(unitary theory)的基本假設是組織為單一威權的結構，組織的成員有共同的價值、利益和目標。換言之，單元論認為組織是一個整合與和諧的整體，為共同目的而存在。在員工與企業目標一致的情況下，其間沒有利益的衝突，彼此共同合作為增加生產、提高獲利率以及每個人均有好的薪酬的目標而努力。基於上述的假設或信念，管理階層的特權，例如，有權力來作決策，被認為是合法、合理和可以接受的；相對的，反對者便被認為是不合理的。因此，組織的系統基本上是和諧的，衝突是不必要的，是例外的事件。

從單元論的觀點，勞資關係的衝突是由於摩擦引起的，而非結構上的因素所使然，衝突被認為是不合理的活動，衝突的解決可採用父權式或威權式的方法來領導，管理者運用高壓式的方法來管理，亦被認為是其合法的權力。至於企業內形成的黨派，則被視為一種病態的社會現象，工會則被視為非法入侵到組織中，欲與管理階層相對抗。

傳統的單元論強調組織內和諧的特性，一九八〇年代興起的新單元論，仍以單元論的基本概念為根基，但更加的充實與周延，並將理念應用於企業，主要的目標在促使員工能融入工作的組織中，以市場中心、管理主義和個人主義為導向，經由創造共同目標和價值的企業文化、為員工設立明確的工作目標、提供教育訓練和工作保障等方式，期望獲得員工的忠誠、顧客的滿意以及產品具有競爭力。在勞資關係上，新單元論強調有承諾、有動機

以及良好訓練的勞工是企業成功的關鍵因素。

多元論

多元論的觀點可源自哲學早期以多種元素或原子說明宇宙的根本，從哲學探討本體論的多元概念，到社會科學的應用，多元論與後資本主義社會有密切的關係，此係指在開放的社會中，政治、經濟與社會的權力不斷的分散。多元論的基本假定是組織係由許多個體所組成，這些個體合併成許多不同的群體，每個群體有其追求的利益、目標和領導的方式。因此，組織被視為多元的結構，團體間則有競爭。

一個多元的社會是相當的穩定，但並非靜止的，它需要調適不同的壓力團體，使社會與政治的變革能從結構上作改變，壓力團體間則可透過協商、讓步和妥協來解決。勞資關係的多元論導源於政治的多元論，認為工會是合法的，代表勞工的利益；團體協商則是談判、讓步與妥協的過程。

勞資關係多元論的主要特徵是勞方與資方間存有潛在的衝突，產生的原因是組織的結構性因素，而非個人的因素，其根源在於勞方與資方角色的不同，資方希望組織更有生產力、獲利率，故要協調其他人來達成此目標；勞方關心的則是高的薪資、好的工作環境與保障等。

從多元論的觀點，欲解決勞方與資方的衝突，需建立協商的過程與機構。因此，團體協商可視為一種制度性的工具，工會則被視為組織的一部份，具有代表性的功能，在追求影響管理階層的決策上，扮演積極性的角色，而且工會是用來解決衝突，而非

用來引發衝突的。

馬克思理論

馬克思主義對社會的一般理論，認為階級衝突是社會變革的來源，主要係由社會中經濟權力分配的差異所致，其中主要為擁有資本者與提供勞動者之間的差異。社會與政治制度的特性即導源於此種經濟上的差異，以及對優勢團體地位的強化而來的，不管任何形式的社會與政治衝突，追其根源均是經濟衝突的一種表徵。

應用馬克思理論來說明勞資關係，並非直接引自馬克思本人的論述，而是間接探自後來馬克思主義學者的觀點，他們甚至認為勞資的衝突，與政治和階級的衝突是相同的，因為勞資的資本主義結構與社會的階級劃分緊密的結合在一起。因此，勞方與資方的衝突永遠是資本主義的基本特性，兩者均欲維持或擴張他們在經濟權力結構上相對的位置，以爭取「剩餘價值」的分配，此種衝突會繼續不斷和不可避免的。

工會的形成是資本家剝削勞工的結果，亦是勞工對資本主義的反應。勞工組成工會除可降低個別勞工間的競爭，以增強集體的力量外，同時可保障勞工階級的利益。但是此種工會中「友愛主義」(Fraternalism)的發展，依馬克思主義者的看法，除非能被轉換成社會和政治系統中的階級意識，並且透過政治和組織決策來行動，否則工會的目的很難實現。

集體協商成為資本主義社會結構的一部份，從馬克思主義者的觀點，是被允許和支持的，但勞資關係的衝突主要源自利益的

衝突，並與資本主義經濟系統矛盾對立的運作有密切的關聯。因此，集體協商不能解決資本主義社會勞資關係的根本問題，僅是一種有限和暫時的調適過程。

社會行動論

　　社會行動可說是社會學研究的對象，或是當作分析的單位。社會行動論的學者，韋柏(M. Weber)認爲任何的行動，不論是內在的態度或外在的行動，必定含有行動者的主觀意義在裡面。帕森斯(T. Parsons)認爲行動的產生係由行動者與外界事務的交互作用而來的，個人對外界事物的知覺，不僅是主觀的，同時也是社會的，亦即支配個人行動的參照架構具有社會文化的性質，而行動的表現方式，亦是經由社會規範的制約。

　　從社會行動論者的看法中可以得知，對社會行動的解釋，須重視行動者個人的主觀意義，同時顧及他人及社會文化的因素，如果僅檢視行動者可觀察的行爲，或忽略了情境，對行動的意向或價值，就易造成偏差或誤解。因此，持此理論的學者認爲，社會行動者乃受限於他們自己所建構的社會實體中，就如同社會塑造人，人亦塑造社會一樣。

　　在勞資關係的衝突上，社會行動論者認爲是可以解決的，因爲衝突並非敵對不可，在意識形態上是可以相互共存的，合作即是解決問題的方法，此可透過團體協商的方式來達成。總之，社會行動論重視行動者間的交互活動，雖然忽略結構的影響，最大的貢獻是認爲個人至少擁有一些行動的自由與能力可影響事件，強調團體協商是解決勞資衝突的機制。

系統理論

　　將系統理論應用於社會行為科學的研究，係受自然科學發展的影響。由於社會行為科學所處理的問題與變項，較自然科學複雜，而且是有生命和動態的系統，具有目的、導向以及內外交互作用等特質。

　　系統所指涉的範圍相當的廣泛，有具體的物件與抽象的概念或法則，自然的與人為的事件或現象，以及個體與其環境產生交互作用的過程中，皆存在著許多大小或繁簡不一的系統。但不論是何種性質的系統，其組成要素必須要交互作用和相互依存，是一組相關因素所形成的結合體。

　　系統理論的研究有許多不同的觀點，根據依米格特和皮烈奇(Immegart & Pileck, 1973)對開放系統理論的分類，可瞭解系統理論的探討途徑，共分為五種。

　　綜合系統理論或整體論　著重系統的整體性，將系統視為實體，探討系統的組成要素及其屬性以及要素與屬性間的關係。

　　過程或次級系統理論　著重於探討系統的輸入─轉換─輸出的過程，以及不同功能與過程的次級系統。

　　反饋論或開放系統控制理論　此理論來自電腦科學，重視資料的價值與功能，評鑑系統的過程，以及系統生存與服務的效能，在檢討過去中，策劃未來。

　　系統特質論　著重於探討系統的特性、傾向與過程，用以檢驗分析與比較系統是否具備系統特質，以及特質的進化階段。

　　輸出理論或輸出分析　著重於系統的輸出，以及輸出對系統

本身和環境影響的分析。

　　以上五種系統理論雖然在著重點上有所不同，但對分析與瞭解系統均有幫助。首先將系統理論應用於勞資關係的是美國學者鄧洛普(J. Dunlop)，他於一九五八年出版《勞資關係系統》一書，說明勞資關係的一般理論，並提供分析的工具，用以解釋和瞭解勞資的關係。

　　鄧洛普認為勞資關係的系統，不是社會經濟系統的一部份，而是與之分開且獨特的次級系統，但與經濟和政治系統有部份的重疊和交互作用。一個勞資關係系統是由四個相互關係的基本要素所組成的：行動者、情境、將勞資關係系統結合在一起的意識(ideology)以及導引行動者的法則。

　　再就勞資關係系統的過程而言，在輸入部份，包括：行動者、情境和意識；在轉換過程中，可採用團體協商、仲裁等方式；在輸出部份，則是形成法則。最後尚需將共同制定的法則再回饋到輸入和轉換過程，予以修正或檢討。

統合主義

　　當代民主社會的統合主義(corporatism)係於一九七〇年代時，學者們注意到國家與人民團體間連結的機制有新的變化，而多元論對國家與利益團體所組成的新結構，又無法作有效的解釋，因而發展出新的典範來說明利益團體的組合。

　　統合主義原本是社會政治的思想或意識形態的學派，將國家視為類似於人體的有機體，它的組成是複雜的、有特殊功能和具有層級的。對於國家與利益團體的組合，統合主義有四項基本的

看法：其一，認為國家的角色不是中立的，而是要運用利益團體來制定政策；其二，國家與利益團體是相互依賴的；其三，利益團體係藉由其在領域中的獨佔性來獲得權力；其四，利益團體間亦非敵對的，可透過國家制定的法規來解決衝突，故彼此間可以有和諧的關係(Hsu, 1995)。

薛密特(Schmitter, 1974)將統合主義區分為兩種型態。

社會統合主義

社會統合主義主要的特徵是利益團體具有自主性，既不完全受制於國家，也非獨立於國家，而是自願的接受國家的安排，同時可自由的退出。社會統合主義係在先進的資本主義的民主社會中形成，例如：瑞士、瑞典等國家。

國家統合主義

國家統合主義的主要特徵是利益團體受威權體制的管轄，完全受制和依賴於國家，亦即受國家的規範，並與國家配合。第一次世界大戰後的義大利法西斯是典型的例子，當代則出現較為落後的資本主義威權體制的國家，例如：巴西、智利、秘魯等。

兩種統合主義重要的區別，在於利益團體對國家依賴程度的不同。基本上，統合主義在處理勞資關係時，係透過國家、資本家與勞工的制度性協商，以制定相關的政策，藉以降低勞資間的衝突，進而維持社會的和諧。

上述說明了六種與勞資關係有關的理論或主義，由於每種理論對人類的行為有不同的假設，一種理論無法解釋勞資關係的所有現象，故應綜合各種理論，以期對複雜的勞資關係有較多的瞭解。此外，各種理論有其產生的背景及適用的範圍或限制，應用

時宜多方審愼的考量，以免受限於理論架構而窒礙難行。

勞資關係與人力資源規劃的關係

　　人力資源規劃是人力資源管理部門的首要工作，亦即人力資源管理中的各項功能，例如：勞資關係、任用、績效評估、薪酬和人力資源發展等，在實際作業前，需先經由人力資源的規劃，從整體性和策略性的觀點，將各項功能予以整合，並與經營策略相配合，以發揮綜合的效力，其間的關係如 圖*11-1* 所示(張火燦，民81b)。

　　在人力資源管理的各項功能中，勞資關係雖是較爲特殊和複雜，牽涉的層面又廣泛，但亦應有積極的角色，而非僅被動的反應或解決問題。在經營策略的配合上，不同的經營策略對勞資關係就有不同的含意，例如，在舒勒和傑克森(Schuler & Jackson, 1987)的競爭策略中，當採用創新策略時，在勞資關係上就應重視員工間密切的互動與協調，若採用提高品質策略時，員工應高度參與決策，應重視員工的承諾。再就「生命週期」各階段對勞資關係的含意而言，開創期時應建立勞資關係的基本理念與組織；成長期時要維持勞資和諧，並提振員工的動機與士氣；成熟期時應控制員工成本和維持勞資和諧，並提高生產力；衰退期時要提高生產力，也要講求工作規則的彈性化，同時重視工作保障等相關問題的談判(Smith, 1982a; Hax, 1985)。

　　勞資關係與經營策略相結合的益處有(Butler, Ferris, & Napier, 1991)：

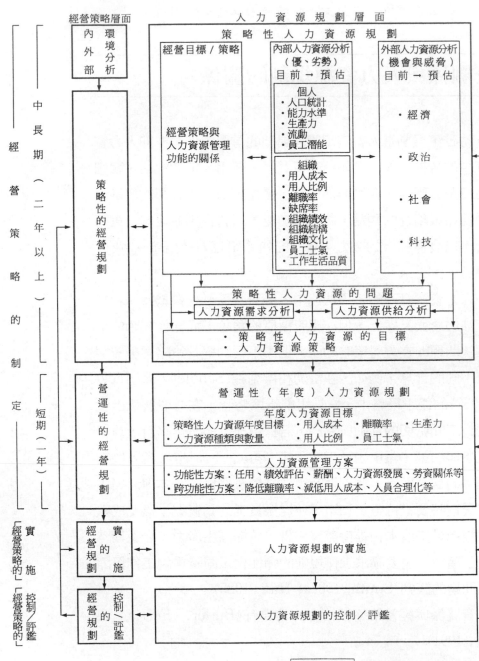

圖 11-1　人力資源規劃的模式

1.制定經營策略時，工會可提供勞動力的狀況，而且管理階層亦有必要與工會共同合作，以提高生產力。
2.經營策略實施時，工會可將經營策略的相關訊息傳達給員工，有助於策略推展的順暢。
3.工會的領導人或代表若瞭解經營策略的計畫，並將訊息傳遞給員工，可使計畫更具合法性與可靠性，並獲得工會的支持與讓步。

至於缺點則有(Butler,Ferris, & Napier,1991)：

1.如果工會的領導人或成員對經營策略不瞭解或無法接受時，高階主管得花很多時間來說明，以獲得支持。
2.即使獲得工會成員的支持，而且也將訊息傳遞給員工，但由於太花時間、官僚與繁瑣，以致易延誤經營策略的制定與實施。

在經營策略的制定與實施時，應考慮何種主題較適合勞資關係的討論，如公司購併時，如何塑造新的企業文化；另外尚需考慮工會中何人參加較為適當，因為工會領導人或代表參與經營策略的制定與實施，可能被視為一種管理的工具，而易失掉本身的立場，因此，工會領導人的參與有時是不可行的(Butler, Ferris, & Napier, 1991)。

雖然有學者認為勞資關係與經營策略的配合，含意較不明確，甚至認為經營策略對勞資關係較不具策略性的含意，經營者通常是希望透過勞資關係解決目前的問題，但亦有許多學者建議，經營者應將工會視為競爭優勢的潛在來源，不要忽略了工會的角

色，管理階層與工會應透過互動，發展良好的勞資關係。

勞資關係的模式

　　勞資關係牽涉的範圍很廣，勞資關係的模式主要從勞動者的基本三權：團結權、協商權和爭議權著眼，說明工會的設立、團體協商和勞資爭議的相關內容，其間的關係如圖*11-2*所示，並分述如下。

工會的設立

　　工會的成員、目的和採用的方法，從沙勒門（Salamon, 1992）對工會的定義中可以得知，他認為工會係由員工所組成的一種組織，用以代表他們在工作和社會上的利益，特別是直接透過團體協商的過程與資方商議雇用關係。

　　員工決定加入工會的原因通常為：

　　*1.*不滿意勞動條件。
　　*2.*認為個人力量薄弱，希望借用工會的集體力量。
　　*3.*將工會視為一種手段，用以爭取好的勞動條件。

　　至於不參加的原因則有：其一，對公司有高度認同者，認為工會對公司有負面的作用；其二，受公司管理方式的影響，例如，公司提供許多參與決策的機會和溝通的管道等，員工參加工會的意願就會降低；其三，對工會的目標有異議者，認為工會是政

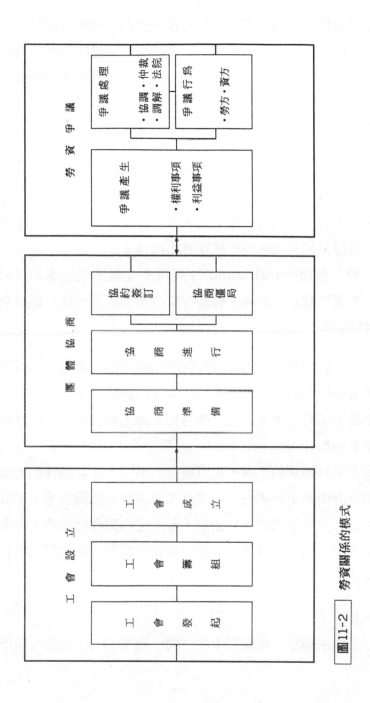

圖11-2　勞資關係的模式

治性活動，或是工會的目標對公司有害，例如，按年資敘薪等；其四，有些專業性的工作，例如，工程師認爲集體行動與專業性的獨立自主相違背，以致有工會不適合他們的看法（Milkovich & Boudreau, 1994; Schuler, 1992）。

工會依成員的組成，傳統上可分爲三類：

1. 職業工會：係由同一職業或相同技能等級的勞工所組成，此可橫跨不同產業的勞工，是一種水平的組合。
2. 產業工會：係由同一產業內所有的勞工所組成，包括組織內各層級的勞工，是一種垂直的組合。
3. 一般工會（general union）：成員不受職業或產業的限制，亦可依政治、宗敎、種族等來設定其範圍，是一種綜合性的組成。

此外，由於環境的變遷，以及職業和技術的改變，加上員工參與工會意願的不同，工會的組織就需有所調整。由此可知，工會結構不是固定的現象，而是一種過程，對工會結構宜採較爲動態的觀點來分析（Salamon, 1992）。

工會不但有類別的不同，也有層級的不同，如全國性和地區性，經由垂直與水平的劃分，可建立工會本身的組織體系。至於工會的設立，主要依據政府的法規，有一定的要件與程序，但各國的國情不同，內容亦有差別。以下就我國爲例，略述設立的程序及規定。

工會的發起

現行工會法規定凡年滿二十歲之同一產業工人，或同一區域

同一職業之工人，人數在三十人以上時，應依法組織工會；同一
區域內之同一產業工人，不足三十人時，得合併組織之，由發起
人向主管機關登記。

工會之籌組

經主管機關許可後，發起人應即組織籌備會，辦理徵求會員
，展開各種籌備工作，主要事項有：

1.草擬工會章程。
2.辦理會員登記。
3.準備選舉事宜。

工會之成立

應召開成立大會，並經出席成立大會會員或代表三分之二以
上的同意，議定工會章程，而後依照本工會章程所定職員的名額
及工會法所定職員資格之限制規定，選舉理、監事，並分別組織
理、監事會，互推常務理事、常務監事負責處理日常事務。工會
組織完成，應送主管機關備案，並發給登記證書。

團體協商

團體協商乃是勞方與資方代表，利用協商的過程來決定雇用
條件，訂定團體協約的一種方法。亦即透過集體協商的過程提供
一種正式的管道，在集體的基礎上，勞方與資方不同的利益可能
獲得解決。簡言之，團體協商是勞方與資方訂定雇用條件的互動
過程(Salamon, 1992)。

團體協商對勞資雙方均有利，勞方組織工會，經由團體協商可瞭解企業經營的狀況與問題，資方則可瞭解勞方的需要與想法，如此可建立勞資一體的共識，促進勞工對企業的向心力；另外透過團體協商，勞工的權益可獲得保障，資方則可避免勞工怠工、罷工等行為的產生，使勞資雙方的行為有所規範。由此可知，團體協商可規範勞資雙方的權利與義務，促進勞資關係的和諧。

團體協商的結構並非固定的，但可從協商的單位和內容來瞭解。團體協商的單位通常可由四個效標來決定（Kochan & Katz, 1988）：

1. 勞工間有共同的利益。
2. 對勞資關係的穩定性有潛在的影響。
3. 需讓專業和技術的勞工有充分選擇的自由。
4. 傳統的協商方式或資方的決策結構。

團體協商單位在層次上可從全國性、地區性、地方性、到企業個體；在企業個體內又可再區分為以廠、以部門為單位的協商。層次的劃分與工會組織的權力結構有關，集權式的權力結構會偏向全國性的協商層次，分權式的則會傾向企業個體的協商層次。在團體協商的單位數上，可由單一的雇主到多個雇主，單一的勞工團體到多個勞工團體。

在團體協商的內容方面，主要有（Salamon, 1992）：

1. 實質性的內容：包括薪資、獎金、福利、工時、解雇等。
2. 程序性的內容：包括申訴、紀律、工作評價等的程序，以解決勞資衝突。

3. 工作的安排：為因應經營環境的改變和配合企業的發展，
例如，人員的配置、工作與時間的彈性等。

再就協商的議題而言，美國勞資關係法中將其分之為三類
(Dessler, 1994)：

1. 強迫性議題：任何一方提出議題時，另一方就必須要協商
，如薪資。

2. 允許性或自願性的議題：必須勞資雙方都同意協商的議題
，亦即某一方不得強迫另一方協商，例如，協商單位及成
員。

3. 非法性的議題：法律所不允許的議題，例如，關廠。

在團體協商的過程中，通常有五種類型(Schuler, 1992)：

1. 分配的協商：協商結果某方獲利，另一方就有損失。

2. 整合的協商：雙方共同合力解決衝突，謀求最大的利益。

3. 讓步的協商：當雇主面對經濟困境時，為獲得生存與復甦
，雇主要求工會作某方面的讓步，例如，減薪，同時以工
作保障為回饋。

4. 繼續的協商：當安全與衛生的需求、政府的法規等環境的
變動，會促使勞資雙方不斷的進行協商。

5. 組織內部的協商：在協商的過程中，勞資雙方都必須從事
各自團體內的協商，以利協約的達成。

上述五種類型，在進行的過程中，常依協商內容或情境的不
同，單獨或合併使用。

團體協商進行的過程大致可分爲三個階段(衛民，民81；Schuler, 1992)。

協商的準備 首先得組成協商委員會或小組，進行資料的搜集和擬定策略，並且提出建議案。在資料上，資方可準備協商時擬改變事項的計畫、搜集支持論點的具體資料等；勞方則可搜集公司財務狀況、瞭解公司和勞工對議題的態度和需要等。

協商的進行 雙方約定時間、地點，進行面對面的協商，協商的次數因議題而異，通常需經數次協商方能達成。在協商過程中，雙方均運用各種協商策略，以獲取各自最大的利益。

團體協約的簽訂或陷入僵局 協商達成初步協議後，雙方代表需獲得各自團體成員的支持與認可後，團體協約才能正式簽訂；雙方如果經過多次協商，意見仍然紛歧，協商便會陷入僵局，就有可能產生勞資爭議。

勞資爭議

勞資爭議的產生主要有兩種情況，一是簽訂團體協約之後，勞資雙方之中的任何一方不履行協約的內容；另一種是協商陷入僵局，兩種情況都會發生勞資爭議，前者稱之爲權利事項或訴願的勞資爭議，後者稱之爲利益或調整事項的勞資爭議。

勞資爭議後的處理方式通常有四種。

協調 此可由勞資雙方自行協調，或是由中介團體居中協調，例如：政府機構或民間中介團體的人員來協調，屬於非正式的處理方式。

調解 由中介團體依法定程序協助雙方達成協議，但中介團

體沒有權力強制雙方達成協議，只是擔任協議的促進者。

仲裁 由中介團體依法定程序，對勞資雙方的衝突作成判決，類似準司法的過程，通常仲裁的決定對勞資雙方具有約束力。

司法訴訟 此乃透過司法途徑來解決勞資爭議中的權利事項，不適用於利益或調整事項勞資爭議的處理。

換言之，勞工權利事項的勞資爭議可採用上述四種方式來處理，但有關利益或調整事項的爭議只能採用前三種方式處理。

當勞資爭議產生後，若能經由上述處理方式獲得解決，即可避免勞資爭議行為的出現；如果處理不當，爭議無法解決，或是在處理的過程中，陷入僵局或協商破裂，均有可能產生勞資爭議的行為。勞方可採用的行為有罷工、怠工、杯葛、佔據、生產管理和糾察等；資方可採用的行為有繼續經營、鎖廠和開列黑名單等(林大鈞，民83)。任何一方採取爭議行為時，對爭議的目的、程序以及採用的行為等，均應考慮其正當性與合法性，方能使爭議行為獲得效果，並免除民事和刑事的責任。

結語

近百年來已有許多學者從政治、經濟、社會、心理、哲學、法律等各種不同的學術領域來探討勞資關係，未來的研究方向，大致可分成工會、團體協商和勞資爭議三方面略加說明。

工會方面可由四個層面來探討的。

社會層面 當經濟結構轉成以知識為主的服務業時，勞資關係更需加強彼此的合作，歐美先進國家的工會成員已有逐漸減少

的趨勢，工會的影響力也相對地降低，工會的組織與功能應如何的調整或因應是需加以探討的。

全國性工會層面　新法的制定會影響勞資關係，可探討擬定何種全國性的勞資政策，能符合勞工的需求，又能使企業具有競爭力。

企業層面　可探討工會在企業經營策略的制定與實施中的角色；比較有工會組織和沒有工會組織對企業經營績效的影響；為維持企業的競爭優勢，如降低用人成本、雇用部份時間制的人員等，會與工會的目標相抵觸，應如何與工會產生良好的互動。

個人層面　探討工會會員的特質、對工會的看法與承諾，以及未加入工會者對工會的看法等。

團體協商方面，可探討勞資雙方在團體協商中的互動關係、認知過程和運用的策略；政治、經濟、政策、法規和組織等因素，對團體協商的影響；團體協商的結果對企業經營的影響等。在勞資爭議方面，可探討產生勞資爭議行為的影響因素；勞資爭議行為的成本分析等。

個案研討

勞資關係個案一：神駒汽車股份有限公司

公司背景

神駒公司為一股票上市公司，主要業務包括：轎車、貨車、客貨兩用車，以及相關原物料、零組件、治夾具、設備等之製造、銷售、設計、測試、加工、檢驗、修護，汽車零配件之銷售、汽車車身之換裝及銷售、代辦汽車檢驗等。

公司創立於民國五十八年，初期即與日商技術合作，以生產大、小型貨車為主；而後漸次增設塗裝、曲軸、凸輪軸機械加工廠，變速箱加工、裝配線、沖壓工廠與新竹、幼獅等工廠。公司於七十七年開發生產輕型商用車，八十年股票上市；八十二年獲得ISO 9002認證(為國內汽車業中第一家通過此一認證者)、國家品質獎，並開發轎車加入市場。八十三年獲得英國BSI品保認證，推出休閒化轎車，並成立人力培訓中心。

公司另投資生產事業、服務業，擬藉由多角化經營，強化與經銷商之關係，並加強與上下游之整合，以確保汽車零件品質之穩定供應，增加產品競爭力。公司近年來於國內企業經營績效綜合指標評選中，曾獲選為民營製造業經營績效第一名，且連續數年均名列前十名。此外，公司亦曾獲勞委會評選為「勞動條件優良事業單位」、「績優勞資關係單位」、「中華民國企業環保獎」等

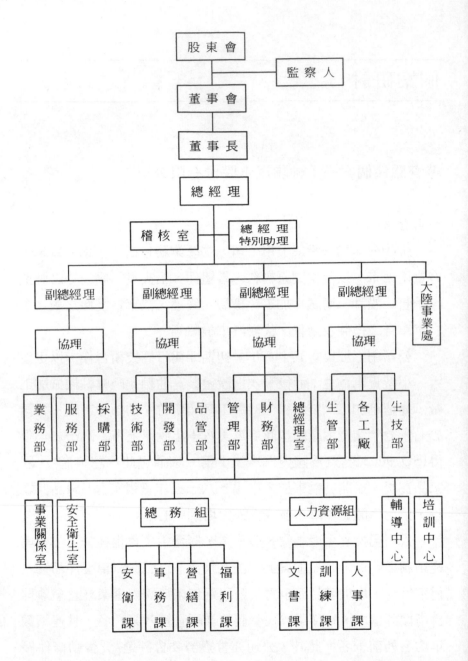

神駒公司組織

獎項。公司的組織如圖所示。

經營策略

　　外部環境機會方面，國民所得逐年增加，消費能力提高，消費者的需求漸呈多樣化，而且要求高品質且價格合理之車型。目前內、外銷市場及大陸市場仍有很大的銷售空間，尚待積極開發。另政府積極推動的共用引擎計劃，及低污染的電動車研究計畫，均可協助員工提昇研究發展與設計的專業能力，公司的積極參與將有助於達成技術再升級及降低成本之目標。此外，協力廠商積極發展全面品質保證能力，亦將有助於公司全面品保體制的運作及源流管理的落實。

　　外部環境威脅方面，由於國民崇洋心理及虛榮心作祟，偏好購買外國進口車；再加上近年來，我國為能順利加入WTO組織，逐年放寬進口車關稅與進口地區限制，並取消國產車之租稅優惠，使得進口車的價位、車型定位逐漸與國產車拉近。在各項促銷活動的助長下，進口轎車及商用車的市場大幅成長，對原本狹小之國內汽車市場逐漸產生排擠效應，以致國產轎車、商用車呈現銷售量衰退現象。

　　國內汽車廠都無法達成規模經濟，生產成本居高不下，面對日益劇烈的產品多樣化與差異化的競爭趨勢，國內各車廠無不積極展開產能提昇計劃，推出改型或新型車種來擴展業績，並逐漸侵入商用車市場，企圖分食本公司之利基市場。

　　此外，環保意識高漲，政府對環保要求日漸嚴苛，交通法令亦日趨嚴格，凡此均將使得汽車之生產及使用成本(如牌照稅等)逐年提高，而減少消費者購買意願。

　　內部環境優勢方面，公司及產品的知名度高，而且產品的品質及售後服務均深獲消費者之肯定，尤以商用車之銷售額高居市

場領導地位。此外公司與經銷商之間經常維持良好的產銷關係，並已建立完善的整體經銷體系與服務網，自營保養廠的服務及技術亦屬一流，足為經銷商及服務網之典範。另公司汽車零組件工業基礎大抵建立，生產線設備亦漸次更新朝自動化發展，以逐年提高零組件國產化比率，提昇產能與技術，俾降低生產成本。

公司曾獨立自行開發設計新款汽車，員工有能力完成新款汽車的開發設計，有利於提昇專業人員之技術水準、蓄積技術實力，並將其內化為組織實力。此外，高昂的員工士氣與組織文化，對外部環境變遷的迅速反應，以及公司同仁對組織的共識，均為公司所具有之優勢。

內部環境劣勢方面，隨著組織日漸龐大，公司逐漸浮現安逸、安定、無效率、因循舊例、趨於保守，日顯老大而衰退，如漸有加班管制不嚴，浮報加班費等現象產生。另近年來大批晉用企管及工程碩士及外部招攬的空降部隊，這些人未曾走過公司以往的艱辛歲月，過於注重本身的生涯規劃，實為公司之隱憂。故公司將面臨的挑戰，為能否管理好愈來愈複雜的組織。

公司目前的經營策略，在銷售方面採成長策略，以國內市場為主，再拓展至大陸市場，產能短期目標為每年十二萬輛，長期目標為每年十五至二十萬輛。在目標產品方面，先求鞏固商用車領導地位，並以進口轎車搭配國產轎車販賣方式，建立完整轎車產品線。在發展方向方面，採製造導向，積極開發各式新型產品，降低成本並提高零件國產化及自製比率，提昇技術水準，邁向國際分工。在勞資關係方面，改善工作環境，增進員工福利，建立良好勞資關係。

公司的勞資關係

公司的經營理念為和諧(harmony)、創新(innovation)與卓越(top)。和諧為一均衡而穩定的狀態,和諧的經營理念在促成與企業相關之顧客、員工、股東、上下游業者、政府及社會大眾之利益均衡。創新為公司活力的來源,可提昇製造品質、提高生產效率,亦可避免組織日趨安逸而衰退。創新的理念表現在企業的觀念、產品、技術、製程、管理、服務等各方面。卓越為品質的標竿,為一精益求精的精神,同時涵蓋工作品質、生活品質與社會品質三個層面。故HIT為一種不屈不撓的精神、努力追求成功的過程與圓滿的結果。

汽車產業具高度的勞力、技術與資本的密集性,產品更迭的速度快,技術變動性高,故成功的關鍵在於製造、設計技術與通路的掌握,凡此莫不依賴優秀的人力資源,也唯有和諧的勞資關係做後盾,公司的生產品質與經營績效才能維持領先。公司責成管理部負責人力資源尋才、育才、輔導、福利、工廠安全衛生等工作,特別重視企業文化的塑造、個人潛能的開發與組織的上下溝通。公司所採行的方法如下。

專業經理人兼顧股東及員工利益　本公司為專業經理人負責經營權之公司,專業經理人除維護所有權人(股東)利益之最大化外,亦須考慮員工的利益,視員工為企業內的創造性資產。此種公司獲利即員工獲利,員工獲利即公司獲利的觀念,為一種互利性、雙贏的利益概念。

各級幹部共同研擬公司目標　公司營運目標的擬定採共同決定制,每年三次,公司課長級以上的中高階幹部,集體外宿渡假飯店,依公司內外在環境與公司之未來發展,共同研擬公司的營

運目標及策略。

薪資福利制度 公司採理性設計的薪資制度，除提供較同業為高的薪資水準外，每年固定有二個月的基本年終獎金、稅後盈餘分紅百分之五及稅前利潤分紅制度，只要每人每年多為公司賺一萬元，就可多分到相當於一天薪資的年終獎金。此外，尚有依每月生產之汽車數量折算點數的生產獎金制度。調薪則分為二次，每年一月固定依考績調薪，七月則為不定調薪。

公司的福利制度由專責的福利課負責規劃辦理，福委會由九名工會代表與四名資方代表共同組成。福利金係由資本額提撥百分之一，營業額提撥百分之零點零六，下腳變賣提撥百分之四十，薪資提撥百分之零點五及福利事業盈餘等所組成。公司計有十二項福利設施(員工宿舍、活動中心、溫水游泳池、訓練中心、餐廳、卡拉OK…等)，五十五項福利項目則包含食、衣、住、行、育、樂等。公司辦理現金增資時員工亦可享有入股的機會。

公司為處理員工的心理、生理及法律上的問題，成立了輔導中心，並有各種社團活動、專家演講與進修活動以充實精神生活內涵。此外，公司亦訂有正式聘用員工的退休辦法，退休金係每月按員工薪資總額百分之二提撥退休準備金，交由公司勞工退休準備金監督委員會管理，並以該委員會名義存入中央信託局帳戶中，供支付員工退休金用。另有許多優於勞基法標準施行的項目，例如：加班費的給予、職業災害的補償、團體保險、不休假獎金等。

有效的溝通網路 公司設計了十種有效的溝通管道，以巨大的溝通網維繫勞資雙方的和諧關係，包含：勞資會議、科層化垂直溝通、彈性化專案的水平式跨部門溝通、全員品質教育形成的

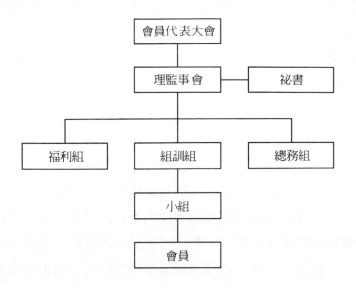

工會組織

部門內垂直及水平雙向溝通、申訴制度、提案制度、意見箱、輔導中心、座談會、社團活動等。除勞資會議外,每月定期舉行的會議有福利委員會議、生產會議、安全衛生會議等。另外非正式的溝通管道,如自強月會,可使員工瞭解市場狀況、公司的年度目標、自己要努力的方向、以及自己正在朝向目標的那一個時點上。

　　工會　公司的產業工會係由公司內各層級的勞工所組成,並議定章程。工會設理事七名、監事一名,組成理、監事會,互推常務理事一名,負責處理日常事務。公司技術人員約二千餘人,行政人員約三、四百人,所有理監事依選舉產生,因技術人員所

佔比例較高，故所有理監事均爲現場技術人員擔任，現任常務理事亦爲資深作業員。工會的組織如圖所示。

公司專業經理人尊重且平等的對待工會，彼此將對方視爲公司發展的重要因素，各自控制雙方成員之行動，以共謀生產品質、經營績效的成長。工會參與範圍廣泛，包含：生產技術、勞動條件以及任何涉及勞工權益的經營管理制度。每月中旬定期舉行的勞資會議，由工會代表與資方代表各七人所組成，對各項議題進行討論，任何涉及勞方權益之經營事項，採共同決定制，而且資方須得到工會的同意方得實施。得到工會同意後之管理措施，工會得責成勞工遵守或達成，如此可避免掉因限制或壓抑工會引發罷工的機會成本，使勞動成本透過團體協約得到穩定的預期與控制。資方充份尊重工會的意見，對於工會不同意的事項則不斷的與勞方協調溝通，以便得到工會的支持。公司尚未簽訂團體協約，一切有關勞資雙方的規範及權益，均比照勞基法辦理。

勞資爭議　公司允許勞資爭議的產生，勞資間若有爭議，則由管理部門主管與工會常務理事協調處理，並透過勞資會議、科層化垂直溝通、彈性化專案的水平式跨部門溝通、全員品質教育形成的部門內垂直及水平雙向溝通、申訴制度、提案制度、意見箱、輔導中心、座談會、社團活動等龐大的溝通網，不斷地協調以降低衝突，期以彼此互利的方式來解決勞議爭議。

問題討論

1. 公司的勞資關係是否能配合經營策略之運作。

2. 凡與員工權益相關的經營管理制度，公司常尊重工會意見並經工會同意方得實行，試分析此種作法之利弊。

3. 公司工會理監事均為現場技術人員，管理職人員少有機會
被選為理監事，試分析此一現象之利弊。

勞資關係個案二：神機電機股份有限公司

神機電機股份有限公司為國內少數歷史悠久，且規模龐大的
電器、電機生產公司，總公司設於台北市，全省共有十七個工廠
。今因台北總廠的員工三百多人，對本年度公司僅欲發放一點五
個月全薪的年終獎金，感到極度不滿，一時群情激動而衍生集體
怠工情事，使得生產線頓時陷於停頓。且台北總廠員工為形成氣
候，一面怠工，一面派人至其他工廠散發傳單，希望各廠員工均
能採取一致的行動，以爭取公司將年終獎金提高到三個月；其他
工廠員工接到傳單後，經各工廠幹部極力疏導，員工仍處於觀望
狀態，密切注意著公司與台北總廠間的互動，而蠢蠢欲動。

怠工的員工們認為今年度公司之盈餘，較去年度增加百分之
四十，而年終獎金則僅較去年度之一個月多半個月，且多年來之
年終獎金均遠低於同業水準，實令人無法接受。又員工認為年終
獎金為薪資的一部份，因員工的努力公司才能多賺錢，公司多賺
了錢，就應該多發些年終獎金以照顧員工。隨著勞工權益意識的
日益高漲，員工紛紛指責工會，認為工會未能將員工的心聲向公
司反映，也未能依蒐集到的本年度公司的經營狀況、同業、非同
業間年終獎金發放情形等資料，向公司據理力爭，以爭取較合理
的年終獎金。

公司經營者則堅持傳統觀念，認為年終獎金為是傳統的習慣
，為公司對員工額外的恩賜與獎勵，非薪資的一部份，年終獎金

為在員工默許下，公司經營者根據經營績效的良窳來作的決定即可，員工應無權過問。且往年公司的年終獎金多為一個月，今年因業績較佳，年終獎金亦隨著調升為一點五個月獎金，已較往年優厚，應屬合情合理；而今年業績較佳乃公司歷年來的投資與艱辛經營的成果，非僅憑員工之努力得來，員工應知所滿足，不應一昧強求。公司經營者想快刀斬亂麻，永絕後患，決定以強硬的手段來對付怠工的員工，擬儘速將帶頭怠工的員工以曠職處分，並予以開除，以收殺雞儆猴之效，來平息此一怠工事件。

問題討論

1. 公司經營者認為年終獎金為公司對員工額外的恩賜與獎勵，非薪資的一部份，您認為此一觀點是否正確？

2. 公司經營者決定以強硬的手段來對付怠工的員工，擬儘速將帶頭怠工的員工以曠職處分，並予以開除，以收殺雞警猴之效，試評估此一作法。

3. 面對經營者與員工間巨大的認知差距，及其他工廠員工之觀望，若您負責處理此一事件，您會如何處理，以獲得圓滿的結局。

12 國際化人力資源管理

本章思考問題

■總公司與海外子公司的人力資源管理應如何
配合？
■總公司與海外子公司的人力資源管理應如何
保持彈性，以適應環境的挑戰？

企業對外投資，即是邁向國際化的經營，不可避免的會遭遇到人才的培育與遴選，工作與文化的適應，語言、家庭、激勵和績效等的問題。這些問題應可經由人力資源管理中的各項功能，包括：人力資源規劃、任用、績效評估、薪酬、人力資源發展和勞資關係等來解決，但這些功能的發揮，卻有賴於總公司與海外分公司人力資源管理的整合。本章試從權變理論的觀點，來探討國際化人力資源管理的整合，使人力資源的管理能更爲配合與富有彈性。

權變理論的配合與彈性

　　由於每個組織的工作性質、員工和環境的不同，組織的關係與管理方式勢必有所差異。權變理論強調的即是其間的密切配合與互動的關係，重視組織的多變性，以及在不同的情境或條件下如何的運作。換言之，權變理論的目的即在設計和應用最適合於某些特定情況的組織設計與管理方法，是一九七○年代以來，組織理論的研究重點。

　　權變理論發展至今，已被廣泛的應用在與組織有關的研究領域中，其中有兩項共同的基本概念，即是「配合」(fit)與「彈性」(flexibility)，尤其偏重在配合方面的研究。關於這兩個概念的操作性定義，雖有不同的看法，卻有必要再作澄清，並說明其間的關係。

　　「配合」可說是權變理論發展中的核心概念，認爲組織是一種動態和開放的系統，組織內不同的組成會彼此交互作用，並與環

境產生互動。因此，環境與組織的組成若能作充分配合，將可促使組織在各方面能有更好的成效。「配合」意即一個組織與另一組織組成的需要、目標與結構一致性的程度，也就是用來衡量組織間各組成配在一起的程度(Nadler & Tushman, 1988)。

「彈性」是組織的一種能力，係指組織能適時採用適當的方法，以因應內在或外在環境改變時的需要。當然，也有持主動積極看法者，將彈性視為「藉由創新來調適」，亦即能創新就是有彈性。通常組織需要彈性的四種情況為：其一，動態的環境；其二，多樣化的環境狀況或情境；其三，組織目標或經營策略快速轉變時；其四，組織有兩個或兩個以上不同的目標。國際性的企業面對的常是動態和多樣的環境，對其而言，組織具有彈性的能力是相當的重要(Lengnick-Hall & Lengnick-Hall, 1988; Milliman, Von Glinow, & Nathan, 1991)。

至於配合與彈性兩者的關係，有些文獻認為兩者彼此是獨立的概念，而且是互斥的；有些研究則指出兩者均是有績效組織所必備的基本概念，因為組織既需要彈性去應付改變，也需要使組織的內在與外在環境得以配合。事實上，認為兩者是獨立的概念係從企業「實際」的運作來看；認為兩者是必備和互補的，是從企業「應有」的運作來說。再就時間觀點而言，採獨立概念係從時間的某一點來說；互補的觀點則從一個較長的時段來看(Milliman, Von Glinow, & Nathan, 1991)。由此可知，不同的概念有不同的作用，可以將配合與彈性分開來看，也可採互補的觀點來瞭解其間的關係。

配合與彈性兩者的關係，可由圖12-1再加以說明。在系統A時，組織需作內在與外在配合；當系統A轉變到系統B，則需具

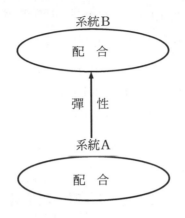

系統B

配　合

彈　　性

系統A

配　合

圖12-1

配合與彈性的關係

備彈性的能力；在系統B時，同樣需作內在與外在的配合。此種
靜態的配合到動態的轉變，在組織中會不斷循環發生的。

　　組織欲從事配合，首先得將組織作適當和有意義的分類，或
建立其類型，用以減化複雜的現象或便於說明(Bobko ＆ Rus-
sell, 1991; Rich, 1992)。有關組織的分類方式很多，可依其組
成、發展過程以及管理過程和方法等來分類。例如，聶德勒和塔
雪門(Nadler ＆ Tushman, 1988)將組織分爲任務、個人、正式
組織和非正式組織四個部份，並將各部份再予以細分，同時探討
其間應有的配合。

　　有關配合的方式，德瑞金和范迪文 (Drazin ＆ Van de
Ven, 1985)從結構式權變理論的觀點，認爲組織績效根源於組織
中兩種或兩種以上因素配合的結果，並據此提出三種配合的方式
：選擇的方式(selection approach)：組織要生存，組織的設計
要適合情境的特性，亦即組織的情境會影響組織的設計，兩者有
著因果關係；交互作用的方式(interaction approach)：組織結

構與情境的交互作用，會產生不同的組織績效；系統的方式（systems approach）：在多元的情境、結構及績效特性中，講求內部一致性，屬於整體性的配合。由此可知，配合的方式不同，考慮的層面與程度亦有所不同，從簡單的雙向配合，到兩者交互作用的配合，進而爲多層面的整體配合。

范肯脫孟（Venkatraman, 1989）認爲多數研究者在決定使用某種配合概念時，會面臨兩個基本的決策向度，一爲變項關係的精確度，另一爲是否有效標變項，並依據這兩個向度將精確度區分爲低、中、高，效標分爲有與無提出六種觀點的配合方式：

1. 將配合視爲干擾（moderation）。

2. 將配合視爲中介（mediation）。

3. 將配合視爲配對（matching）。

4. 將配合視爲共變（covariation）。

5. 將配合視爲設定外形的偏差（profile deviation）。

6. 將配合視爲完形（gestalts）。

上述兩位學者所提出來的配合方式，在觀點上雖有不同，前者從結構觀點來看，較爲狹隘，注意到的變項亦較少，但奠定了分析配合架構的基礎；後者不限於結構性的變項，並將配合的方式作較爲細密的劃分，更爲周延和更具操作性的意義。事實上，上述每種配合方式都有理論建立的意義和考驗理論的方式，而且前者與後者的配合方式也有相似之處，例如，前者的選擇方式與後者的將配合視爲配對，交互作用方式與將配合視爲干擾，系統方式與將配合視爲完形，基本觀點上均極爲相近。因此，上述的配合方式，可作爲人力資源管理上選擇適當配合方式的參考。

國際化人力資源管理的整合架構

　　企業國際化經營的組織大致分為多國的(multinational)、全球的(global)、國際的(international)和跨國的(transnational)結構(Schuler, Dowling, & De Cieri, 1993)。在國際化人力資源管理的運作上，總公司高階主管的態度與價值對其會有所影響，基本上可分為本國中心(ethnocentric)、多元中心(polycentric)、地區中心(regiocentric)和全球中心(geocentric)四種類型(Ondrack, 1985)。

　　本節的整合架構，主要著眼於「本國中心」類型的人力資源管理，亦即在國際化的組織結構中，公司擁有一個或一個以上的海外分公司，且其股權為百分之五十以上，並擁有決策權，主要的管理或技術人才以本國人為主。至於整合的觀點，則採權變理論中的兩個核心概念：「配合」與「彈性」來加以說明。

　　貝爾德和米修蘭(Baird & Meshoulam, 1988)認為人力資源管理需注意其內部與外部的配合，強調瞭解組織的發展狀況或改變，將有助於人力資源管理的調整，並將組織的成長與發展分為：創立、功能的成長、控制的成長、功能的整合、策略的整合等五個階段。

　　人力資源管理的組成則包括：管理的認知、管理的功能、方案的組合、人事技巧、資訊科技、環境的認知。

　　其中不但各項組成應相互的配合(內部配合)，而且在不同的成長階段中，各項組成的重要性亦有所不同(外在配合)。

米勒門、翁格里諾以及聶森(Milliman, Von Glinow, & Nathan；1991)提出的國際化人力資源管理架構有四種配合：

1. 人力資源管理與組織生命週期階段的配合。
2. 人力資源管理內部的配合。
3. 人力資源管理與外在環境的配合。
4. 總公司與海外分公司人力資源管理的配合。

同樣的，認為人力資源管理的配合與彈性，在企業發展的不同階段，重視的情況各有不同，在創立階段，兩者都不受重視；在功能的成長階段，彈性重於配合；在控制的成長階段，配合重於彈性；在策略的整合階段，兩者都很重要。由此可知，配合與彈性的運用，需視組織的發展狀況而定。大體而言，這個架構的最大貢獻在於配合，彈性方面僅在文中提及，卻不夠具體。至於人力資源管理與組織的配合，僅論及與生命週期階段的配合，未能顧及其他方面，例如：結構、企業文化、管理方式與過程等的配合，是為不足之處。

在探討相關文獻之後，試擬權變理論觀點的國際化人力資源管理整合架構，如圖12-2所示。圖中的系統有三，即由系統A可變動到系統B或系統C，此即牽涉到系統A是否具有彈性能力。在每個系統內都應顧及配合的問題，以下僅就系統A加以說明。

系統A係指國際化的企業，包括：總公司和海外分公司，其中應考慮到五個向度的配合：

1. 總公司和海外分公司人力資源管理與其組織的配合。
2. 總公司與海外分公司人力資源管理功能間的配合。

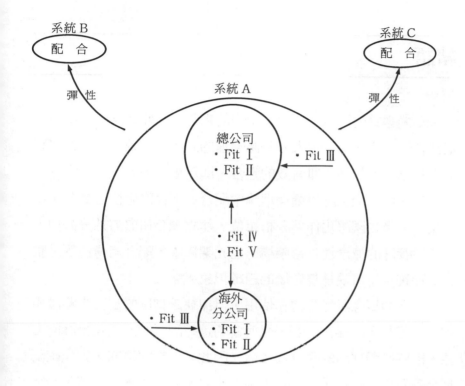

・Fit Ⅰ人力資源管理與組織的配合　　・Fit Ⅳ總公司與海外分公司組織的配合
・Fit Ⅱ人力資源管理功能間的配合　　・Fit Ⅴ總公司與海外分公司人力資源管
・Fit Ⅲ人力資源管理與外在環境的配合　　理的配合

圖12-2

國際化人力資源
管理整合性架構

3.總公司與海外分公司人力資源管理與其環境的配合。

4.總公司與海外分公司組織的配合。

5.總公司與海外分公司人力資源管理的配合。

結語

　　企業經營的國際化是我國未來的趨勢，在此發展的過程中，必然會面臨許多國際化人力資源管理的問題與挑戰，其中如何將人力資源管理作適當而有效的整合，即為重要的課題。本章在探討相關文獻之後，應用權變理論中配合與彈性兩個核心概念，以一個企業體的國際化作為分析單位，建立總公司與海外分公司人力資源管理的概念性整合架構。在此架構中，配合與彈性既是整合的特質，也可說是整合後的組織現象。

　　配合的概念雖然經常在使用，但卻缺乏精確的定義來測試組織是否有配合的存在，若未能適當的選擇配合的方式及統計的方法，則將影響理論的建立或考驗。因此，未來的研究，宜先確認配合項目中的變項，彈性也需進一步界定其操作性的定義，研究時可用多元的配合方式，採橫斷法或縱貫法，將配合與彈性分開來探討，也可同時探討兩者的關係，藉以建立或考驗其理論。

　　由於外在環境日趨複雜與瞬息萬變，再者加上競爭激烈，常會呈現出不規則、不穩定、多樣性、暫時性、不平衡以及非線性的關係，未來的研究得加強動態的平衡(Evans & Doz, 1992)，並從整體的觀點，瞭解各個變項間的組型(Meyer, Tsui, & Hinings, 1993)。因此，許多學者主張應由權變理論邁向組態理論(configuration theory)，以反應變動環境的需要。

參考書目

中文部份

中華民國職業訓練研究發展中心(民74)。職訓教材調查研究。
　　《企業》,(3),85-86。

天下雜誌(民77,7月)。天下1000大企業。《天下雜誌》,111-
　　160。

司徒達賢(民84)。《策略管理》。台北:遠流。

李長貴(民77)。從美日人力資源管理探討我國人力資源之運用及
　　發展。《價值與尊嚴:提昇經營品質研討會》。台北:生產
　　力中心。

李咏吟(民77)。《教學原理》。台北:遠流。

朱敬先(民75)。《學習心理學》。台北:國立編譯館。

吳秉恩(民76)。《我國企業實施管理訓練成效之研究》。台北:
　　中國生產力中心。

吳秉恩(民81)。《企業策略與人力發展》。台北:中國經濟企業
　　研究所。

林大鈞(民83)。《勞工政策與勞工法論》。台北:華泰。

周愚文(民76)。教育學的科學研究之反省,載於中國教育學會主
　　編,《教育研究方法論》(頁175-194)。台北:師大書苑。

馬傑明(民68)。《組織層級化之研究》。國立政治大學未發行的

碩士論文。

康自立(民76)。企業內之職業訓練。《就業與訓練》,5(1),5—
11。

陳定國(民77)。《企業管理》。台北:三民。

陳彰儀(民78)。《人力甄選系統研究計劃:第一年研究報告》。
台北:職訓局。

張火燦(民77a)。企業界訓練需求評估模式。《就業與訓練》,6
(3),95—100。

張火燦(民77b)。企業界訓練與發展的概念性模式之建立。《一
九八七年國際職業教育與訓練研討會總結報告》。台北:國
立台灣師範大學。

張火燦(民81a)。《人力資源發展與企業經營策略之整合》。台北
:1992年國際人力資源發展研討會。

張火燦(民81b)。產業升級與勞動力開發:企業人力資源規劃。
《當前勞動力開發與企業發展座談會》。高雄:國立中山大
學。

張火燦(民82,1月5日)。績效評估作法的省思。《經濟日報》。

黃英忠(民75)。《產業訓練論》。高雄:理工學。

黃政傑(民76a)。《課程評鑑》。台北:師大書苑。

黃政傑(民76b)。教育研究亟須擺脫量化的支配。載於中國教育
學會主編,《教育研究方法論》(頁131-140)。台北:師大書
苑。

曹國雄(民81)。《員工績效考核及勞動生產力規劃》。台北:中
華民國企業人力資源發展學會。

潘文章(民73)。《組織發展:理論、方法、實務》。台北:三民。

衛民(民81)。美國集體協商制度。《政大勞動學報》，1，55－76。

蕭新煌、張苙雲(民71)。對國內社會經驗研究的初步反省：現實建構、理論與研究。載於瞿海源、蕭新煌主編，《社會學理論與方法》(頁267－295)。台北：中央研究院民族研究所。

謝安田(民80)。《人事管理》(第六版)。台北：自行發行。

英文部份

Abelson, M. (1987). Examination of avoidable and unavoidable turnover. *Journal of Applied Psychology,* 27 (2), 382-386.

Agarwal, N.(1981). Determinants of executive compensation. *Industrial Relations*, 20(1), 36-45.

Ahlburg, D., & Kimmel, L. (1986). Human resources management implications of the changing age structure of the U.S. labor force. In G. Ferris & K. Rowland (Eds.), *Research in personnel and human resources management*(pp. 339-374). Connecticut: Jai.

Alexander, L. (1985). Successfully implementing strategic decisions. *Long Range Planning,* 18(3), 91-97.

Alkin, M. (1973). Evaluation theory development. In B. Worthen,& J. Sanders(Eds.), *Educational evaluation: Theory and practice*. Belmont, California: Wadsworth.

Alpander, G. (1982). *Human resources management planning*. New York: AMACOM.

Althauser, R., & Kalleberg, L. (1981). Firms, occupations, and the structure of labor markets: A conceptual analysis. In L. Berg (Ed.), *Sociological perspectives on labor markets* (pp. 339-374). New York: Academic.

Anderson, J., Milkovich, G., & Tsui, A. (1981). A model of intraorganizational mobility. *Academy of Management*

Review, 6(4), 529-538.

Anderson, C., & Zeithaml, C. (1984). Stage of the product life cycle, bussiness strategy, and business performance. *Academy of Management Journal, 27*(1), 5-24.

Ansoff, I. (1965). *Corporate strategy.* New York: McGraw-Hill.

Ansoff, I., & McDonnell, E. (1990). *Implanting strategic management* (2nd ed.). New York: Prentice-Hall.

Arvey, D. (1987). Potential problems in job evaluation methods and processes. In D. Balkin & L. Gomez-Mejia (Eds.), *New perspectives on compensation* (pp. 20-30). NJ: Prentice-Hall .

Ashforth, B., & Mael, F. (1989). Social identity theory and the organization. *Academy of Management Review, 14*(1), 20-39.

Association for Educational Communications and Technology (1980). Competencies for instructional development specialist. *Instructional Innovator, 25*(9), 27-31.

ASTD Professional Development Committee. (1979). A self-development process for training and development professionals. *Training and Development Journal, 33*(5), 6-12.

Badwy, M. (1982). *Developing managerial skills in engineers and scientists.* New York: Van Nonstrand Reinhold.

Baird, L., & Meshoulam, I. (1988). Managing two fits of

strategic human resource management. *Academy of Management Review*, 13(1), 116-128.

Baird, L., Meshoulam, I., & DeGive, G. (1983). Meshing human resources planning with strategic business planning: A model approach. *Personnel*, 60(5), 14-25.

Baker III, H., & Feldman, D. (1991). Linking organizational socialization tactics with corporate human resource management strategies. *Human Resource Management Review*, 1(3), 193-202.

Balkin, D., & Gomez-Mejia, L. (1987). *New perspectives on compensation*. New Jersey: Prentice-Hall.

Balkin, D., & Gomez-Mejia, L. (1990). Matching compensation and organizational-strategies. *Strategic Management Journal*, 11(2), 153-169.

Baron, J. (1984), Organizational perspectives on stratification. *Annual Reviews Sociology*, 10(1), 37-69.

Becker, G. (1967). *Human capital*. New York: National Bureau of Economic Research.

Beer, M., Spector, B., Lawrence, P., Mills, D., & Walton, R. (1985). *Human resource management*. New York: The Free Press.

Begun, J., & Lippincott, R. (1988). Structuring for human resources management. In Fottler, M., Hernandez, S. & Joiner, C.(Eds.),*Strategic management of human resources in health services organizations*. New York:

John Wiley & Sons.

Gomey-Mejia, L., & Balkin, D. (1992). *Compensation, organizational strategy, and firm performance*. Ohio: South-Western.

Benedict, M., & Levine, E. (1988). Delay and distortion: Tacit influences on performance appraisal effectiveness. *Journal of Applied Psychology, 73*(3), 507-514.

Berg, P. (1986). Symbolic management of human resources. *Human Resource Management, 25*(4), 557-579.

Birnbrauer, H., & Tyson, L. (1986). Quality control in evaluation. In H. Birnbrauer (Ed.), *Handbook for technical and skills training* (pp. 121-132). Alexandria, VA: American Society for Training and Development.

Bjorkquist, D., & Murphy, B. (1987). Teaching how to conduct a needs assessment in industry: Learning by doing. *Journal of Industrial Teacher Education, 24*(2), 32-39.

Bobko, P., & Russell, C. (1991). A review of the role of taxonomies in human resource management. *Human Resource Management Review*, 1(14), 293-316.

Boerlijst, G., & Meijboom, G. (1989). Matching the individual and the organization. In P. Herriot, P. Drenth, & I. Robertson (Eds.), *Assessment and selection in organization* (pp. 25-44). New York: John Wiley & Sons.

Boudream, J., & Berger, C. (1985). Toward a model of

employee movement utility. In G. Ferris & K. Row-
land(Eds.), *Research in personnel and human resources
management* (pp. 31-54). Connecticut: Jai.

Boyle, F., & Yelsey, A. (1986). Human resource planning.
In R. Gardner & H. Sweeney(Eds.), *Handbook of stra-
tegic planning* (pp. 17.1-17.45). New York: Wiley.

Brethower, K., & Rummler, G. (1979). Evaluating training.
Training and Development Journal, 33(5), 14-22.

Brindisi, L. (1984). Paying for strategic performance: A
new executive compensation imperative. In R. Lamb(
Ed.), *Competitive strategic management*. New Jersey:
Prentice-Hall.

Brinkerhoff, R. (1988). An integrated evaluation model for
HRD. *Training and Development Journal,* 42(2), 66-68.

Broad, M. (1980). *Identification of management actions to
support utilization of training on the job*. Unpublished
doctoral dissertation, The George Washington Univer-
sity.

Brown, D. (1986). Trait and factor theory. In D. Brown, L.
Brooks, & Associates(Eds.). *Career choice and develop-
ment* (pp. 8-30). San Francisco: Jossey-Bass.

Brown, M. (1983). Understanding transfer of training.
NSPI Journal, 22(3), 5-7.

Buller, P. (1988). Successful partnerships: HR and strate-
gic planning at eight top firms, *Organizational*

Dynamics, 17(2), 27-45.

Butler, J., Ferris, G., & Napier, N. (1991). *Strategy and human resources management.* OH: South-Western.

Bunning, R. (1992). Models for skill-based pay plans. *HR Magazine,* 37(2), 62-64.

Burack, E., & Mathys, J. (1987). *Human resource planning: A pragmatic approach to manpower staffing and development* (2nd. ed.). IL: Brace-Park.

Burgoyne, J., & Cooper, C. (1975). Evaluation methodology. *Journal of Occupational Psychology,* 48, 53-62.

Cameron, K. (1978). Measuring organizational effectiveness in institution of higher education. *Administrative Science Quarterly,* 23, 604-632.

Campbell, D., & Stanley, J. (1963). *Experimental and quasi-experimental designs for research.* Boston: Houghton Mifflin .

Campion, M., Pursell, E., & Brown, K. (1988). Structured interviewing: Rasising the psychometric properties of the employment interview. *Personnel Psychology,* 41(1), 25-42.

Carnevale, A. (1983). *Human capital: A high yield corporate investment.* Washington, DC: American Society for Training and Development.

Carroll, S. (1987). Business strategies and compensation systems. In D. Balkin & L. Gomez-Mejia (Eds.), *New perspectives in compensation* (pp. 343-355). New Jersey: Prentice-Hall.

Chaffee, E. (1985). Three models of strategy. *Academy of Management Review,* 10(1), 89-98.

Chalofsky, N., & Cerio, J. (1975). Professional development program for federal government trainees. *Training and Development Journal,* 29(12), 18-23.

Clement, R., & Aranda, E. (1982). Evaluating management training: A contingency approach. *Training and Development Journal,* 36(8), 39-43.

Cohen, Y., & Pfeffer, J. (1986). Organizational hiring standards. *Administrative Science Quarterly,* 31(2), 1-24.

College of Education (1985). *Training development format.* Ohio: The Ohio State University.

Cook, T., & Campbell, D. (1979). *Quasi-experimentation: Design & analysis issues for field settings.* Boston: Houghton Mifflin.

Cotton, J., & Tuttle, J. (1986). Employee turnover: A meta-analysis and review with implications for research. *Academy of Management Review,* 11(1), 55-70.

Cullen, J. (1978). Cost effectiveness: A model for assessing the training investment. *Training and Development Journal,* 32(1), 24-29.

Dalton, G., Thompson, P., & Price, R. (1977). The four stages of professional careers: A new look at performance by professionals. *Organizational Dynamics,* 6(1), 20-26.

DeNisi, A., Cafferty, T., & Meglino, B. (1984). A cognitive view of the performance process: A model and research propositions. *Organization Behavior and Human Performance,* 33(3), 360-396.

DeNisi, A., & Williams, K. (1988). Cognitive approaches to performance appraisal. In G. Ferris & K. Rowland(Eds.), *Research in personnel and human resources management* (pp. 109-155). Connecticut: Jai.

DeVries, D., Morrison, A., Shullman, S., & Gerlach, M. (1986). *Performance appraisal on the line.* New York: Wiley-Interscience.

DeLuca, J. (1988). Strategic career management in non-growing volatile business environments. *Human Resource Planning,* 11(1), 49-60.

Dessler, G. (1994). *Human resource management.* New Jersey: Prentice-Hall.

Dickens, M., & Hadded, M. (1979). Practitioners derive model competencies for instructional staff development specialists. *Educational Technolegy,* 19(7), 29-31.

Doeringer, P., & Piore, M. (1971). *Internal labor markets and manpower analysis.* Mas.: Health Lexington Books.

Drazin, R., & Van de Ven, A. (1985). Alternative forms of

fit in contingency theory. *Administrative Science Quarterly, 30*(3), 514-539.

Dyer, L. (1985). Strategic human resources management and planning. In K. Rowland & G. Ferris(Eds.), *Research in personnel and human resources management* (pp. 1-30). Connecticut : Jai.

Eder, R., & Buckley, R. (1988). The employment interview: An interactionist perspective. In G. Ferris & K. Rowland (Eds.), *Research in personnel and human resources management* (pp. 75-107). Connecticut: Jai.

Eder, R., & Ferris, G. (1989). *The employment interview: Theory, research, and practice.* CA: Sage.

Ehrenberg, L. (1983). How to ensure better transfer of learning. *Training and Development Journal,* 37(2), 81-83.

Eisenhardt, K. (1989). Agency theory: An assessment and review. *Academy of Management Review, 14*(1), 57-74.

Erikson, E. (1963). *Childhood and society*. U.K.: England Penguin.

Evans, P., & Doz, Y. (1992). Dualities: A paradigm for human resource and organizational development in complex multinationals. In V. Pucik, N. Tichy, & C. Barnett(Eds.), *Globalizing management* (pp. 85-106). New York: John Wiley & Sons.

Eyraud, F., Marsden, D., & Silvestre, J.(1990). Occupational and internal labour markets in Britain and

France. *International Labour Review,* 129(4), 501-517.

Farkas, G., & England, P. (1988). *Industries, firms, and jobs: Sociological and economic approaches.* New York: Plenum.

Farnham, D., & Pimlott, J. (1990). *Understanding industrial relations* (4th). Great Britain: Alden.

Fay, C. (1989). External pay relationships. In L. Gomez-Mejia & R. Olsen(Eds.), *Compensation and benefits* (pp. 3-70~3-100). Washington: The Bureau of National Affairs.

Feldman, J.(1981). Beyond attribution theory: Cognitive processes in performance appraisal. *Journal of Applied Psychology,* 66(2), 127-148.

Ferris, G., Buckley, M., & Allen, G. (1992). Promotion systems in organization. *Human Resource Planning, 15(3),* 47-68.

Fombrun, C., & Tichy, N. (1984). Strategic planning and human resource management: At rainbow's end. In R. Lamb(Ed.), *Competitive strategic management* (pp. 320-332). New Jersey: Prentice-Hall.

Fottler, M., & Smith, H.(1988). The organizational life cycle and strategic human resources management. In M. Fottler, S. Hernandez, & C. Joiner(Eds.), *Strategic management of human resources in health services organizations* (pp. 51-82). New York: John Wiley & Sons.

Gainer, L.(1988). Making the competitive connection. *Training & Development Journal,* 43(9), S-10-S-19.

Galbraith, J., & Nathanson, D. (1978). *Strategy implementation: The role of structure and process.* MN: West.

Galbraith, J., & Nathanson, D. (1979). The role of organizational structure and process in strategy implementation. In D. Schendel & C. Hofer(Eds.), *Strategic management: A new view of business policy and planning*(pp. 249-283). Boston: Little and Brown.

Gale, L., & Pol, G.(1975). Competence: A definition and conceptual scheme. *Educational Technology,* 15(16), 19-25.

Gardner, W. & Martinko, M. (1988). Impression management: An observational study linking audience characteristics with verbal self-presentation. *Academy of Management Journal,* 31(1), 42-65

Gerhart, B. (1990). Voluntary turnover and alternative job opportunities. *Journal of Applied Psychology,* 75(5), 467-476.

Gerhart, B., & Milkovich, G. (1990). Organizational differences in managerial compensation and financial performance. *Academy Management Journal,* 33(4), 663-691.

Gerstein, M., & Reisman, H. (1983). Strategic selection: Matching executives to business conditions. *Sloan Management Review*, 4(2), 33-47.

Gilbert, T. (1978). *Human competence: Engineering worthy*

performance. New York: McGraw-Hill.

Gomez-Mejia, L., & Balkin, D. (1990). Matching compensation and organizational strategies, *Strategic Management Journal,* 11(2), 153-169

Gomez-Mejia, L., & Balkin, D. (1992). *Compensation, organizational strategy, and firm performance*. Ohio:South-Western.

Gomez-Mejia, L., & Welbourne, T. (1988). Compensation strategy: An overview and future steps. *Human Resource Planning,* 11(3), 173-190.

Gould, S., & Penley, L. (1985). A study of the correlates of the willingness to relocate. *Academy of Management Journal,* 28(2), 472-478.

Grabowski, M. (1980). What instructors need to know about adult learners. *NSPI Journal,* 19(5), 14-20.

Grandjean, B. (1981). History and career in a bureaucratic labor market. *American Journal of Sociology,* 86(5), 1057-1092.

Granovetter, M. (1988). The sociological and economic approaches to labor market analysis: A social structural view. In G. Farkas U. & P. England(Eds.), *Industries, firms, and jobs* (pp. 187-215). New York: Plenum.

Green, S. (1988). Understanding corporate culture and its relation to strategy. *International Studies of Management & Organization,* 18(2), 6-28.

Gupta, A.(1984). Contingency linkage between strategy and general manager characteristics: A conceptual examination. *Academy of Management Review*, 9(3), 399-412.

Gupta, A. (1986). Matching manager to strategies: Point and counterpoint. *Human Resource Management*, 25(2), 215-234.

Gutman, J. (1982). A means-end chain model based on consumer categorization processes. *Journal of Marketing*, 46(1), 60-72.

Haigh, T. (1989). Aligning executive total compensation with business strategy. *Human Resource Planning*, 12(3), 221-227.

Halaby, C., & Sobel, M. (1979). Mobility effects in the workplace. *American Journal of Sociology*, 85(2), 385-416.

Hall, D., & Goodale, J. (1986). *Human resource management*. IL: Scott, Foresman and Company.

Hall, D., & Isabella, L. (1985). Downward movement and career development. *Organizational Dynamics*, 14(1), 5-23.

Hamblin, A. (1974). *Evaluation and control of training*. London: McGraw-Hill.

Harless, J. (1975). *An ounce of analysis: Is worth a pound of performance*. Washington: Harless Performance

Guild.

Hax, A. (1985). A new competitive weapon: The human resource strategy. *Training and Development Journal,* 39(5), 77-82.

Head, G., & Buchanan, C. (1981). Cost/benefit analysis of training: A foundation for change. *NSPI Journal,* 20(11), 25-27.

Heneman III, H., Schwab, D., Fossum, J., & Dyer, L. (1989). *Personnel/human resource management.* IL.: Irwin.

Herr, E., & Cramer, S. (1988). *Career guidance and counseling through the life span.* MA: Little, Brown & Company.

Herriot, P. (1989). Selection as a social process. In M. Smith & I. Robertson(Eds.), *Advances in selection and assessment* (pp. 171-188). New York: John Wiley & Sons.

Heyel, C. (1982). *The encyclopedia of management* (3rd ed.). New York: Van Nostrand Reinhold.

Hills, F. (1989). Internal pay relationships. In L. Gomez-Mejia & R. Olsen(Eds), *Compensation and benefits* (pp. 3-29~3-69). Washington: The Bureau of National Affairs.

Hofer, C., & Schendel, D. (1978). *Strategy formulation:Analytical concepts.* Minnsota: West.

Hsu, C. (1995). *Corporatism and comparative labor move-*

ments: *A framework for analysis*. Unpublished manuscript.

Ilgen, D., Barnes-Farrell, J., & McKellin, D. (1993). Performance appraisal process research in the 1980s: What has it contributed to appraisals in use. *Organizational Behavior and Human Processes*, 54(3), 321-368.

Ilgen, D., & Feldman, J. (1983). Performance appraisal: A process focus. In G. Ferris & K. Rowland(Eds.), *Research in personnel and human resources management* (pp. 141-197). Connecticut: Jai.

Immegart, G., & Pileck, F. (1973). *An introduction to systems for the educational administration*. Massachusetts: Addision-Wesley.

Jackofsky, E. (1984). Turnover and job performance: An integrated process model. *Academy of Management Review*, 9(1), 74-83.

Jackson, S., & Kulp, M. (1979). Designing guidelines for evaluating the outcomes of management training. In R. Peterson(Ed.), *Determining the payoff of management training*. Madison, Wisconsin: American Society for Training and Development .

Jacobs, R. (1985). *Naturalistic inquiry and qualitative methods: Implications for training and development*. Ohio: The Ohio State University.

Jauch, L., & Glueck, W. (1989). *Strategic management and*

busineess policy (3rd ed.). New York: McGraw-Hill.

Johnson, R. (1976). Organization and management of train-
ing. In R. Craig(Ed.), *Training and development hand-
book.*(pp. 2.1-2.17). New York: McGraw-Hill.

Jolly, J., Reynolds, T., & Slocum, Jr. J. (1988). Applica-
tion of the means-end theoretic for understanding the
cognitive bases of performance appraisal. *Orga-
nizational Behavior and Human Decision Processes,* 41(2),
153-179.

Kaufman, R. (1982). *Identifying and solving problems: A
system approach* (3rd ed.). San Diego, CA: University
Associates.

Kearsley, G. (1982). *Costs, benefits, & productivity in train-
ing systems*. Mas.: Addison-Wesley.

Kelleher, J., & Cotter, K. (1982). An integrative model for
human resource planning and strategic planning.
Human Resource Planning, 5(3), 15-27.

Kelly, H. (1982). A primer on transfer of training. *Train-
ing and Development Journal,* 34(11), 102-106.

Kenny, J. (1979). *Competency analysis for trainers: A per-
sonal planning guide*. Toronto, Canada: Ontario Soci-
ety for Training and Development.

Kidd, J. (1977). *How adults learn*. New York: Association.

Kirkpatrick, D. (1975). *Evaluating training programs*. Ma-
dison, Wisconsin: American Society for Training and

Development .

Kirkpatrick, D., & Catalanello, R. (1968). Evaluating training programs: The state of the art. *Training and Development Journal,* 20(5), 2-9.

Klimoski, R., & Inks, L. (1990). Accountability forces in performance appraisal. *Organizational Behavior and Human Decision Processes,* 45(2), 194-208.

Knapp, B. (1988). Writing a proposal? No problem. *Training/ HRD,* 25(3), 55-58.

Kochan, T., & Katz, H. (1988). *Collective bargaining and industrial relations.* Illinois: Irwin.

Laird, D. (1979). One more time: Does your organization really need a T & D department. *Training/HRD,* 16(10), 31-34.

Landau, J., Fogel, D., & Frey, L. (1988). Selection and placement. In M. Fottler, S. Hernandez, & C. Joiner (Eds.), *Strategic management of human resources in health services organizations* (pp. 267-293). New York: John Wiley & Sons.

Landy, F., & Farr, J. (1980). Performance rating. *Psychological Bulletin,* 87(1), 72-107.

Larson, Jr., J. (1986). Supervisors' performance feedback to subordinates: The impact of subordinate performance valence and outcome dependence. *Organizational Behavior and Human Decision Processes,* 37(3),

391-408.

Lawler III, E. (1986). Reward systems and strategy. In J. Garder, R. Rachlin, & H. Sweey(Eds.), *Handbook of strategic planning* (pp.10.1 ～ 10.24). San Francisco: Jossey-Bass.

Lawler III, E. (1990). *Strategic pay.* San francisco: Jossey-Bass.

Ledford, Jr., G. (1991). Three case studies on skill-based pay: An overview. *Compensation and Benefits Review,* 23(2), 11-23.

Ledford, Jr. G., Tyler, W., & Dixey, W. (1991). Skill-based pay case number 3: Honeywell ammunition assembly plant. *Compensation and Benefits Review,* 23(2), 55-77.

Lee, C. (1985). Increasing performance appraisal effectiveness: Matching task types, appraisal process, and rater training. *Academy of Management Review,* 10(2), 322-331.

Lee, T., & Mowday, R. (1987). Voluntarily leaving an organization: An empirical investigation of Steers and Mowday's model of turnover. *Academy of Management Journal,* 30(4), 721-743.

Lengnick-Hall, C., & Lengnick-Hall, M. (1988). Strategic human resource management: A review of the literature and a proposed typology. *Academy of Management Review,* 13(3), 454-470.

Lucero, M., & Allen, R. (1994). Employee benefits: A growing source of psychologyical contract violations. *Human Resource Management,* 33(3), 425-446.

Mael, F. (1991). A conceptual rationale for the domain and attributes of biodata items. *Personnel Psycholoy,* 44 (4), 763-792.

Mager, R., & Pipe, P. (1970). *Analyzing performance problems.* Belmont, CA: Fearon.

Magnus, M. (1987). Is your recruitment all it can be? *Personnel Journal,* 66(2), 54-63.

Manzini, A. (1985). Human resources planning and forcasting . In W. Tracey(Ed.), *Human resources management and development handbook* (pp. 507-529). New York: AMACOM.

Manzini, A., & Gridley, J. (1986). *Integrating human resources and strategic business planning.* New York: AMACOM.

Markham, W., Harlan, S., & Hackett, E. (1987). Promotion opportunity in organization: Causes and consequences. In G. Ferris & K. Rowland(Eds.), *Research in personnel and human resources management* (pp.223-287). Connecticut: Jai.

Markowitz, J. (1981). Four methods of job analysis. *Training and Development Journal,* 35(9), 112-117.

McEvory, G., & Cascio, (1987). Do good or poor performers leave? A meta-analysis of the relationship between performance and turnover. *Academy of Management Journal,* 30(4), 744-762 .

McGehee, W., &Thayer, P. (1961). *Training in business and industry.* New York: John Wiley & Sons.

McLagan, P. (1980). Competency models. *Training and Development Journal,* 34(12), 22-26.

McLagan, P. (1983). *Models for excellence: The conclusions and recommendations of the ASTD training and development competency study.* Washington, DC: American Society for Training and Development.

Melcher, B., & Kerzner, H. (1988). *Strategic planning*: *development and implementation.* PA: TAB professional and Reference .

Meyer, H., & Raich, M. (1983). *An objective evaluation* of a behavior modeling training programs. *Personnel Psychology,* 36(4), 756-765.

Meyer, A. Tsui, A., & Hinings, C. (1993). Configurational approaches to organizational analysis. *Academy of Management Journal,* 36(6), 1175-1195.

Miles, R., & Snow, C. (1984a). Designing strategic human resources systems. *Organizational Dynamics,* 13(1), 36-51

Miles, R., & Snow, C. (1984b). *Organizational strategy, structure, and process.* New York: McGraw-Hill.

Milkovich, G. (1988). A strategic perspective on compensation management. In K. Rowland & G. Ferris (Eds.), *Research in personnel and human resource management* (pp. 263-288). CT : Jai.

Milkovich, G., & Boudreau, J. (1994). *Human resource management* (7th ed.). IL: Donnelley & Sons.

Milkovich, G., Dyer, L., & Mahoney, T. (1983). HRM planning. In S. Carroll & R. Schuler (Eds.), *Human resources management in the 1980s* (pp. 2.1-2.28). Washington: The Bureau of National Affairs.

Milkovich, G., & Glueck, W. (1985). *Personnel / Human resource management: A diagnostic approach*. Texas: Business.

Milkovich, G., & Newman, J. (1990). *Compensation*. IL: Homewood.

Miller, D. (1987). The structural and environmental correlates of business strategy. *Stategic Management Journal,* 8(1), 55-76.

Miller, D., & Friesen, H. (1984). A longitudinal study of the corporate life cycle. *Management Science,* 30(10), 1161-1183.

Milliman, J., Von Glinow, M., & Nathan, M. (1991). Organizational life cycles and strategic international human resource management in multinational companies: Implications for congruence theory. *Academy of Management Review,* 16(2), 318-339.

Mills, D. (1985a). Planning with people in mind. *Harvard Business Review,* 63(7), 100-103.

Mills, D. (1985b). Seniority versus ability in promotion decisions. *Industrial and Labor Relation Review,* 38(3), 421-425.

Mimick, R, & Medlin, S. (1983). Anticipatory evaluations in HRD programming. *Training and Development Journal,* 37(5), 89-94.

Mintzberg, H. (1973a). Strategy-making in three modes. *California Management Review,* 16(2), 44-53.

Mintzberg, H. (1973b). *The nature of managerial work.* New York: Harper & Row.

Mintzberg, H. (1977). Policy as a field of management theory. *Academy of Management Review,* 2(1), 88-103.

Mintzberg, H. (1980). Structure in 5's: A synthesis of the research on organization design. *Management Science,* 26, 322-341.

Mintzberg, H. (1983a). *Structure in fives: Designing effective organization.* New Jersey: Pretice-Hall.

Mintzberg. H. (1983b). *Power in and around organizations.* New Jersey: Pretice-Hall.

Mirabal, T. (1978). Forecasting future training costs. *Training and Development Journal,* 32(7), 78-87.

Mobley, W. (1977). Intermediate linkage in the relationship between job satisfaction and employee turnover.

Journal of Applied Psychology, 62(3), 237-240.

Mohrman, Jr., A., Resnick-West, S., & Lawler III, E, (1989). *Designing performance appraisal systems.* San Francisco: Jossey-Bass.

Moore, M., & Dutton, P. (1977). Training needs analysis: Review and critique. *Academy of Management Review,* 2(3), 532-545.

Murphy, K. (1991). Criterion issues in performance appraisal research: Behavioral accuracy versus classification appraisal research. *Organizational Behavior and Human Decision Processes,* 50(1), 45-50.

Murphy, K., & Cleveland, J. (1991). Performance appraisal: *An organizational perspective.* Boston: Allyn and Bacon.

Nadler, L. (1979). *Developing human resources.* Texas: Gulf.

Nadler, L. (1980). *Corporate human resources development.* New York: Van Nostrand Reinhold.

Nadler, L. (1982). *Designing training programs.* New York: Addison-Wesley.

Nadler, L. (1984). Human resource development. In L. Nadler(Ed.), *The handbook of human resource development* (pp. 1.1-1.47). New York: John Wiley & Sons.

Nadler, D., & Tushman, M. (1988). *Strategic organization design: Concepts, tools, & processes.* IL: Scott, Foresman and Company.

Newstrom, J., & Lilyquist, J. (1979). Selecting needs analysis methods. *Training and Development Journal*, 33(10), 52-56.

Nkomo, S. (1988). Strategic planning for human resource: Let's get started. *Long Range Planning*, 21(1), 66-72.

Noe, R., Steffy, B., & Barber, A. (1988) An investigation of the factors influencing employees, willingness to accept mobility opportunities. *Personnel Psychology*, 41(3), 559-580.

Odiorne, G. (1984). *Strategic management of human resources.* San Fransico: Jossey-Bass.

Olian, J., & Rynes, S. (1984). Organizational staffing: Integrating practice with strategy. *Industrial Relations*, 23(2), 170-183.

Olivas, L. (1983). Designing and conducting a training needs analysis: Putting the horse before the cart. *Journal of Management Development*, 2(3), 19-41.

Ondrack, D. (1985). International human resource management in European and North-American firms. *International Studies of Management and Organization*, 15(1), 6-32.

Ortiz, E. (1982). *Career patterns in education.* Ma.: Bergin.

Osterman, P. (1987). Choice of employment systems in internal labor markets. *Industrial Relations*, 26(1), 47-67.

Osterman, P. (1988). *Employment futures: Reorganization,*

disloction, and public policy. New York: Oxford University press.

Ouchi, W. (1977). The relationship between organizational structure and organizational control. *Administrative Science Quarterly,* 22(3), 95-113.

Ouchi, W. (1979). Conceptual framework for the design of organizational control mechanisms. *Management science,* 25(9), 833-849.

Parnes, H. (1984). *People power:Elements of human resource policy.* California: Sage.

Pearce, J., & Robinson, R. (1988). *Formulation and implementation of competitive strategy.* IL: Irwin.

Pfeffer, J., & Cohen, Y. (1984). Determinants of internal labor markets in organizations. *Administrative Science Quarterly,* 29(2), 550-572.

Pfeffer, J., & Davis-Blake, A. (1987). Understanding organizational wage structures: A resource dependence approach. *Academy of Management Journal,* 30(2), 437-455.

Pfeffer, J., & Salancik, G. (1978). *The external control of organizations: A resource dependence perspective.* New York: Harper and Row.

Phillips, J. (1983). *Handbook of training evaluation and measurement methods.* Houston, Texas: Gulf.

Pinto, P., & Walker, J. (1978). What do training and

development professionals really do? *Training and Development Journal,* 32(7), 58-64.

Plachy, R. (1987). The case for effective point-factor job evaluation viewpoint I. *Compensation & Benefits Review,* 19(2), 45-48.

Porter, M. (1980). *Competitive strategy: Techniques for analyzing industries and competitors.* New York: Free.

Porter. M. (1985). *Competitive advantage: Creating and use training superior performance.* New York: Free.

Price, J. (1977). *The study of turnover.* Iowa: The Iowa State University.

Price, J., & Mueller, C. (1981). A causal model of turnover for nurses. *Academy of Management Journal,* 24(3), 543-565.

Quinn, J. (1980). *Strategies for change: Logical incrementalism.* IL.: Irwin.

Quinn, J., & Cameron, K. (1983). Organization life cycles and shifting criteria of effectiveness. Some preliminary evidence. *Management Science,* 29(1), 33-51.

Rabin, B. (1994). Compensation systems: A risk-return based conceptualization. *Human Resource Management Review,* 1(1), 45-50.

Rich, P. (1992). The organizational taxonomy: Definition and design. *Academy of Management Review,* 17(4), 758-781.

Risher, H. (1983). Strategic salary planning. *Compensation & Benefits Review,* 25(1), 45-50.

Robbins, S. (1990). *Organization theory: Stucture, design, and applications* (3rd ed.). New Jersey: Prentice-Hall.

Robertson, I., & Smith, M. (1989). Personnel selection methods. In M. Smith & I. Robertson (Eds.), *Advances in selection and assessment* (pp.89-112). New York: John Wiley & Sons.

Robinson, J., & Robinson, L. (1979). How to make sure your supervisors do on-the-job what you taught them in the classroom. *Training/HRD,* 16(9), 21-26.

Rosefeld, M., Thornton, R., & Glazer, R. (1978). *A national study of the practice of pharmacy.* New Jersey: Educational Testing Service.

Rosenbaum, J. (1984). *Career mobility in a corporate hierarchy.* New York: Academic.

Rosenberg, M. (1982). The ABCs of ISD. *Training and Development Journal,* 36(9), 44-50.

Rosenthal, S., & Mezoff, B. (1980). Improving the cost/benefit of management training. *Training and Development Journal* , 34(12), 102-106.

Rothwell, W. (1983). The life cycle of HRD department. *Training and Devlopment Journal,* 37(11), 74-76.

Rothwell, W., & Kazanas, H. (1988). *Strategic human resources planning and management.* New Jersey:

Prentice-Hall.

Rynes, S., Bretz, Jr., R., & Gerhart, B. (1991). The importance of recruitment in job choice: A different way of looking. *Personnel Psychology,* 44(3), 487-521.

Salamon, M. (1992). *Industrial relations: Theory and practice* (2nd ed). New York: Prentice-Hall.

Salter, M. (1983). Tailor incentive compensation to strategy. In K. Andrews(Ed.), *Strategic management* (pp. 359-371). New York: John Wiley & Sons.

Schendel, D., & Hofer, C. (1979). *Strategic management: A new view of business policy and planning.* Boston: Little and Brown.

Schienstock, G. (1981). Toward a theory of indusrial relations. *British Journal of Industrial Relations,* 19(2), 170-189.

Schmitter, P. (1974). Still the century of corporatism? In F. Pike & T. Stritch(Eds.), *The new corporatism: Social-political structures in the Iberia world* (pp. 85-131). Ind.: University of Notre Dame.

Schneider, B. (1976). *Staffing organizations.* CA: Goodyear.

Schneier, C., Shaw D., & Beatty, R. (1991). Performance measurement and management: A tool for strategy execution. *Human Resource Management,* 30(3), 279-301.

Scholl, R. (1983). Career lines and employment stability. *Academy of Management Journal,* 26(1), 86-103.

Schuler, R. (1987). *Personnel and human resource management* (3rd ed.). New York: West.

Schuler, R. (1992). *Managing human resources* (4th ed.). MN.: West.

Schuler, R., Dowling. P., & De Cieri, H. (1993). An integrative framework of strategic international human resource management. *Journal of Management*, 19(2), 419-459.

Schuler, R., & Jackson, S. (1987). Linking competitive strategies with human resource management practices. The *Academy of Management Executive,* 1(3), 207-219.

Schuler, R., & Walker, J. (1990). Human resources strategy: Focusing on issues and actions. *Organizational Dynamics,* 19(1), 5-19.

Schuster, J., & Zingheim, P. (1992). *The new pay: Linking employee and organizational performance.* New York: Lexington.

Schwab, D. (1988). Organizational recruitment. In G. Ferris & K. Rowland(Eds.), *Human resources management: Perspectives and issues* (pp.82-89). Boston: Allyn and Bacon.

Scott, D., & Deaddrick, D. (1982). The nominal group technique: Applications for training needs assessment. *Training and Development Journal,* 36(6), 26-33.

Smirch, L. (*1983*). *Concepts of culture and organizatinoal* analysis. *Administrative Science Quarterly,* 28(3), 339-358.

Smith, E. (1982a). Strategic business planning and human resources: Part I. *Personnel Journal,* 61(9), 606-610.

Smith, M. (1982b). Field research designs. *NSPI Journal,* 21(3), 27-29.

Smither, J., Reiley, R. Millsap, R., Pearlman, K., & Stoffey R. (1993). Applicant reactions to selection procedures. *Personnel Psychology,* 46(1), 49-76.

Snyder, R., Raben, C., & Farr, J. (1980). A Model for the systemic evaluation human resource development programs. *Academy Management Review,* 5(3), 431-444.

Spector, A. (1985). Identification and analysis of human resource development policy in selected U.S. corporations.(Doctoral dissertation,University of Georgia,1985). *Dissertation Abstracts International,* 45.

Staw, B. (1983). *Psychological foundations of organizational behavior* (2nd. ed.). IL: Scott, Foresman,and Company.

Steadham, S. (1980). Learning to select a needs assessment strategy. *Training and Development Journal,* 34(1), 56-61.

Steers, R., & Mowday, R. (1981). Employee turnover and post-decision accommodation process. In L. Cummings & R. Steers(Eds.), *Research in organizational behavior* (pp. 237-249). Conn.: Jai.

Streit, L. (1980). An analysis of competencies needed by education technologiests in six occupational settings(

Doctoral dissertation, Kansas State University, 1979). *Dissertation Abstracts International,* 40, 4367-A.

Stufflebeam, D. (1973). An introduction to the PDK book: Educational evaluation and decision-making. In B. Worthen & J. Sanders(Eds.), *Educational evaluation: Theory and practice* (pp. 128-150). Belmont, California: Wadsworth.

Super, D. (1957). *Vocational development: A framework for research.* New York: Columbia University Teachers College.

Szilagyi, Jr., A., & Schweiger, D. (1984). Matching managers to strategies: A review and suggested framework. *Academy of Management Review,* 9(4), 626-637.

Task Force on ID Certification (1981). Competencies for the instructional / training development profession. *Journal of Instructional Development,* 5(1), 14-15.

Tett,R., Jackson, D., & Rothstein, M. (1991). Personality measures as predictors of job performance: A meta-analytic review. *Personnel Psychology,* 44(4), 703-742.

Thomas, J. (1988). *Strategic management: Concepts, practice, and cases.* New York: Harper & Row.

Tosi, H., & Tosi L. (1986). What managers need to know about knowledge-based pay. *Organizational Dynamics,* 15(1), 52-64.

Tracey, W. (1983). Human resources management. In W.

Fallon(Ed.), *AMA management handbook* (2nd ed.). New York: American Management Association.

Trimby, M. (1982). Entry level competencies for team members and supervisors/managers on instructional devlopment teams in business and industry (doctoral dissertation, Michigan State University, 1981). *Dissertation Abstracts International,* 42, 346-A.

Tziner, A. (1991). *Organization staffing and work adjustment.* New York: Praeger.

U.S. Chamber Research Center (1990). *Employee benefits: Survey data from benefit year 1989.* Washington, DC: U.S. Chamber Commerce.

Vandenberg, R., & Scarpello, V. (1990). The matching model: An examination of the process underlying realistic job previews. *Journal of Applied Psychology,* 75 (1), 60-67.

Vardi, Y., & Hammer, T. (1977). Intraorganizational mobility and career perceptions among rank and file employees in different technologies. *Academy of Management Journal,* 20(4), 622-634.

Veiga, J. (1983). Mobility influences during managerial career stage. *Academy of Management Journal,* 26(1), 64-85.

Velsor, E., & Musselwhite, W. (1986). The timing of training , learning and transfer. *Training and Development*

Journal, 40(8), 58-59.

Venkatraman, N. (1989). The concept of fit in strategy research: Toward verbal and statistical correspondence. *Academy of Management Review*, 14(3), 423-444.

Walker, J. (1980). *Human resource planning.* New York: McGraw-Hill.

Walker, J. (1990). Human resource planning, 1990s style. *Human Resource Planning,* 13(4), 229-240.

Wallace, Jr., M. & Fay, C. (1983). *Compensation theory and practice.* Boston: Kent.

Wallington, C. (1981). Generic skills of an instructional developer. *Journal of Instructional Development,* 4(3), 28-32.

Wanous, J. (1978). Realistic job previews: Can a procedure to redcuce turnover also influence the relationship abilities and performance? *Personnel Psychology,* 31(2), 249-258.

Wanous, J. (1980). *Organizational entry: Recruitment, selection, and socialization of newcomers.* MA: Addison-Wesley.

Wanous, J. (1983). Organizational entry: The individual's viewpoint. In R. Steers & L. Porter (Eds.), *Motivation & work behavior* (pp.431-441). New York: McGraw-Hill.

Wayne, S. & Kacmar, K. (1991). The effects of impression management on the performance appraisal process.

Organizational Behavior and Human Decision processes,
48(1), 70-88.

Weiner, N. (1991). Job evaluation system: A critique. *Human Resource management Review,* 1(1), 119-132.

Weinstein, L. (1982). Collecting training cost data. *Training and Development Journal,* 36(8), 31-34.

Wexley, K. (1986). Appraisal interview. In R. Berk(Ed.), *Performance assessment: Methods & applications* (pp. 167-185). Maryland: The Johns Hopkins University.

Wexley, K., & Latham, G. (1981). *Developing and training human resources in organization.* IL: Scott-Foresman.

Wexley, K., & Klimoski, R., (1984). Performance appraisal: An update. In G. Ferris & K. *Rowland(Eds.), Research in personnel and human resources management* (pp. 35-79). Connecticut: Jai.

Whitehead, A., & Baruch, L (1981). *People and employment.* London: Butterworths.

Williams, K., DeNisi, A., & Blencoc, A. (1985). The role of appraisal purpose: Effects of purpose on information acquisition and utilization. *Organizational Behavior and Human Decision Processes,* 35(3), 314-329.

Wils, T. (1984). *Businss strategy and human resource strategy.* Unpublished doctoral dissertation, Cornell University.

Wissema, J., Van Der Pol, H., & Messer, H. (1980). Strategic management archetypes. *Strategic Management Journal,* 1, 37-47.

Witkin, B. (1984). *Assessing needs in educational and social programs.* San Francisco: Jossey-Bass.

Zammuto, R. (1982). *Assessing organizational effectiveness systems change, adaptation, and strategy.* New York: State University of New York.

Zemke, R. (1982). Job competencies: Can they help you design better training? *Training/HRD,* 19(5), 28-31.

Zemke, R. (1988). 30 things we know for sure about adult learning. *Training/HRD,* 25(7), 57-61.

Zemke, R., & Gunkler, J. (1985). 28 techniques for transforming training into performance. *Training and Development Journal,* 39(4), 48-63.

策略性
人力資源管理　　企管叢書 2

著　　者■張火燦

出 版 者■張火燦

二版十刷■2010 年 3 月

定　　價■NT：550 元

總 經 銷■揚智文化事業股份有限公司

地　　址■台北縣深坑鄉北深路三段 260 號 8 樓

電　　話■(02)8662-6826

傳　　真■(02)2664-7633

E-mail■service@ycrc.com.tw

網 址■http://www.ycrc.com.tw

ISBN■957-97258-3-7

國家圖書館出版品預行編目資料

　策略性人力資源管理=Strategic human
　resource management／ 張火燦著.--二版.
　--臺北市：張火燦出版 ；揚智文化總經銷 ，
　　1998[民 87]
　　　面 ；公分.-- (企管叢書 ；2)
　　　參考書目：面
　　　ISBN 957-97258-3-7(精裝)

　　　1.人力資源-管理　2.人事管理

　　494.3　　　　　　　　　　　　 86016237